高职高专计算机类系列教材

职业院校“计算机网络应用”技能大赛获奖教师编著

计算机网络技术基础与实战

主　编　殷锋社　李爱国

副主编　李文宇　杨　丹　杨　涛

主　审　梅创社

西安电子科技大学出版社

内容简介

本书是面向高职高专计算机、电子商务及相关专业学生学习计算机网络基础而编写的项目化教材。书中融合必需的知识点，按“引入问题—解决问题—分析问题”的方式设计学习任务，分为9个项目，35个任务，从计算机网络基础知识入手，深入浅出地介绍了计算机网络体系结构、网络互联设备、局域网技术、网络操作系统、计算机网络安全等方面的内容。本书将计算机网络基础知识与实际应用相结合，引入实际工程案例和职业院校“计算机网络应用”技能大赛的知识点，不仅使学生能够掌握构建网络的实际技能，还能了解技能大赛的相关内容与要求。同时，每个项目后还附有大量练习，便于学生复习。

本书既可以作为高职高专相关专业的教材，也适合非计算机专业以及广大计算机网络初学者学习使用，同时还可以作为全国计算机等级考试三级网络技术、网络工程师考试的学习用书。

图书在版编目(CIP)数据

计算机网络技术基础与实战 / 殷锋社，李爱国主编.
—西安：西安电子科技大学出版社，2019.7(2022.8 重印)
ISBN 978-7-5606-5382-2

Ⅰ. ① 计… Ⅱ. ① 殷… ② 李… Ⅲ. ① 计算机网络 Ⅳ. ① TP393

中国版本图书馆 CIP 数据核字(2019)第 131060 号

策　　划　李惠萍
责任编辑　唐小玉
出版发行　西安电子科技大学出版社(西安市太白南路 2 号)
电　　话　(029)88202421　88201467　　邮　　编　710071
网　　址　www.xduph.com　　电子邮箱　xdupfxb001@163.com
经　　销　新华书店
印刷单位　陕西天意印务有限责任公司
版　　次　2019 年 7 月第 1 版　　2022 年 8 月第 7 次印刷
开　　本　787 毫米×1092 毫米　1/16　印　张　17.5
字　　数　382 千字
印　　数　17 001～20 000 册
定　　价　39.00 元
ISBN 978-7-5606-5382-2 / TP
XDUP 5684001-7

前　言

随着计算机网络技术的普及，如今互联网已成为我们工作、生活的必备品了。但是，当我们享受互联网带来的便利时，是否饮水思源地想过网络是怎样发展至今的；当我们用各种通信软件发送消息时，是否思考过为什么发送一个“你好”，对方就能收到一个“你好”；当我们看新闻报道，看到警察根据 IP 地址就能追踪到罪犯时，是否思考过这是为什么；当我们看到机房里灯光闪烁的路由器、交换机时，是否想知道它们是怎样组建成为一个网络的，而网络又是怎样将全世界连接到一起并且保障安全的。

为了揭开这些奥秘，我们在多年教学经验的基础上，组织长期工作在计算机网络教学一线的教师，精心编写了本书。本书以实训项目为引导，以主流的网络设备厂商 Cisco 设备为载体，采用 Cisco Packet Tracer 软件模拟真实环境，从计算机网络基础知识入手，深入浅出地介绍了计算机网络体系结构、网络互联设备、局域网技术、网络操作系统、计算机网络安全等方面的内容，实例丰富，通俗易懂。同时坚持基础、技巧、经验并重，理论、操作、提高并举，实用性强，覆盖面广，不同于有些计算机网络教材平铺直叙且枯燥乏味、缺乏实践。书中讲解由浅入深，注重理论联系实际，使学生在学习的过程中更容易理解和掌握相关内容，提高学生的实际动手能力，为专业课程的学习打好基础。

本书适用于高等职业教育电子信息类专业、电子商务及相关专业课程使用，也是一本指导读者从事网络设计、安装、调试及管理的参考书，同时还可以作为全国计算机等级考试三级网络技术、网络工程师考试的学习用书。

需要特别说明的是，本书由全国职业院校技能大赛“计算机网络应用”赛项一等奖优秀指导教师李爱国、李文宇和全国职业院校技能大赛“电子商务”赛项一等奖优秀指导教师杨涛参与编写，书中融入了技能大赛的相关知识点与要求，方便读者进一步了解职业院校技能大赛。

本书由陕西工业职业技术学院殷锋社、李爱国担任主编，李文宇、杨丹、杨涛担任副主编，梅创社教授担任主审。其中，殷锋社教授编写了项目七，并负责全书的组织和统稿；杨丹编写了项目一、项目二和项目四，李爱国编写了项目三，李文宇编写了项目五、项目六，杨涛编写了项目八和项目九。本书在编写过程中得到了福建中锐网络股份有限公司高级工程师王欢的大力支持，在此表示感谢。

由于编者水平有限，书中难免存在不足和疏漏之处，欢迎读者提出宝贵意见或建议。作者联系方式：112468065@qq.com。

编著者

2019 年 6 月

目　　录

项目一　计算机网络的“前世今生”

☛ 本项目概述

在过去的三百年中，每一个世纪都有一种技术占据主要的地位。18世纪伴随着工业革命而来的是伟大的机械时代，19世纪是蒸汽机时代，20世纪的关键技术是信息的获取、存储、传送和利用，而在21世纪的今天，人们进入了网络时代，使我们的信息得以高速传递。随着计算机网络技术的发展和办公自动化的普及，计算机网络已经成为社会生活中一种不可缺少的信息处理和通信工具，人们借助计算机网络实现信息的交流和共享。那么计算机网络究竟是什么呢？现在就让我们一起来认识计算机网络的“前世今生”。

☛ 学习目标

1. 了解计算机网络的基本概念；
2. 了解计算机网络的主要功能与分类；
3. 了解计算机网络的发展趋势；
4. 掌握利用Visio绘制网络拓扑图的方法。

任务1.1　初识计算机网络

1.1.1　计算机网络的产生与发展

1997年，在美国拉斯维加斯的全球计算机技术博览会上，微软公司总裁比尔·盖茨先生发表了一篇著名的演讲。他在演讲中提出的“网络才是计算机”的精辟论点充分体现出信息社会中计算机网络的重要基础地位。计算机网络技术的发展已成为当今世界高新技术发展的核心之一，那么计算机网络又是如何发展起来的呢？

计算机网络的发展经历了以下四个阶段。

第一阶段：诞生阶段。

20世纪60年代中期之前的第一代计算机网络是以单个计算机为中心的远程联机系统，典型应用是由一台计算机和全美范围内2000多个终端组成的飞机订票系统。其中终端是一台计算机的外部设备，包括显示器和键盘，无CPU和内存。当时，人们把

计算机网络定义为“以传输信息为目的而连接起来，实现远程信息处理或进一步达到资源共享的系统”，这样的通信系统已具备了网络的雏形。早期的计算机为了提高资源利用率，采用批处理的工作方式。为适应终端与计算机的连接，出现了多重线路控制器，如图 1-1 所示。

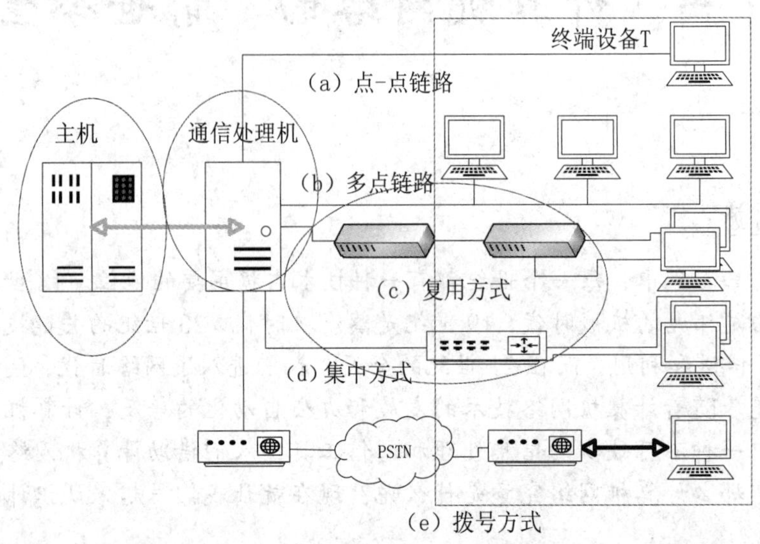

图 1-1　诞生阶段

在这一阶段，数据采取集中式处理方式，数据处理和通信处理都通过主机完成，导致数据的传输速率受到限制，并且系统的可靠性完全取决于主机的可靠性。虽然便于维护和管理，但是主机的通信开销较大，通信线路利用率低，对主机依赖性较大。

第二阶段：形成阶段。

20 世纪 60 年代中期至 70 年代的第二代计算机网络是以多个主机通过通信线路互联起来，为用户提供服务。第二代计算机网络兴起于 20 世纪 60 年代后期，典型代表是美国国防部高级研究计划局(Advanced Research Projects Ageney，ARPA)协助开发的 ARPANET(阿帕网)。主机之间不是直接用线路相连，而是由接口报文处理机(Interface Message Processor，IMP)转接后互联的。IMP 和它们之间互联的通信线路一起负责主机间的通信任务，构成了通信子网。通信子网互联的主机负责运行程序，提供资源共享，组成资源子网。这个时期，网络概念为“以能够相互共享资源为目的而互联起来的具有独立功能的计算机集合体”，形成了计算机网络的基本概念。

阿帕网是以通信子网为中心的典型代表。在阿帕网中，负责通信控制处理的 CCP 称为接口报文处理机 IMP(或称结点机)，以存储转发方式传送分组的通信子网称为分组交换网。

第三阶段：互联互通阶段。

20 世纪 70 年代末至 90 年代的第三代计算机网络是具有统一的网络体系结构并遵守国际标准的开放式和标准化的网络。阿帕网兴起后，计算机网络发展迅猛，各机关和企事业单位为了适应办公自动化的需要，迫切要求将自己拥有的微型计算机、工作站、小型计算机等连接起来，以达到资源共享和相互传递信息的目的，而且迫切要求降低联网费用，提高数据传输效率。但是，这一时期计算机之间的组网是有条件的，在同网络中只能存在同一厂家生产的计算机，其他厂家生产的计算机无法接入。在此期间，各大计算机公司相继推出自己的网络体系结构及实现这些结构的软硬件产品。由于没有统一的标准，不同厂商的产品之间互联很困难，人们迫切需要一种开放性的标准化实用网络环境，于是诞生了两种国际通用的最重要的体系结构，即 TCP/IP 体系结构和国际标准化组织的 OSI 体系结构。

第四阶段：高速网络技术阶段。

产生于 20 世纪 90 年代至今的第四代计算机网络，由于局域网技术已发展成熟，加上光纤及高速网络技术、多媒体网络、智能网络的出现，整个网络就像一个对用户透明的大的计算机系统，逐步发展为以 Internet(因特网)为代表的互联网。

其中 Internet 的发展也分三个阶段：

1) 从单一的阿帕网发展为互联网

创建于 1969 年的第一个分组交换网 ARPANET 只是一个单个的分组交换网，而非互联网。20 世纪 70 年代中期，ARPA 开始研究多种网络互连的技术，这为互联网的出现奠定了基础。1983 年，ARPANET 分解成两个：一个是实验研究用的科研网 ARPANET(人们常把 1983 年作为因特网的诞生之日)，另一个是军用的 MILNET。1990 年，ARPANET 正式宣布关闭，实验完成。

2) 三级结构的因特网的形成

1986 年，美国国家科学基金会(National Science Foundation，NSF)建立了国家科学基金网 NSFNET，因特网逐步形成如图 1-2 所示的三级层次架构——主干网、地区网和校园网。1991 年，美国政府决定将因特网的主干网转交给私人公司来经营，并开始对接入因特网的单位收费。1993 年，因特网主干网的速率提高到 45 Mb/s。

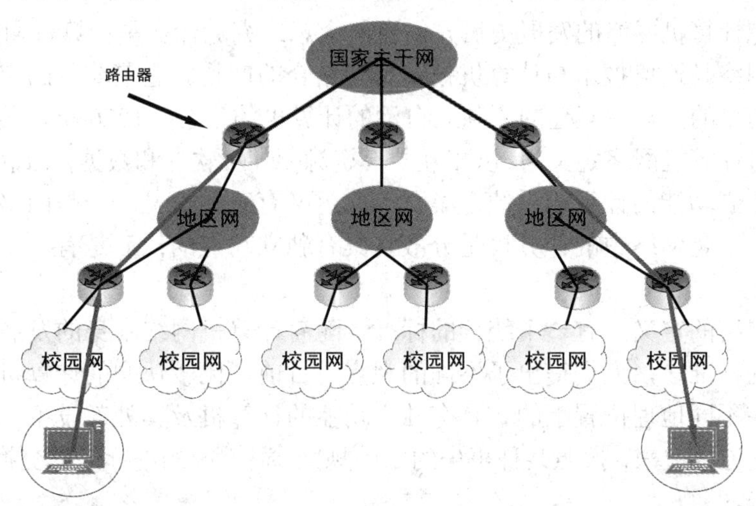

图 1-2　三级结构的因特网

3) 多层次 ISP 结构的因特网的形成

从 1993 年开始，由美国政府资助的 NSFNET 逐渐被若干个商用的因特网主干网(即

服务提供者网络)所替代，用户通过互联网服务提供商(Internet Service Provider，ISP)上网，如图 1-3 所示。1994 年，数位网络提供商创建了 4 个网络接入点(Network Access Point，NAP)，分别由 4 个电信公司组成。从 1994 年起，因特网逐渐演变成多级结构、覆盖全球的大规模网络。

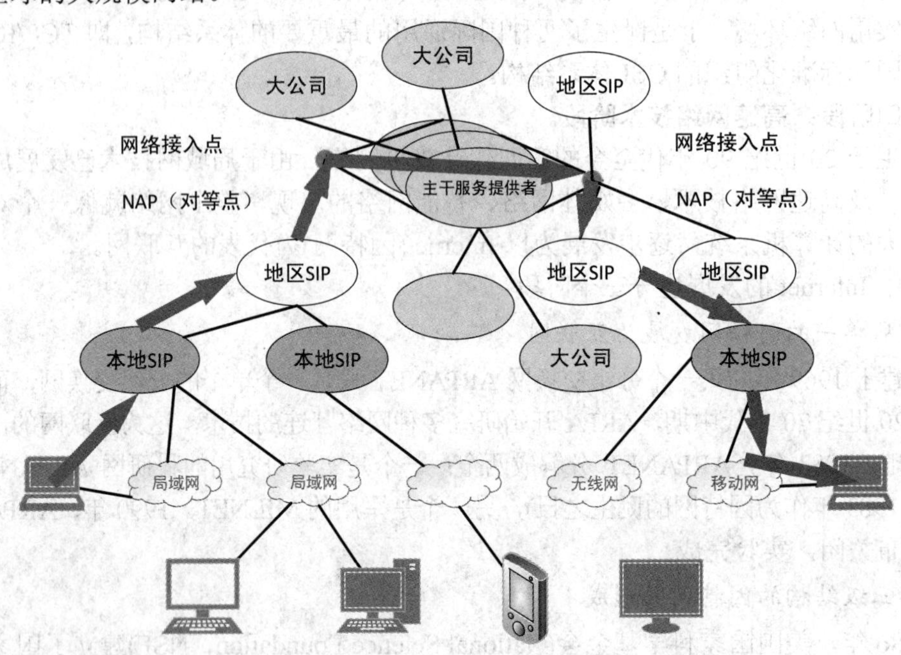

图 1-3　多层次 ISP 结构的因特网

1.1.2　计算机网络的定义

在了解完计算机网络的发展史后人们自然会想：究竟什么是计算机网络呢？

计算机网络是通信技术与计算机技术密切结合的产物。它最简单的定义是：以实现远程通信为目的，一些互连的、独立自治的计算机的集合。1970 年，美国信息处理学会联合会将计算机网络定义为：以相互共享资源(硬件、软件和数据)方式而连接起来，且各自具有独立功能的计算机系统之集合。此定义有三个含义：一是网络通信的目的是共享资源；二是网络中的计算机是分散且具有独立功能的；三是有一个全网性的网络操作系统。

计算机网络的定义没有一个统一的标准。随着计算机网络本身的发展和计算机网络体系结构的标准化，人们提出了不同的观点。目前，比较认同的计算机网络的定义为：将分布在不同地理位置上的、具有独立功能的计算机及其外部设备，通过通信设备和通信线路连接起来，按照某种事先约定的规则(通信协议)进行信息交换，以实现资源共享的系统。

因此，计算机网络必须具备以下三个基本要素：

(1) 两个独立的计算机之间必须用某种通信手段连接起来。

(2) 至少有两个具有独立操作系统的计算机，且它们之间有相互共享某种资源的需求。

(3) 网络中各个独立的计算机之间要能相互通信，必须制定相互可确认的规范标准或协议。

1.1.3　计算机网络的主要功能

计算机网络的主要目的是实现计算机之间的资源共享、网络通信和对计算机的集中管理。计算机网络的功能可以归纳为以下 5 个方面：

1．资源共享

(1) 硬件资源：包括各种类型的计算机、大容量存储设备、计算机外部设备，如彩色打印机、经典绘图仪等。

(2) 软件资源：包括各种应用软件、工具软件、系统开发所用的支撑软件、语言处理程序、数据库管理系统等。

(3) 数据资源：包括数据库文件、数据库、办公文档资料等。

(4) 信道资源：通信信道可以理解为电信号的传输介质。通信信道的共享是计算机网络中最重要的共享资源之一。

2．数据通信

数据通信是计算机网络最基本的功能。它用来传输各种类型的消息，包括数据信息及图形、图像、声音、视频流等各种信息。

3．集中管理

在没有联网的条件下，每台计算机都是一个“信息孤岛”。在管理这些计算机时，必须分别管理。而计算机联网后，可以在某个中心位置实现对整个网络的管理，如数据库情报检索系统、交通运输部门的订票系统、军事指挥系统等。

4．分布处理

分布处理是指把要处理的任务分散到各个计算机上运行，而不是集中在一台大型计算机上。这样，不仅可以降低软件设计的复杂性，而且还可以大大提高工作效率和降低成本。

5．均衡负荷

广域网内包括很多子处理系统。当网络内的某个子处理系统的负荷过重时，新的作业可通过网络内的结点和线路分送给较空闲的子系统进行处理。

任务 1.2　了解计算机网络

1.2.1　计算机网络的分类

从不同的角度，按照不同的属性，计算机网络可以有多种分类方式。

1. 按照地理覆盖范围进行分类

由于网络覆盖范围和计算机之间互联距离的不同，所采用的网络结构和传输技术也不同，因此形成了不同的计算机网络，一般可分为局域网、城域网和广域网。

1) 局域网(Local Area Network，LAN)

局域网覆盖范围较小，通常限于 10 km 之内，如一个办公室、几栋楼、一个大园区等；传输速率为 10～100 Mb/s，甚至可以达到 1000 Mb/s。局域网主要用来构建一个单位的内部网络，如学校的校园网、企业的企业网等。局域网通常属某单位所有，单位拥有自主管理权，以共享网络资源为主要目的。局域网的特点是结构简单，容易实现，具有较高的带宽和信息传输速率，且数据传输可靠，误码率低，是目前计算机网络发展中最活跃的分支。由于光纤技术的出现，局域网实际的覆盖范围已经大大增加。

2) 城域网(Metropolitan Area Network，MAN)

城域网的覆盖范围通常为一座城市，从十几千米到几十千米不等，通常传输速度在 100 Mb/s 以上。城域网是对局域网的延伸，用于局域网之间的连接。城域网主要指城市范围内的政府部门、大型企业、机关、ISP、有线电视台和市政府构建的专用网络与公用网络，可以实现大量用户之间的多媒体信息的传输，包括语音、动画、视频图像、电子邮件及超文本网页等的传输。

3) 广域网(Wide Area Network，WAN)

广域网的覆盖范围通常为几个城市、一个国家甚至全球，从几十公里到几千公里。广域网主要指使用公用通信网所组成的计算机网络，是互联网的核心部分，其任务是长距离传输主机发送的数据，广域网的特点是传输距离远，传输速度慢，传输易出错，成本高等。

2. 按通信传播方式分类

按通信传播方式的不同，计算机网络可分为点对点传播方式的网络和广播方式的网络两种。

1) 点对点传播方式的网络

点对点传播方式的网络由机器间多条链路构成，每条链路连接一对计算机，两台没有直接相连的计算机要通信，必须通过其他结点的计算机转发数据。这种网络上的转发报文分组在信源和信宿之间需通过一台或多台中间设备进行传播。

2) 广播方式的网络

广播方式的网络仅有一条通道，由网络上所有计算机共享。一般来说，局域性网络使用广播方式，广域性网络使用点对点方式。

3. 按网络功能分类

从网络功能上来看，计算机网络可分为通信子网和资源子网，如图 1-4 所示。

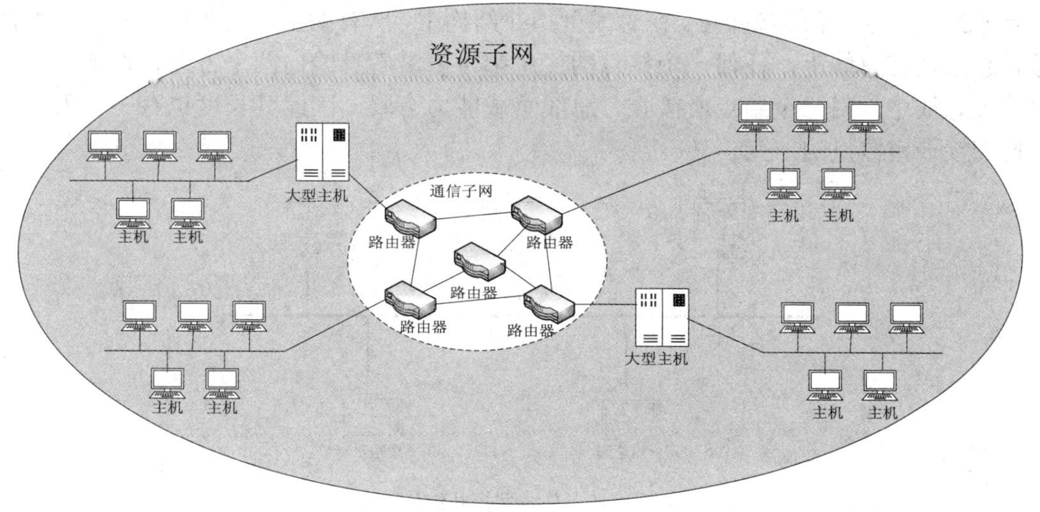

图 1-4　通信子网和资源子网

1) 通信子网

通信子网是计算机网络中负责数据通信的部分，主要完成数据的传输、交换及通信控制，由网络结点和通信链路组成。采用通信子网后，可使入网主机不用去处理数据通信，只需负责信息的发送和接收即可，减少了主机的通信开销。除此之外，由于通信子网是按统一软硬件标准组建的，可以面向各种类型的主机，因此方便了不同机型间的互联，减少了组建网络的工作量。

2) 资源子网

资源子网用于访问网络和处理数据，由主机系统、终端控制器和终端组成。主机负责本地或全网的数据处理，可运行各种应用程序或大型数据库，向网络用户提供各种软硬件资源和网络服务。终端控制器把一组终端连入通信子网，并负责对终端的控制及终端信息的接收和发送。终端控制器可以不经过主机直接和网络结点相连。

4. 按拓扑结构分类

将计算机网络中的各个结点及通信设备看成点，将通信线路看成线，由这些线把点连接起来构成的图形称为网络拓扑结构。网络拓扑反映了整个网络的整体结构和布局，它对于网络的性能、可靠性以及建设管理成本等都有着重要的影响，因此拓扑结构的设计在整个网络设计中占有十分重要的地位，在网络构建时，拓扑结构往往是首先要考虑的因素之一。

基本网络拓扑结构主要有总线型、环型、星型、树型和网状型五种。

1) 总线型拓扑

总线型拓扑结构是将文件服务器和工作站都连在称为总线的一条公共电缆上，且为防止信号反射，总线两端必须有终结器匹配线路阻抗。如图 1-5 所示，总线型拓扑结构是一种基于多点连接的拓扑结构，是将网络中的所有设备通过相应的硬件接口直接连接在共同的传输介质上。总线型拓扑结构使用一条所有 PC 都可访问的公共通道，

每台 PC 只要连一条线缆即可。在总线型拓扑结构中，所有网上微机都通过相应的硬件接口直接连在总线上，任何一个结点的信息都可以沿着总线向两个方向传输扩散，并且能被总线中任何一个结点所接收。总线负载能力有限，因此其长度也有一定限制，只能连接一定数量的结点。

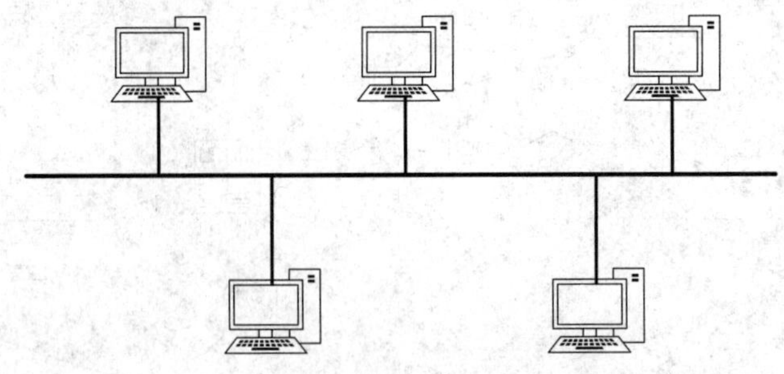
图 1-5　总线型拓扑结构

总线型拓扑结构简单灵活，非常便于扩充；可靠性高，网络响应速度快；设备量少，价格低，安装使用方便；共享资源能力强，非常便于广播式工作，即一个结点发送所有结点都可接收。总线型结构是一种传统的网络结构，适用于信息管理系统和广播教学等。

2) 环型拓扑

环型网中各结点通过环路接口连在一条首尾相连的闭合环形通信线路中，也就是把每台 PC 连接起来，数据沿着环依次通过每台 PC 直接到达目的地，环路上任何结点均可以请求发送信息。请求一旦被批准，便可以向环路发送信息。如图 1-6 所示，环形网中的数据可以是单向传输，也可以是双向传输。信息在每台设备上的延时时间是固定的。由于环线公用，一个结点发出的信息必须穿越环中所有的环路接口。信息流中目的地址与环上某结点地址相符时，信息被该结点的环路接口所接收，而后信息继续流向下一环路接口，一直流回到发送该信息的环路接口结点为止。

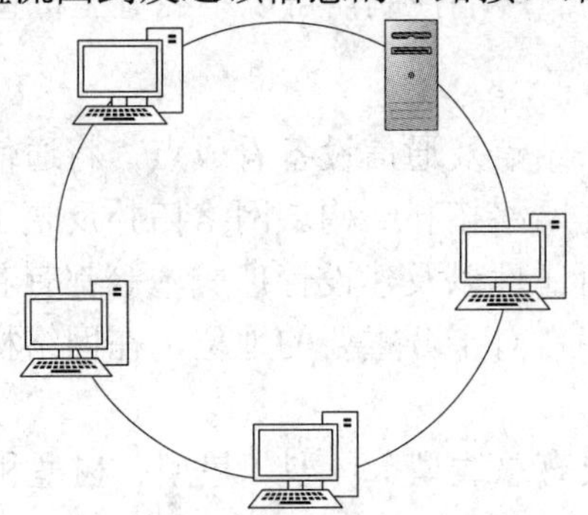
图 1-6　环型拓扑结构

由于信息流在网络中是沿着固定方向流动的，两个节点之间仅有一条道路，因此简化了路径选择的控制，建网容易，便于管理。由于信息源在环路中是串行地穿过各个节点，当环中节点过多时，势必影响信息传输速率，使网络的响应时间延长；此外，环路是封闭的，不便于扩充；可靠性低，一个节点故障，将会造成全网瘫痪；而且维护较难，对分支节点故障定位较难。

3) 星型拓扑

星型拓扑结构是一种以中央节点为中心、把若干外围节点连接起来的辐射式互联结构。如图 1-7 所示，在星型拓扑结构中，各结点与中央结点通过点对点方式连接，中央结点执行集中式通信控制策略，因此中央结点相当复杂，负担也重。这种结构适用于局域网，特别是近年来连接的局域网大都采用这种连接方式，在中心放一台中心计算机，每个臂的端点放置一台 PC，所有的数据包及报文通过中心计算机来通信。除了中心机外每台 PC 仅有一条电缆连接，因此需要大量的电缆。

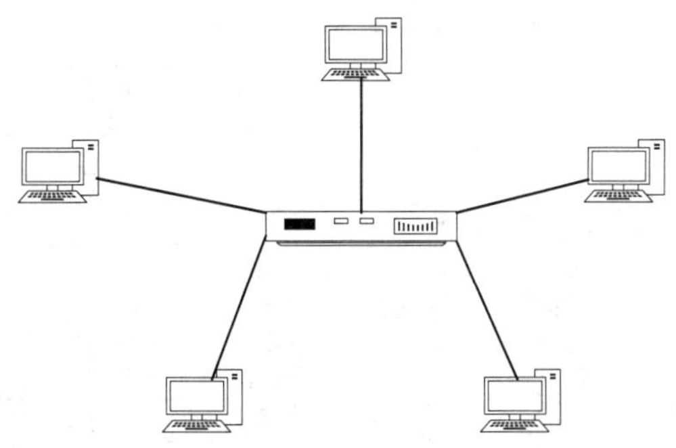

图 1-7　星型拓扑图

星型拓扑结构的每个结点都由一条单独的通信线路与中心结点连接，结构简单，容易实现，通常以集线器作为中央节点，便于维护和管理。但其中心节点负担较重，容易形成系统的“瓶颈”，线路利用率不高。这种网络被广泛应用于学校实验室或企业办公室。

4) 树型拓扑

树型拓扑从总线型拓扑演变而来，形状像一棵倒置的树，如图 1-8 所示，顶端是树根，树根以下带分支，每个分支还可再带子分支。它是总线型结构的扩展，是在总线网上加上分支形成的，其传输介质可有多条分支，但不形成闭合回路。树型网是一种分层网，其结构对称，具有一定的容错能力，一般一个分支和结点的故障不影响另一个分支结点的工作，同时任何一个结点发出的信息都可以传遍整个传输介质，这也是广播式网络。

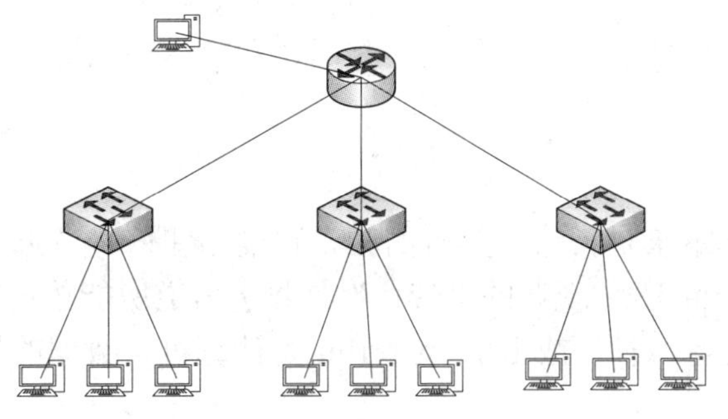

图 1-8　树型拓扑图

树型网上的链路相对具有一定的专用性，无需对原网做任何改动就可以扩充工作站。它是一种层次结构，结点按层次联结，信息交换主要在上下结点之间进行，相邻结点或同层结点之间一般不进行数据交换；把整个电缆连接成树型，树枝分层的每个分支点都有一台计算机，数据依次往下传。树型拓扑结构的优点是布局灵活，易于扩展，可以延伸出许多分支和子分支，故障隔离容易；其缺点是越靠近顶部的节点，处理能力越强，其可靠性要求就越高，对顶部节点的依赖性太大。

5) 网状拓扑

网状拓扑又称作无规则结构，结点之间的联结是任意的，没有规律。如图 1-9 所示，就是将多个子网或多个局域网连接起来。

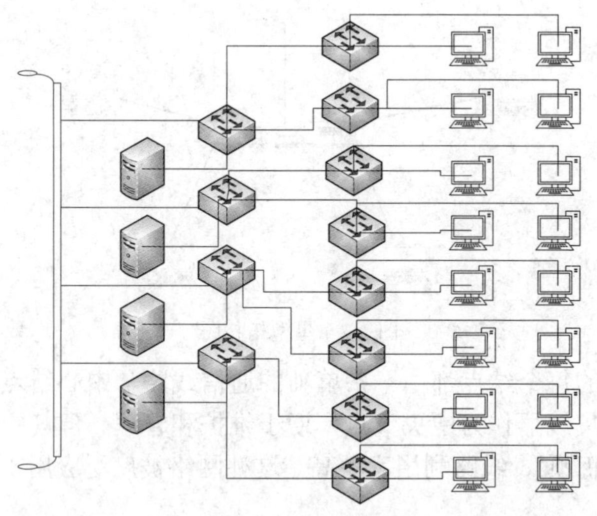

图 1-9　网状拓扑

网状拓扑结构的网络可靠性高，一般通信子网中任意两个节点之间存在着两条或两条以上的通信路径。这样，当一条路径发生故障时，还可以通过另一条路径把信息送至目的节点，网络内节点共享资源非常方便。但其结构复杂，必须采用路由选择算法和流量控制方法，线路成本高，不易管理和维护，这种拓扑结构适用于大型广域网。

在实际组网中，拓扑结构不是单一的，而是要根据具体需要和环境混用几种结构。

1.2.2　计算机网络的主要性能指标

计算机网络的主要性能指标有带宽、时延、吞吐量和往返时间等，下面分别加以介绍。

1．带宽

带宽(Bandwidth)本来是指信号具有的频带宽度，即信号占据的频率范围，单位是赫(或千赫、兆赫、吉赫等)。现在的“带宽”是数字信道所能传送的“最高数据率”的同义语，单位是“比特每秒”或 b/s。比特(bit)是计算机中数据的最小单元。带宽是网速允许的最大值。

注：b/s 即 bit/s，也有文献资料写成 bps。

拓展阅读

区分：b/s 与 B/s

在计算机网络中，以比特(bit)为单位进行数据传输，因此描述网速的单位为 b/s；在计算机中，以字节(Byte)为单位描述数据，因此计算机传输数据的速率单位为 B/s。其中 1 Byte = 8 bit。

2. 时延

时延(delay)是指数据从网络的一端传送到另一端所需的时间。时延是由以下几个不同的部分组成的：

1) 发送时延

发送时延也叫传输时延或传输速率，是指发送数据所需要的时间。发送时延计算方式如下：

$$发送时延=\frac{数据块长度(b)}{信道带宽(b/s)}$$

2) 传播时延

传播时延是电磁波在信道中传播所需要的时间，计算方式如下：

$$传播时延=\frac{信道长度(m)}{电磁波在信道上的传播速率(m/s)}$$

3) 处理时延

处理时延也叫排队时延，是指数据在交换结点等候发送，在缓存的队列中排队所经历的时延。

数据经历的总时延就是以上三种时延之和，即

$$总时延 = 传播时延 + 发送时延 + 排队时延$$

在通信传输过程中，三种时延所产生的地方如图 1-10 所示。

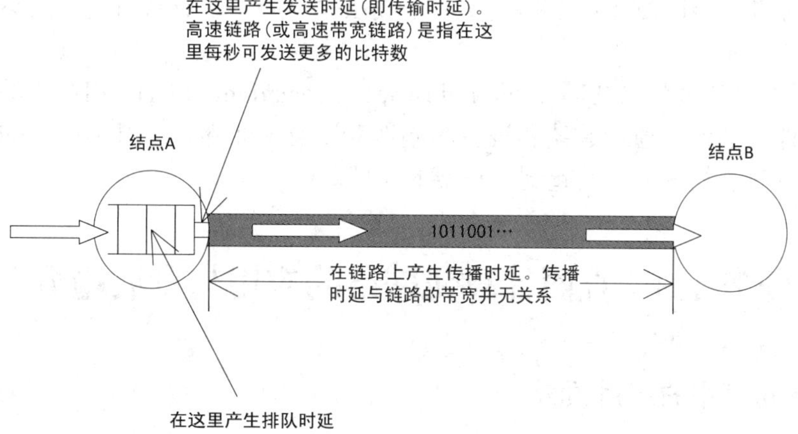

图 1-10　时延产生

3. 吞吐量

吞吐量(throughput)表示在单位时间内通过某个网络(或信道、接口)的数据量。吞吐量经常用于表示现实世界中网络容量的一种测量量，以便人们知道有多少数据量通过了网络。最大吞吐量计算方式如下：

$$最大吞吐量 = 带宽 \times 时间$$

4. 往返时间

往返时间(Round-Trip Time，RTT)表示从发送方发送数据开始，到发送方收到来自接收方的确认为止，总共经历的时间。

1.2.3　计算机领域的标准化组织

计算机网络的标准化对计算机网络的发展和推广起到了极为重要的作用。国际上有很多标准化组织负责制定、实施相关网络标准，其中常见的主要有以下几种：

(1) 国际标准化组织(International Standards Organization，ISO)。ISO 制定的主要网络标准或规范有 OSI 参考模型、HDLC(Highlevel Data Link Control Protocal，高级数据链路协议)等。

(2) 国际电信联盟(International Telecommunications Union，ITU)。ITU 的前身为国际电话电报咨询委员会(International Telephone and Telegraph Consuctation Committee，CCITT)，其下属机构 ITU-T 制定了大量有关远程通信的标准。

(3) 国际电气与电子工程师协会(Institute of Electric and Electronic Engineer，IEEE)。IEEE 是世界上最大的专业技术团队，由计算机和工程学专业人士组成。IEEE 在通信领域最著名的研究成果是 802 标准。

(4) 美国国家标准协会(American National Standard Institute，ANSI)。ANSI 下设电工、建筑、日用品、制图、材料试验等各种技术委员会，该标准绝大多数来自各专业标准。另一方面，各专业学会、协会团体也可依据已有的国家标准制订某些产品标准。当然，也可不按国家标准来制订自己的协会标准。ANSI 的标准是自愿采用的。美国认为，强制性标准可能限制生产率的提高。但被法律引用和政府部门制订的标准一般属于强制性标准。

(5) 美国电子工业协会(Electronic Industries Association，EIA)。EIA 广泛代表设计生产电子元件、部件、通信系统和设备的制造商以及工业界、政府和用户的利益，在提高美国制造商的竞争力方面起到了重要的作用。

任务 1.3　直面计算机网络的应用与发展趋势

1.3.1　计算机网络的应用领域

2018 年 11 月 16 日，第三届世界互联网大会在中国浙江省乌镇正式开幕，其主题是“创新驱动，造福人类——携手共建网络空间命运共同体”，从这里可以看出，今后互联网的发展是要更好地造福人类。我们现在已经步入了信息化社会，在计算机网络发展迅猛的今天，“网络就是计算机”这句网络名言被越来越多的人所接受，我们的生活越来越依赖计算机网络，计算机网络已经广泛应用于各大领域。通过计算机网络，人们可以开展广泛的交流互助活动和进行多种工作。

1．企业应用

早期的计算机网络就是各大公司企业的内部局域网和军用网络，所以计算机网络在企业方面的应用是最成熟、最广泛的。在 Internet 诞生之后，企业网中又出现了 Intranet 和 Extranet 两个新的名词，这两个网络名词是伴随着计算机网络在企业中的广泛应用而产生的，意思分别是企业内部网(Intranet)和企业外联网(Extranet)。Intranet 往往用于企业内部人员交流，通信便捷。Extranet 则是为保障企业网接入 Internet 的安全性等一系列问题而应运而生的，它既保证了信息的流通，又保护了企业的信息资源不受威胁。

不得不提的一点就是，计算机网络的大规模普及推动了大型跨国公司的产生和发展，因为计算机网络的便捷性为不同地区的分公司提供了交流和协同工作的平台。与此同时，大量的商业门户网站也一一诞生。人们通过这样的展示平台了解企业，获取大量相关信息，掌握最新的资讯，也可以进行休闲娱乐活动。国内比较著名的门户网站有新浪、网易和腾讯等，这不仅仅是咨询的平台，也是网络流行的先锋。此外，电子商务和电子贸易也随之产生，企业间通过计算机网络的互联完成信息的流通，企业领导和员工可以通过收发电子邮件或召开视频会议等完成必要的商业运作程序，同时大型门户网站由于自己掌握的资源增多，也提供网络交易平台推动电子商务，这方面最成功的就是阿里巴巴及其创始人马云。计算机网络还能实现对整个企业的管理与运营，网络化的企业结构更为系统，更便于管理和操作。

2．个人应用

随着计算机网络的发展，网民的数量不断增加，越来越多的人已经离不开计算机网络，他们利用计算机网络进行学习、工作、消费、娱乐，乃至社交和婚姻都通过计算机网络去解决。例如，我们可以借助微信、QQ 等软件与他人进行即时通信，也可以进行远程协助，甚至可以进行简单的远程会议；网络的一大功能就是资源共享，我们可以很轻松地查找到大量的信息资源、学习资源等；随着人们消费意识的不断进步，网店和网络购物逐渐兴起，足不出户的购物模式为广大网络用户带来了极大的生活便利。

3．政府应用

正如在企业中的应用一样，政府部门也可以借助计算机网络办公，并在网络上发布信息，传递资源，这样一来能够大大提高工作效率及宣传力度，例如各地的电子政务网。出于安全的需要，政府部门的计算机网络分为内网和外网。政府内部系统办公使用内网；而对外发布信息、进行政策宣传就需要使用外网。

4. 教育应用

我们常常说的远程教育就是基于计算机网络实现的，以计算机网络为基础的网络课件和其他学习资源为学生的学习和教师的教学活动提供了更多渠道，有利于因材施教。通过计算机网络，最新的学术咨询可以迅速传播，成果可以及时共享，交流可以及时进行。

5. 医疗应用

利用互联网，医疗网站可合理地配置医疗资源，跨越时间和地域的阻碍，使更多的患者能得到享有稀缺的医疗资源的权力，实现医疗资源的合理配置，有效地降低看病的成本。例如，患者可在网络上提前将自己的资料以及基本情况通过网络传输给医生，医生可提前了解病患情况，患者可以提前进行门诊时间的预约。通过这样简单的过程，医生即可对病患的基本情况有一定的了解，而患者也省去了往返于医院之间所需的时间和精力的消耗，同时也可对门诊时所应该注意的问题提前进行了解。除此之外，医疗网站还可对医院以及医生起到宣传作用，达到网站、医院、医生共赢的目的。例如，在看病的过程中，医疗网站可设置“论坛”等性质的服务反馈板块，患者可在此发表自己的看病心得以及对医生的评价。其他患者通过查询留言以及病患对医生的满意程度即可对医生的基本情况有一个大致的了解。

6. 军事应用

现代意义的网络产生于 20 世纪 60 年代中期，是由美国国防部高级研究计划局应美国军方要求研制的阿帕网。任何一项新技术的出现，最初都是服务于军方的，这个规律在近现代及当代非常明显。随着计算机网络技术的发展，军队建设向信息化方向发展，现在的远程指挥、战场信息化及战场信息共享都体现出了计算机网络在此方面的应用。

1.3.2　计算机网络的发展趋势

1. 计算机网络的现状

今天的互联网不仅具有规模巨大、用户众多、影响深远和应用基本成功等诸多优点，而且它也是目前唯一一个可供参考的、覆盖全球的、成功运行的、现实的计算机网络，因此对于当前计算机网络所面临现状的讨论主要以互联网作为研究对象。

如果从克兰罗克在 1961 年首次发表“分组交换”理论的博士论文算起，互联网已经走过了 50 多年的研究、建设和发展历程。互联网之所以能够取得成功，除了在其发展过程中所采取的一系列重大决策的正确与及时，以及其管理机构的相对健全和运营机制的合理性等非技术因素以外，一个非常重要的原因就是得益于其体系结构的支持：灵活的分组交换技术、简单的分层模型和开放的协议标准等。然而，自从 20 世纪 90 年代初 WWW 技术出现以及美国 NSF 解除互联网上的商业限制以后，互联网便进入了应用与服务的蓬勃发展阶段，而传统网络体系结构的缺陷与不足也随之逐渐显露出来。

2. 计算机网络发展趋势

网络三大难题(即资源控制、服务定制和用户管理)的长期困扰以及扭斗现象的日渐凸现，一直是近年来互联网在演进与发展之路上极不和谐的伴音。研究表明，传统的网络体系结构参考模型(包括 OSI/RM 和 TCP/IP)基本成型于 20 世纪 70～80 年代，而由 WWW 技术所引发的计算机网络应用热潮却开始于 20 世纪 90 年代，这必然导致传统网络体系结构在设计时所考虑的情况与具体的应用环境之间存在不一致性，这种不一致性恰恰是导致今天互联网面临种种困境和挑战的根源所在。于是，研究人员在千方百计地弥补传统网络体系结构的缺陷与不足的同时，也开始展望和着手研究一些新型网络体系结构。纵观近年来国际和国内网络研究界在改造传统网络体系结构和探索新型网络体系结构这两方面所做的种种努力，这些研究工作实质上已经反映出了当前关于互联网演进与发展的两个崭新趋势。

(1) 传统互联网中过于简单的网络核心功能应该得到适当增强。

随着分组交换技术基础地位的确立及 TCP/IP 协议的设计成功和广泛实现，早期互联网便基本上奠定了“核心简单，边缘智能”的体系结构格局。尤其是 20 世纪 80 年代初“端到端原则”(End to End Argument)的提出进一步强化了“互联网的核心应该尽量保持简单，而把复杂的处理都放到端系统上去实现”的观念。

(2) 从服务角度来研究下一代网络为互联网带来的新的发展契机。

像互联网这样规模十分庞大的分布式系统，将不可避免地面临异构性、开放性、安全性、并发性、可缩放性等方面的诸多挑战，因此从位于核心网络之上且分布于网络边缘的互联网端系统入手，致力于研究互联网如何为用户提供各种各样的服务，以及如何用这些服务来支持和开发各种特定网络应用的分布计算技术，便逐渐成为了互联网研究中的一个重要分支和领域。在过去的二三十年中，诸如进程间通信、远程调用、分布式命名、分布式文件系统、容错和备份、分布式事务处理等一系列与分布式系统有关的理论和技术逐步发展起来了，从而大大增强了互联网的服务能力，丰富了互联网的服务类型。

1.3.3　网络从业者应具备的职业道德观念

计算机网络的广泛应用已经对经济、文化、教育、科学的发展与人类生活质量的提高产生了重要影响，同时也不可避免地带来一些新的社会、道德、政治与法律问题。

1. 计算机网络带来的问题

(1) 由于目前网络技术还没有发展到一个比较完善的阶段，网络还存在着很大的虚拟性和不真实性，以及网络监管的不完善，网络有时被个人用来作为抨击对手的工具。

(2) 网络会导致世界各国的发展更不平衡。科技的力量是无穷的，在计算机时代，信息的传递速度不断加快，各国各地区对信息的掌握能力将会对这个地区的经济发展的深度产生极大的影响。

(3) 网络的普及可能会使不同民族的文化特性逐渐衰落。网络可以使我们足不出户就对世界范围内的信息有所了解，但是正是由于网络在世界范围内的日益普及，将会

导致许多地区的语言、文化受到冲击。

(4) 网络虽然可以给人们的劳动和生活带来极大的便利，但在这越来越便利的背后将会是可怕的人类社会的危机。网络可以打破时间与空间上的距离，可以让每一个人足不出户就与世界各地联系在一起，这样的后果是人们的集体意识变得越来越淡薄，人的社会意识也会随之逐渐降低。

(5) 计算机网络的应用对青少年的影响是目前不容忽视的一个重大课题。

如何利用计算机网络来促进青少年的健康成长，尽可能减少其对青少年的不利影响，是我们整个社会应该引起高度重视并付诸行动的一个重大问题。

2. 计算机网络从业者的职业守则

1) 遵纪守法，尊重知识产权

由于计算机网络最主要的功能是实现资源共享，因此很多人认为计算机网络是一种完全开放型的状态；只要愿意，可以在网上发表任何言论，或从网上下载文章、图片及各种作品。但实际上计算机网络只是信息资源的一种载体，其本质与报纸、电视等传统媒体没有任何区别，其上的文章、图片及各种作品同样拥有著作权，不能随意转载、摘抄。

2) 爱岗敬业，严守保密制度

计算机网络从业人员应爱岗敬业，严守保密制度，保守相应的国家机密和商业机密。由于目前很多商业信息及其他信息都会在计算机系统上保存并通过计算机网络传输，所以计算机网络从业者必须采取相关措施，防止泄密的发生。

3) 团结协作、爱护设备

计算机网络从业人员应做好设备的规范化和文档化管理，及时写好维护记录，做好交接工作；负责所有设备的管辖和运行状况的掌控，以最经济的设备寿命周期费用，取得最佳的设备综合效能，确保设备经常处于良好的技术状态和工作状态。

任务 1.4 任 务 挑 战

1.4.1 使用 Visio 绘制网络拓扑图

Office Visio 是 Office 软件系列中负责绘制流程图和示意图的软件，是一款便于 IT 和商务人员对复杂信息、系统和流程进行可视化处理、分析和交流的软件。使用 Visio 可以绘制业务流程图、组织结构图、项目管理图、营销图表、办公室布局图、网络图、电子线路图、数据库模型图、工艺管道图、因果图和方向图等。Visio 安装包是独立的安装软件，不属于 Office 软件系统，但 Visio 软件安装后会存在于 Office 软件菜单里。

下面以 Microsoft Visio 2013 为例，来学习如何使用 Visio 绘制拓扑图。

1. 使用 Visio 绘制网络拓扑图

(1) 在 Office 软件菜单下打开 Visio 软件，如图 1-11 所示，左侧属于“形状”区域，

右侧网格部分属于“绘图”区域。

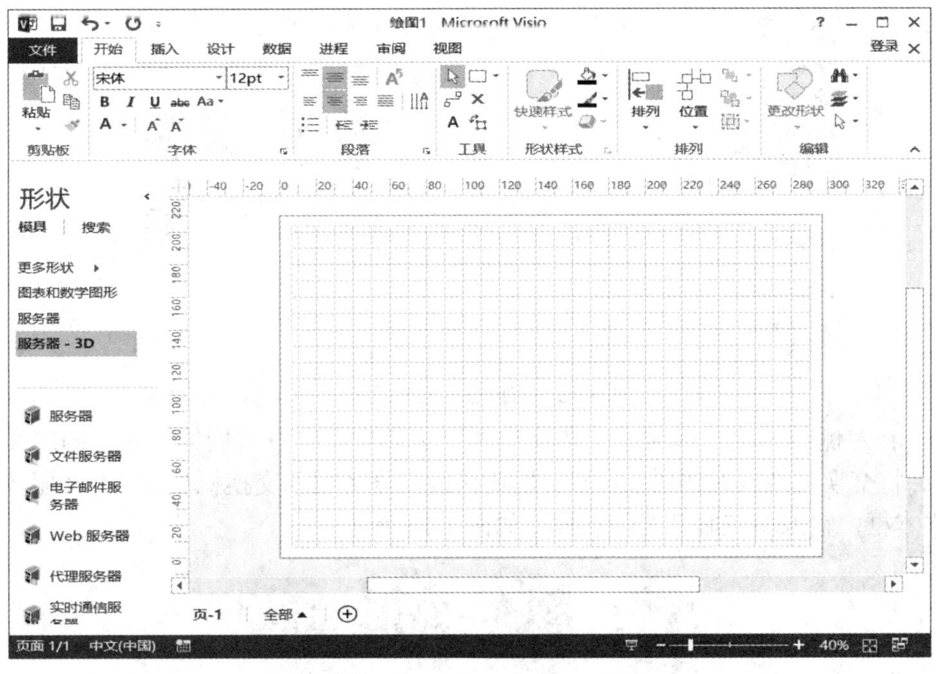

图 1-11　打开 Visio 软件

(2) 在左侧“形状”区域中，依次选择“更多形状”→“网络”→“服务器 3D”，如图 1-12 所示。

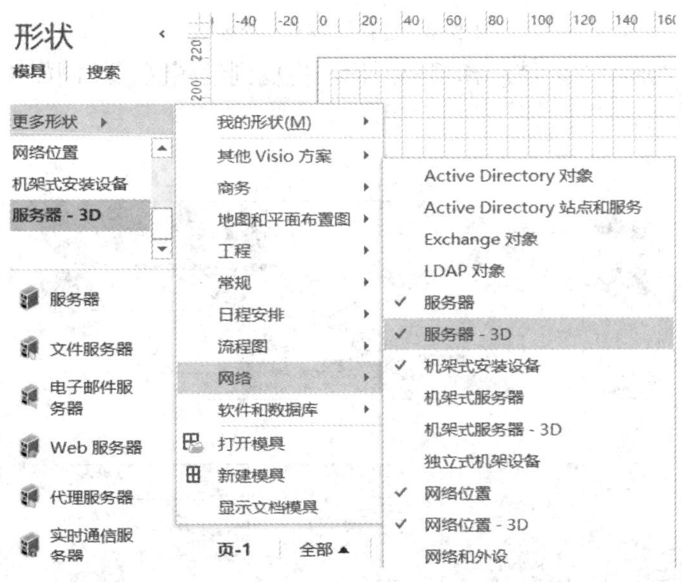

图 1-12　选择服务器形状

(3) 选择“服务器 3D”中的“文件服务器”图标，将其拖曳到右侧绘图区域，如图 1-13 所示。

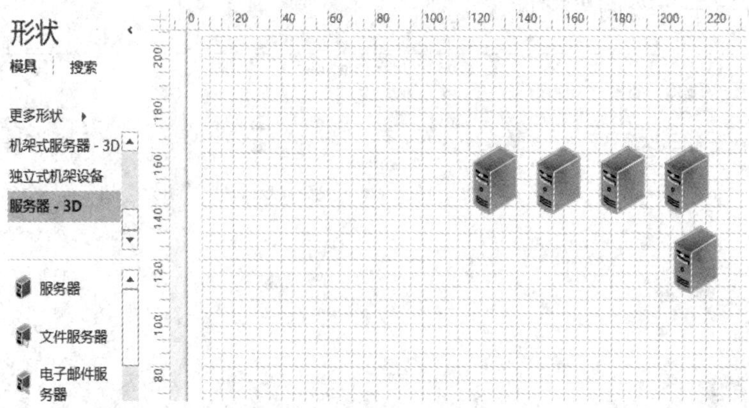

图 1-13　拖拽服务器到绘图区

(4) 在左侧“形状”区域中，依次选择“更多形状”→“网络”→“网络和符号3D”，并将交换机拖入右侧绘图区域，用连接线将服务器和交换机相连，并在服务器旁插入文本框，输入相应服务器的名称，如图 1-14 所示。

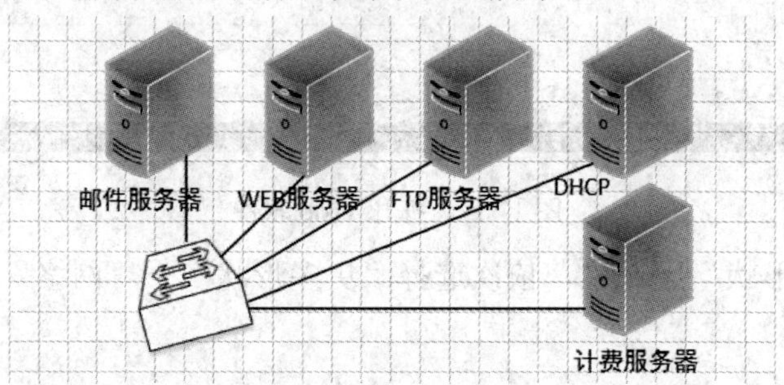

图 1-14　连接服务器和交换机

(5) 依次在“形状”区域选择相应图标，拖曳到绘图区，绘制如图 1-15 所示的拓扑图。

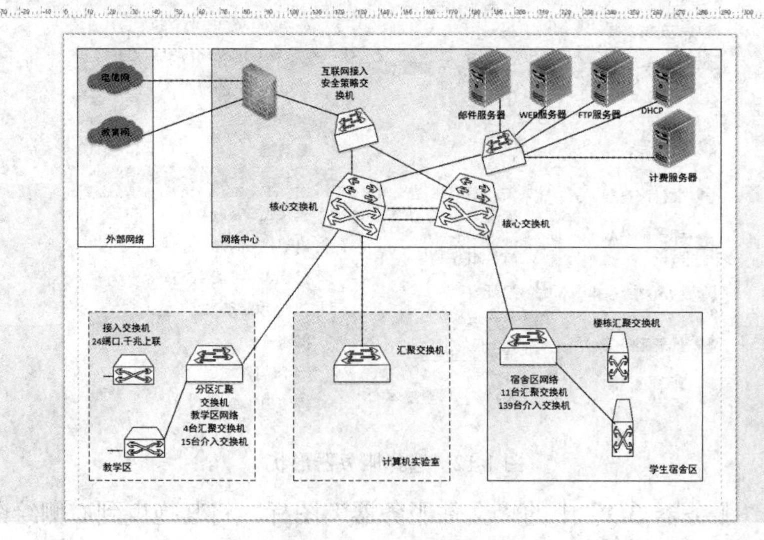

图 1-15　绘制出的网络拓扑图

2. 在 word 文件中插入 Visio 文档

在 Visio 文档中打开“另存为”对话框，如图 1-16 所示。在保存类型中选择“JPEG 文件交换格式(*.jpg)”，出现“JPG 输出选项”对话框，如图 1-17 所示，设置完后单击“确定”按钮。

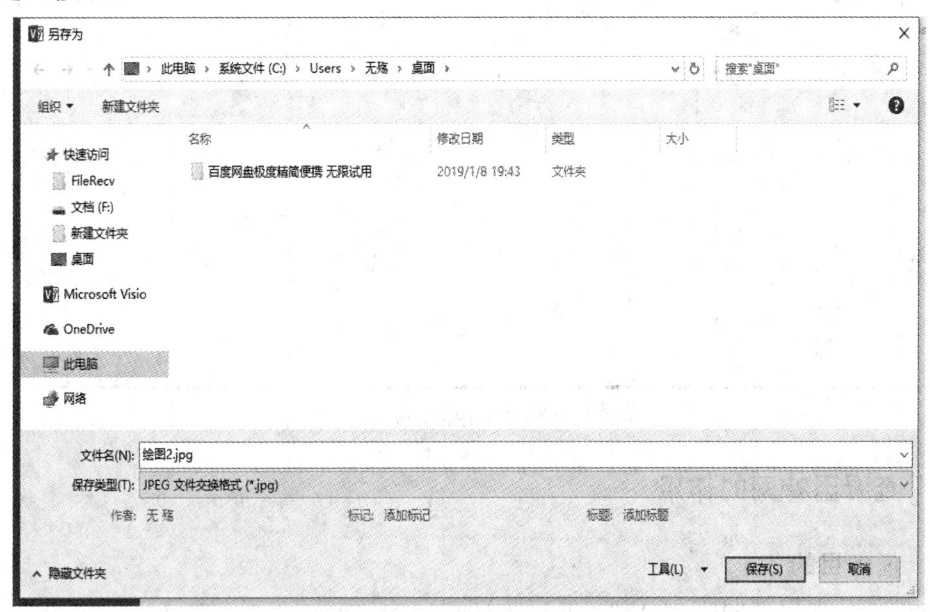

图 1-16　保存 JPEG 文件交换格式

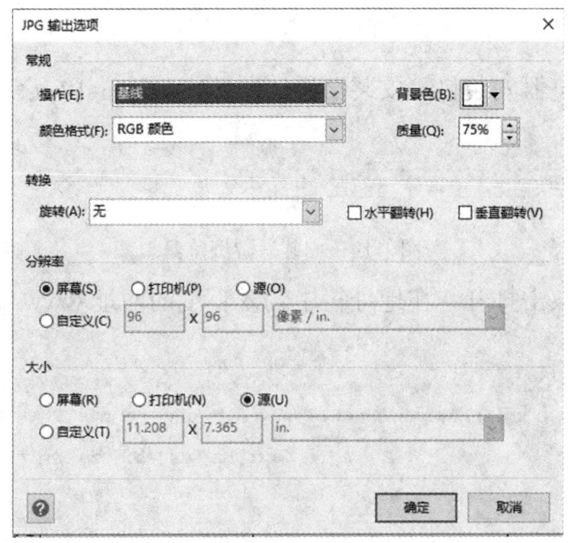

图 1-17　“JPG 输出选项”对话框

这样可在 Word 文档中插入不可编辑的 JPEG 格式的图片，如图 1-18 所示。

此外，在保存类型中选择“XML 绘图(*.vdx)”，可保存成网页格式并发布在网络服务器上；在保存类型中选择“AutoCAD 绘图(*.dwg)”，可转变成 AutoCAD 绘图格式。若其他计算机安装的是低于 2002 版的 Visio 版本，必须在保存类型中选择“Visio2002

绘图(*.wsd)”进行转换。

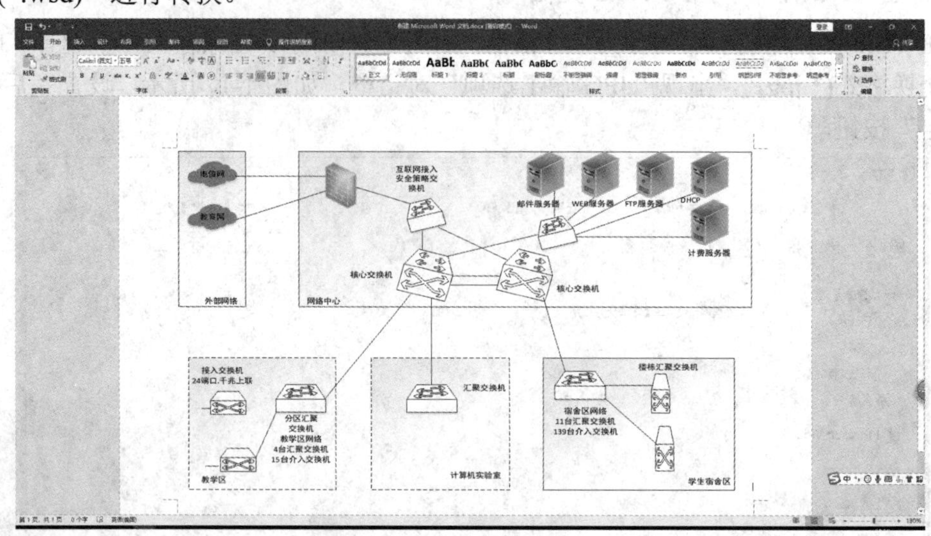

图 1-18　插入 JPEG 格式图片

1.4.2　查看因特网的作用

1. 任务目的

下载安装常见的网络浏览器，并搜索计算机网络的历史、发展及应用等相关知识，并整理成档。

2. 任务步骤

(1) 双击傲游浏览器安装包，安装傲游浏览器，如图 1-19 所示。

图 1-19　安装傲游浏览器

(2) 安装完成后双击打开，在地址栏中输入百度的网址 www.baidu.com 并按回车，如图 1-20 所示。

图 1-20　打开百度网页

(3) 搜索计算机网络的应用，如图 1-21 所示。然后进行文档管理。

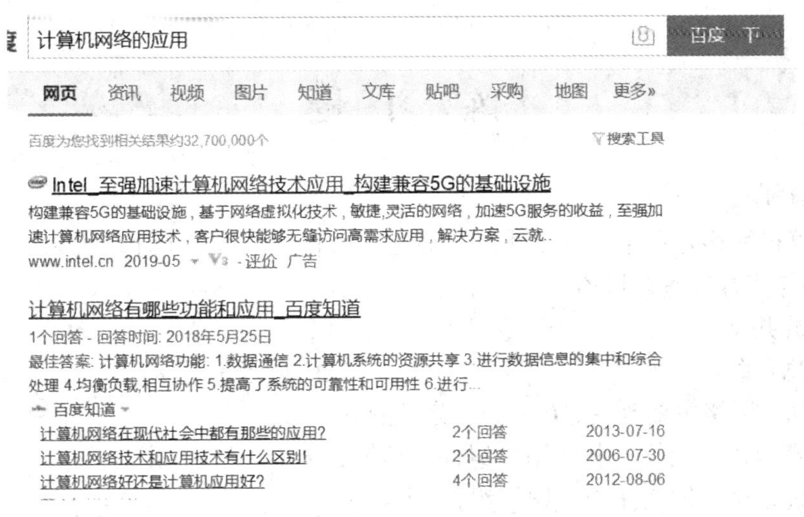

图 1-21　搜索计算机网络的应用

本项目小结

计算机网络是将分布在不同地理位置上的、具有独立功能的计算机及其外部设备通过通信设备和通信线路连接起来，按照某种事先约定的规则(通信协议)进行信息交换，以实现资源共享的系统。20 世纪 60 年代中期之前的第一代计算机网络是以单个计算机为中心的远程联机系统；20 世纪 60 年代中期至 70 年代的第二代计算机网络是以多个主机通过通信线路互联起来，为用户提供服务的设备，典型代表是美国国防部高级研究计划局协助开发的 ARPANET；20 世纪 70 年代末至 90 年代的第三代计算机网络是具有统一的网络体系结构并遵守国际标准的开放式和标准化的网络；20 世纪 90 年代至今的第四代计算机网络，由于局域网技术已发展成熟，加上光纤及高速网络技术、多媒体网络、智能网络的出现，整个网络就像一个对用户透明的大的计算机系统，逐步发展为以 Internet 为代表的互联网。

计算机网络的主要目的是实现计算机之间的资源共享、网络通信和对计算机的集中管理。按照地理覆盖范围，计算机网络可以分为广域网、城域网和局域网；按通信传播方式，可分为点对点传播方式的网络和广播方式的网络；从网络功能上来看，计算机网络可分为通信子网和资源子网；按拓扑结构分类，主要有总线型、星型、环型、树型和网状型。

在网络中，带宽是数字信道所能传送的最高数据率，单位是比特每秒或 b/s。时延是指数据从网络的一端传送到另一端所需的时间。吞吐量表示在单位时间内通过某个网络(或信道、接口)的数据量。往返时间(Round-Trip Time，RTT)表示从发送方发送数据开始，到发送方收到来自接收方的确认为止，总共经历的时间。

在现代生活中，计算机网络已经广泛应用于各大领域。网络从业者应具备相应的

职业道德观念，并能熟练使用 Visio 绘制网络拓扑图，可以使用浏览器上网进行资料查阅。

练 习 题

一、选择题

1. 计算机网络是利用设备与线路，通过网络软件，将多个计算机系统连接起来，达到(　　)与信息传递的目的。

A. 资源共享　　B. 资源分类

C. 信息互联　　D. 以上都是

2. 计算机网络主要是通过(　　)来分类的。

A. 地理范围　网络拓扑　网络组件　传输介质

B. 地理范围　网络拓扑　网络组件

C. 地理范围　传输介质　网络组件

D. 地理范围

3. 早期的计算机网络是由(　　)组成的系统。

A. 计算机—通信线路—计算机　　B. PC 机—通信线路—PC 机

C. 终端—通信线路—终端　　D. 计算机—通信线路—终端

4. 在计算机网络发展过程中(　　)对计算机网络的形成与发展影响最大。

A. ARPANET　　B. OCTOPUS

C. DATAPAC　　D. NOVELL

5. 计算机网络中实现互联的计算机之间是(　　)进行工作的。

A. 独立　　B. 并行

C. 串行　　D. 相互制约

6. 计算机网络中处理通信控制功能的计算机是(　　)。

A. 通信线路　　B. 终端

C. 主计算机　　D. 通信控制处理机

7. 下列不属于计算机网络的功能的是(　　)。

A. 资源共享　　B. 方便联系

C. 数据通信　　D. 综合信息服务

8. 网络按通信范围分为(　　)。

A. 局域网　城域网　广域网　　B. 中继网　广域网　局域网

C. 局域网　以太网　城域网　　D. 中继网　以太网　局域网

二、填空题

1. 计算机网络是将分布在不同地理位置上的、具有独立功能的计算机及其外部设备，通过_________和_________连接起来，按照_________进行信息交换，以实现的系统。

2. 计算机网络的五大功能是______、______、______、______、______。

3. 时延是指____________________________。

4. 制定 OSI 参考模型的标准化组织机构是_________。

三、简答题

1. 什么是计算机网络?

2. 简述计算机网络的发展阶段。

3. 计算机网络拓扑结构分成哪几类?简要描述。

四、实践题

使用网络搜索某厂商的网络设备图标，并使用 Visio 软件绘制一个具有核心、汇聚、接入设备的局域网拓扑图，设备类型和数量自定。

项目二　网络怎样让“天涯若比邻”

☛ 本项目概述

曾几何时，由于科技不发达、信息不对称、城乡差距大等等因素，相隔万里的人们大都处于“老死不相往来”的状态。而随着互联网的发展，这种状态逐渐演变为“鸡犬之声相闻”，实现了真正意义上的“天涯若比邻”。通过了解网络的“前世今生”，我们了解到网络缩短了地域之间的差异，缩短了人与人之间的距离。那么网络是如何将世界连为一体的呢？本项目我们就来学习网络体系结构、网络标准及网络设备等方面的内容。

☛ 学习目标

1. 理解协议的概念以及协议分层的原理；
2. 熟悉计算机网络体系结构；
3. 掌握 OSI 参考模型以及 TCP/IP 参考模型的含义；
4. 熟悉常见的网络互联设备；
5. 掌握 PT6.0 软件的使用；
6. 掌握交换机和路由器的简单配置。

任务 2.1　了解网络体系结构

网络体系结构是指为了实现计算机间的通信合作，把计算机互联的功能划分成有明确定义的层次，并规定同层次实体通信的协议及相邻层之间的接口服务。简单地说，网络体系结构就是网络各层及其协议的集合。因此，要理解网络体系结构，就必须了解网络体系结构的分层设计原理和网络协议。

2.1.1　网络协议

在日常生活中，当我们使用电脑发送邮件、发送消息或者访问网页时，我们并不能感觉到协议的存在。只有当我们需要重新配置计算机的网络设置时，才有可能涉及协议。在进行网络通信的过程背后，协议起到了至关重要的作用。

协议(protocol)是为进行网络中的数据交换而建立的规则、约定和标准，是计算机网络中实体之间有关通信规则的集合，也称为网络协议或通信协议。简单来说，协议就是计算机与计算机之间通过网络实现通信时事先达成的一种“约定”。这种“约定”规定两台计算机之间必须能够支持相同的协议，并遵循相同协议进行处理，才能实现相互通信。

我们举一个简单的例子。有 A、B、C 三个人，A 只会说汉语，B 只会说法语，C 既会说汉语又会说法语。此时，假如 A 与 B 或者 A 与 C 要聊天，他们之间应该如何沟通呢？对 A 与 B 来说，由于他们谈话各自所用语言不同，因此双方无法聊天；对 A 与 C 来说，两人可以都约定使用汉语就可以聊天了。在这一过程中，我们可以将汉语和英语当作“协议”，将聊天当作“通信”，将说话的内容当作“数据”，因此，协议如同人们平常说话所用的语言。在计算机与计算机之间通过网络进行通信时，可以认为是依据类似于人类的“语言”，实现了相互通信。

协议的 3 个要素是语义、语法和时序，其中：

- 语义规定通信双方彼此要“讲什么”，即确定协议元素的类型；
- 语法规定通信双方彼此“如何讲”，即确定协议元素的格式；
- 时序又称“同步”，用于规定事件实现顺序的详细说明，即通信双方动作的时间、速度匹配和事件发生的顺序等。

2.1.2　协议的分层

相互通信的两个计算机系统必须高度协调才能工作，而这种“协调”是相当复杂的。通常针对一个复杂问题，我们会将其拆分成一个个小问题来解决，这种方法在网络中称之为“分层”，分层可将庞大而复杂的问题转化为若干较小的局部问题，这些较小的局部问题比较易于研究和处理。

为了便于理解分层设计的思想，我们以邮政系统的层次结构为例进行说明。如图 2-1 所示，整个通信过程主要涉及三个层次，即用户系统、邮局系统和运输部门系统。

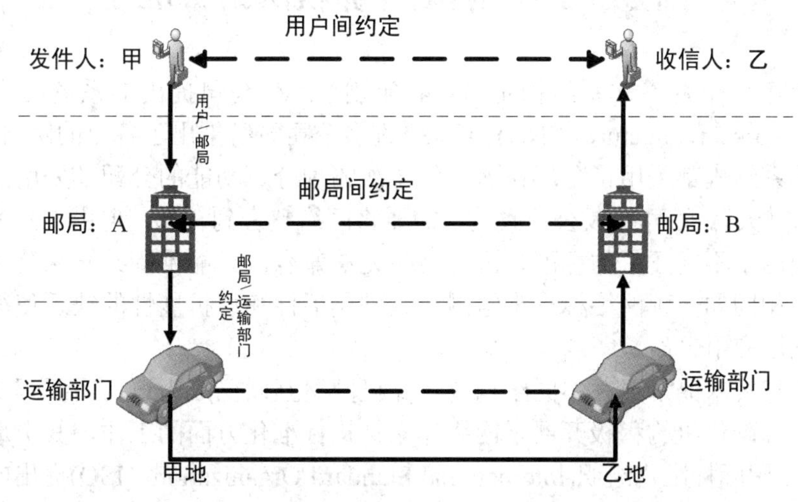

图 2-1　邮政系统的层次结构

邮政系统中的各种约定都是为了将信件从写信人送到收信人而设计的，也就是说，它们是因信息的流动而产生的。这些约定可以分为两种，一种是同等机构间的约定，

如用户之间的约定、邮政局之间的约定和运输部门之间的约定；另一种是不同机构之间的约定，如用户与邮政局之间的约定、邮政局与运输部门之间的约定。

在计算机网络环境中，两台计算机中两个程序之间进行通信的过程与邮政通信的过程十分相似，其中应用程序对应于用户，计算机中进行通信的进程(也可以是专门的通信处理机)对应于邮局，通信设施对应于运输部门。

不同计算机同等层之间的通信规则就是该层使用的协议，如有关第 N 层通信规则的集合就是第 N 层的协议；而同一计算机不同功能层之间的通信规则称为接口(Interface)。对于不同的网络来说，它的分层数量、各层的名称和功能以及协议都各不相同。在网络中，对于第 N 层协议来说，它不知道上下层的内部结构，但可以独立完成某种功能，并且为上层提供服务，使用下层提供的服务。

协议分层的好处有以下四个方面：

(1) 各层之间相互独立。高层不需要知道底层是如何实现的，仅需知道该层通过层间的接口所提供的服务即可。

(2) 灵活性好。某层改变时，只要层间接口不变，则不影响上下层。

(3) 结构上可分割。各层都可采用最合适的技术来实现。

(4) 复杂性低，易于排错，具有更好的互操作性。

计算机网络体系结构是关于计算机网络应设置哪几层、每层应提供哪些功能的精确定义。也就是说，网络体系结构只是从功能上描述计算机网络的结构，而不关心每层硬件和软件的组成，也不解决这些硬件或软件的实现问题，它只是为各个标准化组织制定协议标准提供了一个参考模型。因此网络体系结构是众多现有网络标准的抽象，也是制定新的网络标准与协议的准则。

任务 2.2　熟记计算机网络标准

世界上第一个网络体系结构是 1974 年由 IBM 公司提出的系统网络体系结构(System Network Architecture，SNA)。此后，许多公司纷纷推出了各自的网络体系结构。虽然这些体系结构都采用了分层技术，但层次的划分、功能的分配及采用的技术均不相同。假如某天 A 公司将 B 公司收购，需要将网络整合到一起，但由于两家公司在初建网络时使用了不同厂家的标准，因此网络无法兼容。只能推翻某一家公司之前的网络，重新用相同的一种网络标准来组网。这种灵活性和可扩展性的缺乏使得用户对计算机通信难以应用自如。

随着信息技术的发展，不同结构的计算机网络互联已成为迫切需要解决的问题。为此，许多标准化机构积极开展了网络体系结构标准化方面的工作，其中最为著名的就是 1984 年国际标准化组织(International Standard Organization，ISO)提出的开放系统互连参考模型，即 OSI 参考模型(Open System Interconnection，OSI)。该模型对通信系统进行了标准化，只要遵循 OSI 标准，一个系统就可以与位于世界上任何地方、同样遵循同一标准的其他任何系统进行通信。

2.2.1　OSI 参考模型

OSI 参考模型将计算机网络的通信分成了易于理解的 7 层，其中上 3 层主要与网络应用相关，负责对用户数据进行编码等操作；下 4 层主要是负责网络通讯，负责将用户的数据传递到目的地。如图 2-2 所示，从下往上依次为物理层、数据链路层、网络层、传输层、会话层、表示层和应用层。

应用层
表示层
会话层
传输层
网络层
数据链路层
物理层

图 2-2　OSI 参考模型

1. 物理层

物理层的主要任务是实现通信双方的物理连接，以比特流(bits)的形式透明地传送数据信息，并向数据链路层提供透明的传输服务(透明表示经过实际电路传送后，被传送的比特流没有发生任何变化，电路对其并没有产生任何影响)。所有的通信设备、主机等网络硬件设备都要按照物理层的标准与规则进行设计并通过物理线路互联，这些都构成了计算机网络的基础。物理层建立在传输介质的基础上，是系统和传输介质的物理接口，它是 OSI 模型的最低层。

物理层相关连接介质包括线缆、双绞线、光纤、无线；典型设备包括中继器、集线器。

拓展阅读

比特流即一系列的“0”和“1”。这些比特流到底代表什么意思，物理层并不关心，只保证能传输比特即可。至于传输的内容和质量，由它的上一层负责，这也验证了 OSI 分层的意义，每层都有每层的特定任务，每层的任务由该层的协议功能来确定。

2. 数据链路层

数据链路层可将物理层传来的 0、1 信号组成数据帧的格式，在相邻网络实体之间建立、维持和释放数据链路连接，并传输数据链路服务数据单元。该层负责在传送过程中进行纠错和恢复，它将纠错码添加到即将发送的帧中，并对收到的帧进行计算和校验，不完整及有缺陷的帧在该层都将被丢弃。如果能够判断出有缺陷帧的来源，则返回一个错误帧。根据网络规模的不同，数据链路层的协议可分为两类：一类是针对广域网的数据链路层协议，如 HDLC、PPP 等；一类是局域网中的数据链路层协议，

如 MAC 子层协议和 LLC 子层协议。

数据链路层所传输的数据称为“帧”，典型设备有网桥和二层交换机(“二层”就是指数据链路层)等。

3. 网络层

网络层是 OSI 参考模型中最重要的一层，主要功能是完成数据包的寻址和路由选择。在数据链路层中，讨论的是“链路”之间的通信问题，即两台相邻设备之间的通信(相邻是指两设备之间没有其他中间节点)。但是在实际中，两台设备可能相隔甚远，中间可能包含很多段“链路”，网络层负责解决由多条“链路”组成的通信子网的数据传送问题。假设从节点 A 到节点 B 中间有多条链路，如 A→M→B、A→C→D→E→B 等。对于数据链路层来说，只用处理两点间的链路，因此没有路径选择的问题。而从 A 端到 B 端，实际存在多条路径，那么应该如何选择路径呢？这就是网络层要解决的“寻址和路由选择”的问题。

网络层的功能就是要选择合适的路径转发数据包，使发送方的数据能够正确无误地按目的地址寻找到接收方的路径，并将数据包交给接收方。

在网络层，数据传送的单位是包。网络层有一个最重要的协议就是著名的 IP 协议。IP 协议把上一层传下来的数据切割封装成 IP 数据包，并将其送入因特网进行传输。典型设备有路由器和三层交换机等。

4. 传输层

传输层的功能是接收上一层发来的数据，并进行分段，建立端到端的连接，保证数据从一端正确传送到另一端。它处于七层体系的中间，向下是通信服务的最高层，向上是用户功能的最底层。传输层负责提供两节点之间数据的可靠传送。当两节点的联系确定之后，传输层负责监督工作。传输层在网络层的基础上提供可靠的“面向连接”和不可靠的“面向无连接”的数据传输服务、差错控制和流量控制。在具有传输层功能的协议中，最主要的两个是 TCP 和 UDP。

5. 会话层

会话层的主要功能是用来管理网络设备的会话连接，可细分为三大功能：

① 首先建立会话：A、B 两台网络设备之间要通信，要建立一条会话供其使用，在建立会话的过程中也会有身份验证、权限鉴定等环节。

② 然后保持会话：通信会话建立后，通信双方开始传递数据。当数据传递完成后，OSI 会话层不一定会立刻将两者这条通信会话断开，它会根据应用程序和应用层的设置对该会话进行维护。在会话维持期间，两者可以随时使用这条会话传输数据。

③ 最后断开会话：当应用程序或应用层规定的超时时间到期后，OSI 会话层才会释放这条会话。或者 A、B 重启、关机、手动执行断开连接的操作时，OSI 会话层也会将 A、B 之间的会话断开。

6. 表示层

电脑从网卡收到一串数据时，这些数据在电脑中都是二进制的格式，我们人类是

看不懂二进制的，需要表示层帮忙将这些二进制转换成我们能够识别的数据。表示层的基本功能就是对数据格式进行编译，对收到或发出的数据根据应用层的特征进行处理，如处理文字、图片、音频等，或对压缩文件进行解压缩、对加密文件进行解密等。

7. 应用层

应用层提供各种各样的应用层协议，这些协议嵌入在各种应用程序中，为用户与网络之间提供一个沟通的接口。例如我们要看网页时，只需打开 IE 浏览器，输入一个网址，就可进入相应的网站。这个 IE 浏览器就是用户浏览网页的应用工具，是基于 HTTP 协议开发的，HTTP 是一个应用层的协议。

2.2.2 TCP/IP 参考模型

OSI 参考模型虽然是国际标准，但是它层次多，结构复杂，在实际中完全遵从 OSI 参考模型的协议几乎没有。目前流行的网络体系结构是 TCP/IP 参考模型，它已成为计算机网络体系结构事实上的标准，Internet 就是基于 TCP/IP 参考模型建立的。

TCP/IP 协议是美国国防部高级研究计划局计算机网(Advanced Research Projects Agency Network，ARPANET)和其后继因特网使用的参考模型。ARPANET 是由美国国防部(U.S. Department of Defense，DoD)赞助的研究网络。最初，它只连接了美国境内的四所大学。随后的几年中，它通过租用的电话线连接了数百所大学和政府部门，最终发展成为全球规模最大的互连网络——因特网。

TCP/IP 参考模型分为应用层、传输层、网络互连层和网络接口层四个层次，如图 2-3 所示。

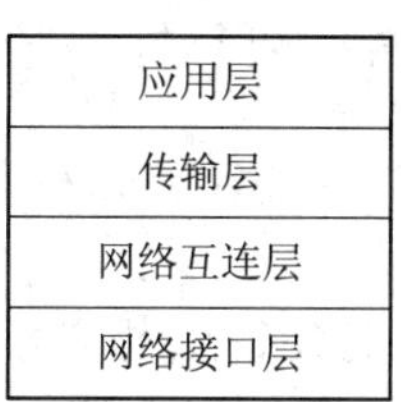

图 2-3　TCP/IP 模型图

1. 网络接口层

网络接口层是 TCP/IP 模型的最低层。实际上 TCP/IP 参考模型没有真正描述这一层的实现，只是要求能够提供给其上层——网络互连层——一个访问接口，以便在其上传递 IP 分组。由于这一层次未被定义，所以其具体的实现方法会随着网络类型的不同而不同。这一层的作用是负责接收从网络层传来的 IP 数据包并将 IP 数据包通过低层物理网络发送出去；或者从低层物理网络上接收物理帧，然后抽出 IP 数据包交给网络层。

2. 网络互连层

网络互连层与 OSI 参考模型中的网络层相当，是整个 TCP/IP 协议栈的核心。它的

功能是把分组发往目标网络或主机。同时，为了尽快地发送分组，可能需要沿不同的路径同时进行分组传递。因此，分组到达的顺序和发送的顺序可能不同，这就需要上层必须对分组进行排序。

网络互连层定义了分组格式和协议，即 IP 协议(Internet Protocol)。

网络互连层除了需要完成路由的功能外，还可以完成将不同类型的网络(异构网)互连的任务。除此之外，网络互连层还需要完成拥塞控制的功能。

3. 传输层

传输层的作用与 OSI 参考模型中传输层的作用是一样的。在 TCP/IP 模型中，传输层的功能是在源结点和目的结点的两个进程之间提供可靠的端到端的数据传输。传输层定义了两种服务质量不同的协议。即传输控制协议(Transmission Control Protocol，TCP)和用户数据报协议(User Datagram Protocol，UDP)。

TCP 协议是一个面向连接的、可靠的协议。面向连接型服务的数据传输过程必须经过连接建立、数据传输和连接释放这三个阶段，传输连接类似于一个通信管道，发送者在一端放入数据，接收者从另一端取出数据，数据传输的收发数据顺序不变，传输可靠性好。TCP 可将一台主机发出的字节流无差错地发往互联网上的其他主机，在发送端，它负责把上层传送下来的字节流分成报文段并传递给下层；在接收端，它负责把收到的报文进行重组后递交给上层。此外，TCP 协议还要处理端到端的流量控制，以避免缓慢接收的接收方没有足够的缓冲区接收发送方发送的大量数据，适合于数据量大、实时性要求高的数据传输。

UDP 协议是一个不可靠的无连接协议。面向无连接服务的数据传输过程中不需要经过连接建立、数据维护与释放连接三个过程。传输过程中。目的结点接收的数据分组可能出现乱序、重复与丢失的现象，可靠性不好，但是协议相对简单，通信效率较高，适合于短报文的传输。

4. 应用层

TCP/IP 模型将 OSI 参考模型中的会话层和表示层的功能合并到应用层实现。应用层面向不同的网络应用引入了不同的应用层协议，它主要为用户提供多种网络应用程序，如电子邮件、远程登录等。

应用层包含了所有高层协议，早期的高层协议有虚拟终端协议(Telnet)、文件传输协议(File Transfer Protocol，FTP)、电子邮件传输协议(Simple Mail Transfer Protocol，SMTP)。Telnet 协议允许用户登录到远程机器并在其上工作；FTP 协议提供了有效地将数据从一台机器传送到另一台机器的机制；SMTP 协议用来有效和可靠地传递邮件。随着网络的发展，应用层又加入了许多其他协议，如用于将主机名映射到它们的网络地址的域名服务(DNS)，用于搜索因特网上信息的超文本传输协议(HTTP)等。

2.2.3　OSI 参考模型与 TCP/IP 参考模型的比较

在计算机网络中，OSI 参考模型和 TCP/IP 参考模型都十分重要。下面我们来对这两种模型进行简单的对比。

1. 模型对比

如图 2-4 所示，TCP/IP 模型和 OSI 模型有许多相似之处，如 OSI 参考模型和 TCP/IP 参考模型都采用了层次结构的概念，但是它们也有许多不同之处。

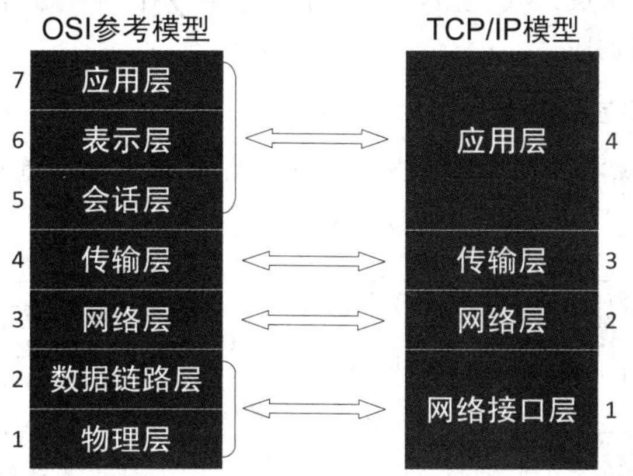

图 2-4　OSI 和 TCP/IP 对比图

1) 两者层数不同

OSI 参考模型有 7 层，而 TCP/IP 参考模型只有 4 层，但两者都有网络层、传输层和应用层。

2) 两者服务类型不同

OSI 模型的网络层提供面向连接和无连接两种服务，而传输层只提供面向连接服务；TCP/IP 模型在网络层只提供无连接服务，但在传输层却提供面向连接和无连接两种服务。

3) 概念区分不同

OSI 参考模型明确区分了服务、接口和协议 3 个基本概念。

(1) 服务。每一层都为其上层提供服务。服务的概念描述了该层所做的工作，并不涉及服务的实现以及上层实体如何访问的问题。

(2) 接口。层间接口描述了高层实体如何访问低层实体提供的服务。接口定义了服务访问所需的参数和期望的结果。同样，接口仍然不涉及到某层实体的内部机制。

(3) 协议。协议是某层的内部事务。只要能够完成它必须提供的功能，对等层之间可以采用任何协议，且不影响到其他层。

而 TCP/IP 模型并不十分清晰地区分服务、接口和协议这些概念。相比 TCP/IP 模型，OSI 模型中的协议具有更好的隐蔽性，在发生变化时也更容易被替换。

4) 通用性不同

OSI 参考模型是在其协议被开发之前设计出来的。这意味着 OSI 模型并不是基于某个特定的协议集而设计的，因而它更具有通用性。但另一方面，也意味着 OSI 模型在协议实现方面存在某些不足。

TCP/IP 模型正好相反。先有 TCP/IP 协议，而模型只是对现有协议的描述，因而

协议与模型非常吻合。但是 TCP/IP 模型不适合其他协议栈。因此，它在描述其他非 TCP/IP 网络时用处不大。

综上所述，使用 OSI 参考模型可以很好地讨论计算机网络，但是 OSI 协议并未流行。TCP/IP 模型正好相反，其模型本身实际上并不存在，只是对现存协议的一个归纳和总结，但却被广泛使用。

2. 计算机网络的通信过程

如图 2-5 所示，我们以发送邮件为例，分析计算机网络的通信过程。

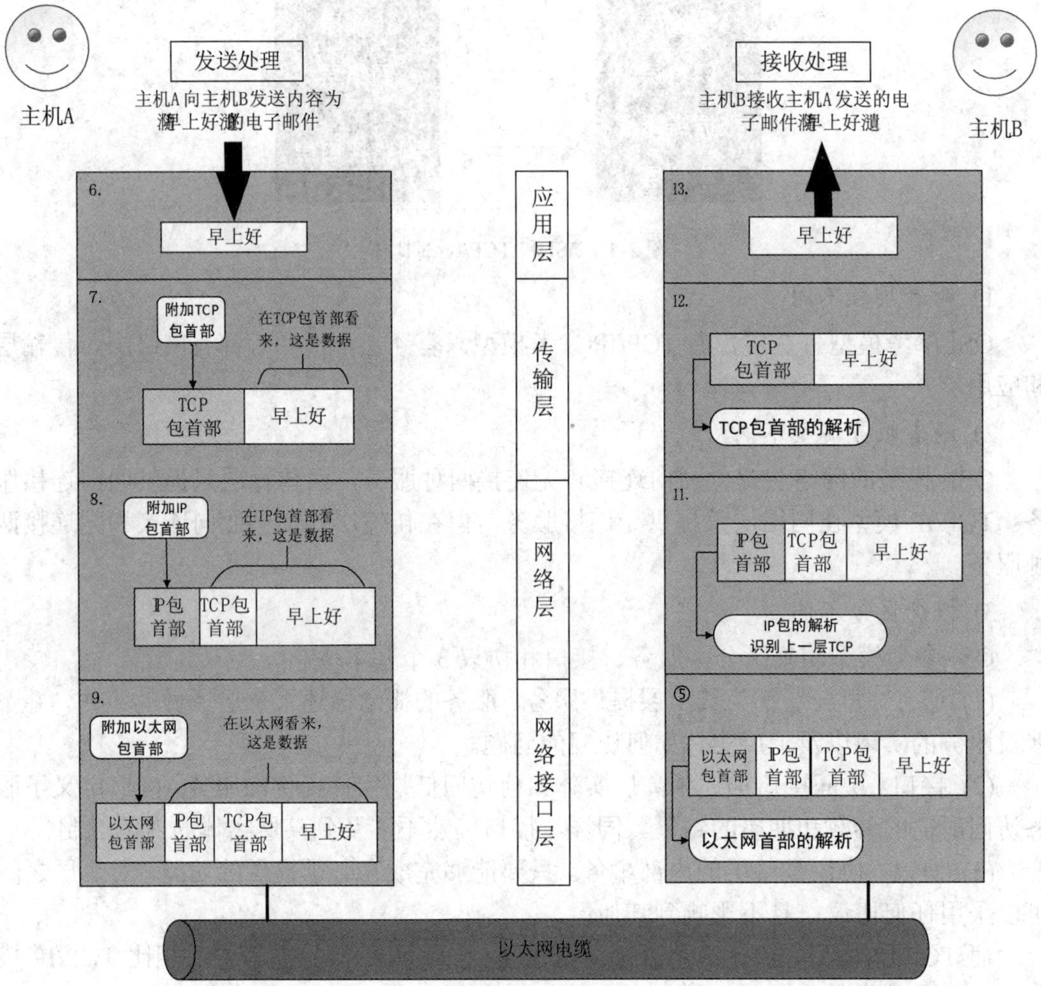

图 2-5　通信过程

1) 应用程序处理

(1) A 用户启动邮件应用程序，填写收件人邮箱和发送内容，点击“发送”，开始 TCP/IP 通信。

(2) 应用程序对发送的内容进行编码处理，这一过程相当于 OSI 的表示层功能。

(3) 由 A 用户所使用的邮件软件决定何时建立通信连接、何时发送数据的管理，这一过程相当于 OSI 的会话层功能。

(4) 发送时建立连接，并通过 TCP 连接发送数据，其过程是首先将应用层数据发送给下一层的 TCP，再做实际转发处理。

2) TCP 模块的处理

传输层 TCP 负责建立连接、发送数据以及断开连接。TCP 将应用层发来的数据可靠地传输至对端，需要在应用层数据前段加上 TCP 的首部(TCP 首部包括源端口号、目标端口号、序列号、校验和)，然后才可以将附加了 TCP 首部的包发送给 IP 模块。

3) IP 模块的处理

IP 层将上层传来的附加了 TCP 首部的包当做自己的数据，在该数据前段加上自己的 IP 首部，生成 IP 包；然后参考路由表决定接受此 IP 包的路由或主机，依次发送到对应的路由器或主机网络接口的驱动程序，实现真正地发送数据；最后将 MAC 地址(如果未知目的 MAC 地址，可以利用 ARP 协议查找，详见 3.3.1)和 IP 地址交给以太网的驱动程序，实现数据传输。

4) 发送端网络接口的处理

数据链路层将上层传来的 IP 包附加上以太网首部(该首部包括收、发端的 MAC 地址以及标志以太网类型的以太网数据协议)生成以太网数据包，通过物理层传输给接收端。此外，数据链路层还要对该以太网数据包进行发送处理，生成 FCS(Frame Check Sequence)校验序列，由硬件计算添加到包的后面，以判断数据包是否由于噪声而破坏。

之后就可以通过物理层传输了，即包的接收处理。

5) 接收端网络接口的处理

主机接收到以太网包以后，首先从包首部找到 MAC 地址判断是否为发给自己的包，如果不是则丢弃数据。如果是发给自己的包，就查找包首部中的类型域，确定传送过来的数据类型，传给相应的子程序进行处理(若是 IP 类型作为传给 IP，若是 ARP 类型则传给 ARP 处理)；若没有对应的类型，则丢弃数据。

6) IP 模块的处理

IP 模块收到包以后，如果包首部的 IP 地址与自己的 IP 地址匹配，则接收数据并查找上一层协议。如果上一层是 TCP 就传给 TCP 处理，如果是 UDP 则传给 UDP 处理。

7) TCP 模块的处理

TCP 模块首先会计算校验和，判断数据是否被破坏；然后检查是否按照序号接收数据；最后检查端口号，确定具体的应用程序。

数据接收完毕后，接收端会发送一个“确认回执”给发送端。如果该信息一直未到达，那么发送端会认为接收端没有接收数据而一直反复发送。数据完整地接收以后，会传给由端口号识别的应用程序。

8) 应用程序的处理

接收端应用程序会直接接收发送的数据。如果接收正常，会返回“处理正常”的

回执，否则会发送相应的错误信息。

现在，接收端主机 B 就可以阅读邮件了。

上述过程用如图 2-6 所示的过程可以更清楚地理解。在网络通信中，发送数据的过程就相当于从上层到下层一层一层封装的过程，而接收数据包的过程就相当于从下层到上层一层一层解封装的过程。

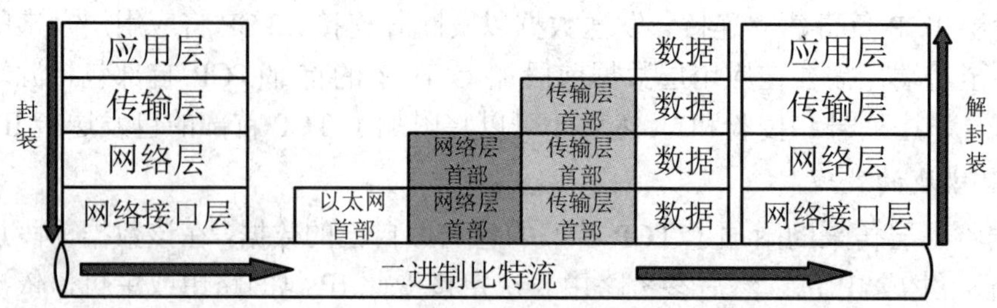

图 2-6　封装和解封装

2.2.4　电路交换、报文交换与分组交换

在实际网络中，不相邻节点之间的通信只能通过中转节点的转接来实现。这些中转的节点称为交换节点，它们并不处理流经的数据，只是简单地将数据从一个节点传送给另一个节点，直至到达目的地。数据交换技术就是用来解决资源子网中的节点如何通过通信子网实现数据交换问题的。通常使用的数据交换技术有电路交换(Circuit Switching)、报文交换(Message Switching)和分组交换(Packet Switching)三种。

1. 电路交换

电路交换是以电路连接为目的的交换方式。电路交换是通信网中最早出现的一种交换方式，也是应用最普遍的一种交换方式，主要应用于电话通信网中，已有 100 多年的历史。

从电话通信过程的描述可以看出，电话通信分为呼叫建立、通话、呼叫拆除三个阶段。电话通信的过程即电路交换的过程，因此相应电路交换的基本过程可分为连接建立、通信和释放连接三个阶段。如图 2-7 所示，电路交换在通信之前要在通信双方之间建立一条被双方独占的物理通路(由通信双方之间的交换设备和链路逐段连接而成)；电路交换一旦建立，就占用一条中继线路。即使我们不传送信息，别人也不能使用。

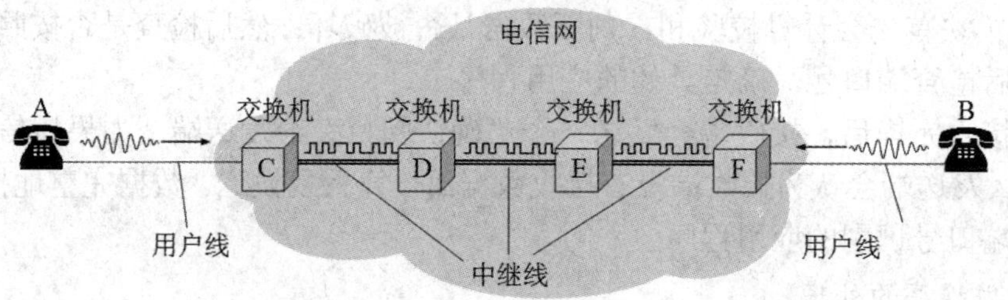

图 2-7　电路交换

在数据开始传输之前，呼叫信号必须经过若干个交换机，得到各交换机的认可，并最终传到被呼叫方。这个过程常常需要 10 秒甚至更长的时间。对于许多应用(如商店信用卡确认)来说，过长的电路建立时间是不合适的。另外，在电路交换系统中，物理线路的带宽是预先分配好的。对于已经预先分配好的线路，即使通信双方都没有数据要交换，线路带宽也不能为其他用户所使用，从而造成带宽的浪费。

虽然电路交换技术存在上述缺点，但它有两个明显的优点：第一是传输延迟小，唯一的延迟是物理信号的传播延迟。因为一旦建立物理连接，便不再需要交换开销。第二是一旦线路建立，通信双方便独享该物理线路，不会与其他通信发生冲突。

2. 报文交换

报文交换又称存储-转发交换，报文整个地发送，一次一跳，是分组交换的前身。如图 2-8 所示，每一个结点都接收整个报文，检查目标结点地址，然后根据网络中的交通情况在适当的时候转发到下一个结点；经过多次的存储-转发，最后到达目标，因而这样的网络叫存储-转发网络。

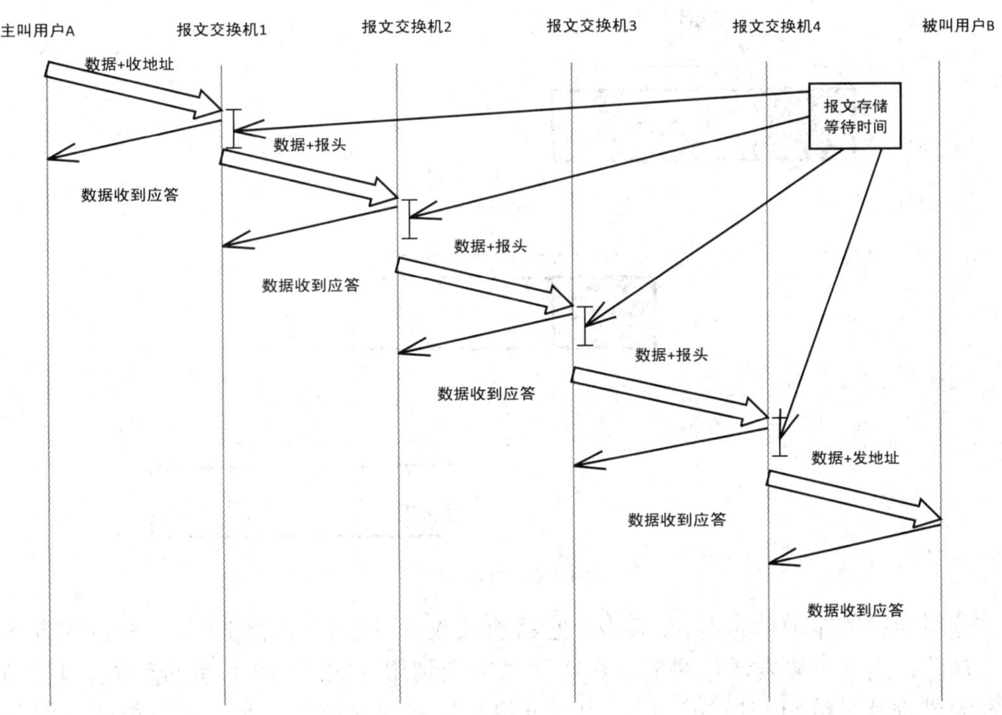

图 2-8　报文交换

报文交换不需要为通信双方预先建立一条专用的通信线路，不存在连接建立时延，用户可随时发送报文，提高了通信线路的利用率；由于采用存储-转发的传输方式，在报文交换中便于设置代码检验和数据重发设施，加之交换结点还具有路径选择，就可以做到某条传输路径发生故障时，重新选择另一条路径传输数据，提高了传输的可靠性；同时提供多目标服务，即一个报文可以同时发送到多个目的地址，这在电路交换中是很难实现的；允许建立数据传输的优先级，使优先级高的报文优先转换。

但是，在报文交换中，一般不限制报文的大小，这就要求网络中的各个中间节点必须使用磁盘等外设来缓存较大的数据块；同时某一块数据可能会长时间占用线路，导致报文在中间结点的延迟非常大(一个报文在每个节点的延迟时间等于接收整个报文的时间加上该报文在结点等待输出线路所需的排队延迟时间)，这使得报文交换不适合交互式数据通信。

为了解决上述问题，引入了分组交换技术。

3. 分组交换

分组交换也称为包交换, 是一种较新的通信方式，从 20 世纪 60 年代后才开始逐渐被人们认可。我们所讲的 TCP/IP 正是采用了分组交换技术，如图 2-9 所示，它将用户通信的数据划分成多个更小的等长数据段，在每个数据段的前面加上必要的控制信息(携带源、目的地址和编号信息)作为数据段的首部，每个带有首部的数据段就构成了一个分组；首部指明该分组发送的地址，当交换机收到分组之后，将根据首部中的地址信息将分组转发到目的地。这个过程就是分组交换。

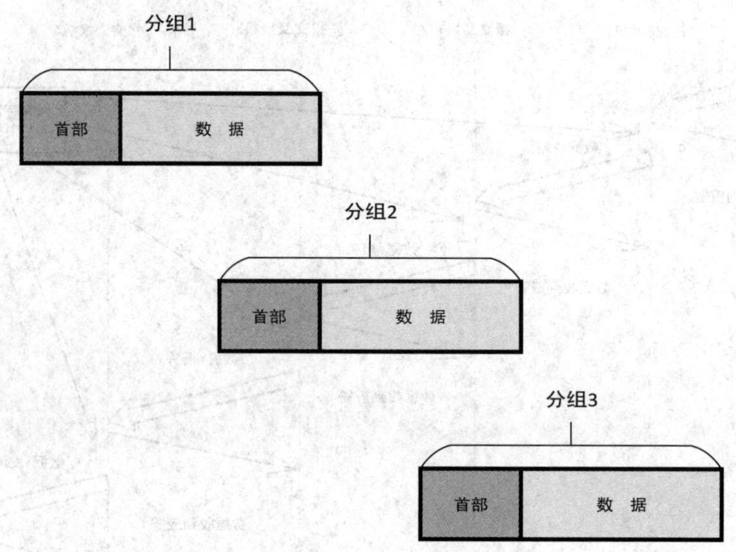

图 2-9　分组交换

分组交换的本质就是存储-转发，它将所接收的分组暂时存储下来，在目的方向路由上排队；当它可以发送信息时，再将信息发送到相应的路由上，完成转发。其存储-转发的过程就是分组交换的过程。由于分组交换能够保证任何用户都不能长时间独占传输线路，因而它非常适合于交互式通信。

4. 三者的区别

电路交换、报文交换和分组交换之间的区别如图 2-10 所示。由图 2-10 可以看出，在具有多个分组的报文中，分组交换中的中间交换设备在接收第二个分组之前，就可以转发已经接收到的第一个分组，即各个分组可以同时在各个结点对之间传送，减少了传输延迟，提高了网络的吞吐量。

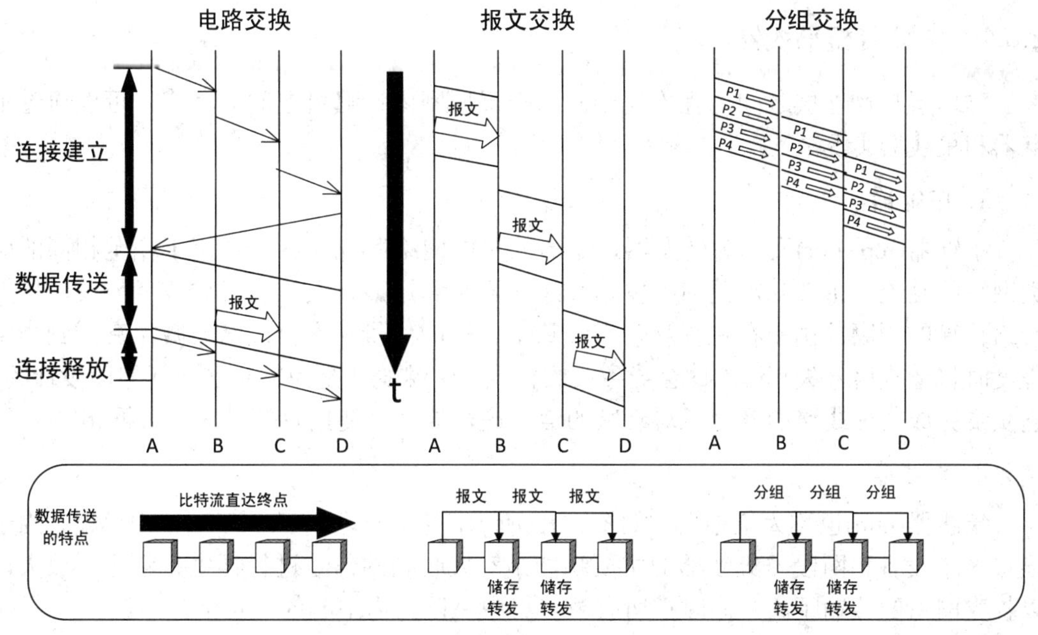

图 2-10　电路交换、报文交换、分组交换

分组交换除吞吐量较高外，还提供了一定程度的差错检测和代码转换能力。因此，计算机网络常常使用分组交换技术，偶尔才使用电路交换技术，但决不会使用报文交换技术。

任务 2.3　熟悉网络互联设备

由前面学到的知识可知，网络的互连实质上是对应各层次的互连。根据 OSI 参考模型的层次结构，网络互连的层次与相应的互连设备如图 2-11 所示。

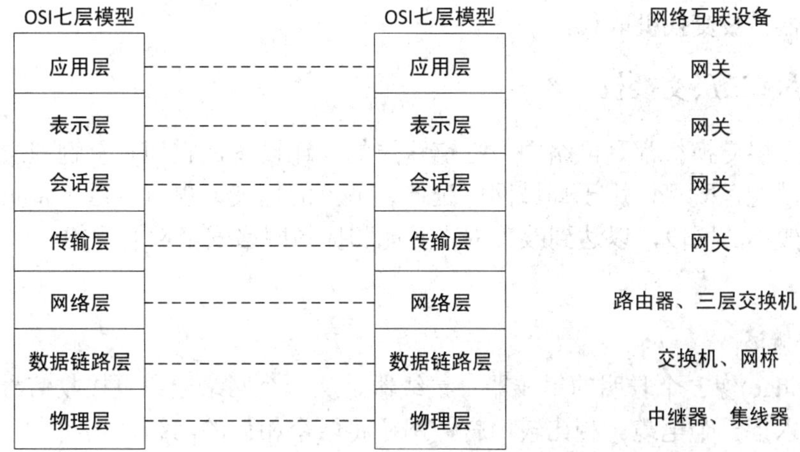

图 2-11　网络互连层次与互连设备示意图

2.3.1　中继器和集线器

物理层与物理层之间的互连属于同一个局域网内计算机之间的互连，可以通过中继器和集线器实现。

1. 中继器

中继器(repeater)又称为转发器，是最简单的网络互连设备，适用于完全相同的两类网络的互连，主要功能是对数据信号进行再生和还原以及重新发送或者转发，扩大网络传输的距离。由于存在损耗，在线路上传输的信号功率会逐渐衰减，衰减到一定程度时将造成信号失真，因此会导致接收错误。中继器就是为解决这一问题而设计的，它负责完成物理线路的连接，对衰减的信号进行放大，使接收信号与原数据相同。

2. 集线器

集线器(hub)也称为集中器，如图 2-12 所示，它是一种特殊的多端口中继器，用于连接多个设备和网段。集线器的主要功能是对接收到的信号进行再生、整形、放大，以扩大网络的传输距离，同时把所有节点集中在以它为中心的节点上。

图 2-12　集线器

当以集线器为中心设备时，网络中某条线路产生故障时并不影响其他线路的工作，所以集线器最初在局域网中得到了广泛的应用。但是由于集线器会把收到的任何数字信号经过再生或放大，再从集线器的所有端口广播发送出去，这种广播信号很容易被窃听，降低了网络的安全性和可靠性；并且，所有连到集线器的设备共享端口带宽，设备越多，每个端口的带宽就越低。由于以上种种原因，加之交换机的价格有所降低，大部分集线器已被交换机取代。

2.3.2　网桥和二层交换机

网桥和二层交换机都是网络中数据链路层的互连设备，它们具有物理层和数据链路层两层的功能，既可以用于局域网的延伸、节点的扩展，也可以用于将负荷过重的网络划分为较小的网段，以达到改善网络性能和提高网络安全性的目的。

1. 网桥

1) 网桥概述

网桥(bridge)像一个聪明的集线器。集线器是从一个网络电缆里接收信号，放大它们，将其送入下一个电缆。相比较而言，网桥将两个相似的网络连接起来，并对网络数据的流通进行管理。它工作于数据链路层，不但能扩展网络的距离或范围，而且可提高网络的性能、可靠性和安全性。网桥可以是专门硬件设备，也可以由计算机加装的网桥软件来实现，只是需要计算机上安装多个网络适配器(网卡)。

图 2-13 所示是用一个网桥连接的两个网络，网桥的 A 端口连接 A 子网，B 端口连接 B 子网。当有数据包进入端口 A 时，网桥从数据包中提取出源 MAC 地址和目的 MAC 地址，以源 MAC 地址更新转发表；然后根据目的 MAC 地址查找转发表，找到该地址所对应的端口号，进行转发。

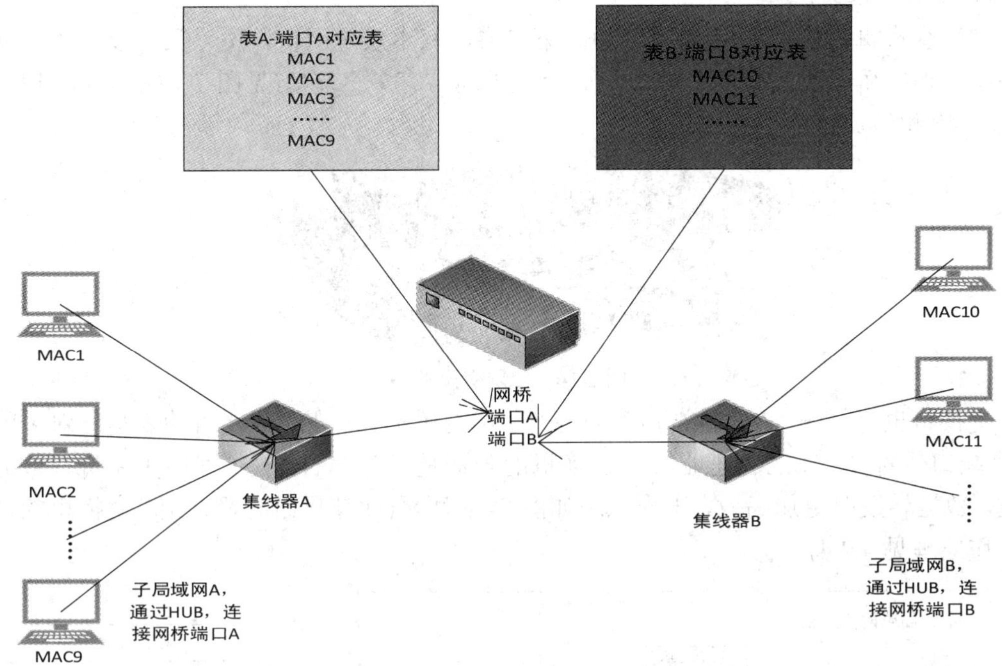

图 2-13　网桥原理图

2) 网桥的功率和特点

与集线器相比，网桥具有如下的功能和特点：

(1) 网桥能将一个较大的局域网分割为多个较小的局域网，进而分隔较小局域网之间的广播通信量，有利于提高互连网络的性能与安全性。

(2) 网桥能将两个以上相距较远的局域网互连成一个大的逻辑局域网，使局域网上的所有用户都可以访问服务器，扩大网络的范围。

(3) 网桥可以互连两个采用不同数据链路层协议、不同传输介质或不同传输速率的网络，但这两个网络在数据链路层以上应采用相同或相兼容的协议。

(4) 网桥以“存储-转发”的方式实现互连网络之间的通信。

3) 网桥的局限性

实际应用中，网桥在很多方面都具有一定的局限性：

(1) 网桥互连的多个网络要求在数据链路层以上的各层采用相同或相兼容的协议。

(2) 网桥要处理接收到的数据信息，需要先存储，再查找 MAC 地址与端口的对应记录表，因此增加了时延及数据的传输时间，降低了网络性能。

(3) 网桥不能对广播分组进行过滤，因此无法避免广播风暴。

(4) 网桥没有路径选择能力，不能对网络进行分析并选择数据传输的最佳路由。

随着先进的交换技术和路由技术的发展，网桥技术已经远远地落伍了。一般来说，现在很难再见到把网桥作为独立设备的情况，而是使用二层交换机来实现网桥的功能。

2. 二层交换机

1) 二层交换器概述

二层交换机工作于 OSI 参考模型的第二层，其本质是网桥，所以又可以称为多端口网桥。但网桥一般只有两个端口，而交换机通常有多个端口(见图 2-14)，如 12 口、24 口、48 口等。

图 2-14　二层交换机

交换机也有一张“MAC-端口”对应表。和网桥不一样的是，网桥的表是一对多的(一个端口号对多个 MAC 地址)，但交换机的表却是一对一的，根据对应关系进行数据转发，数据转发时更加高效，工作原理如图 2-15 所示(此处只做简要介绍，交换机的详细工作原理见 4.2.4)。

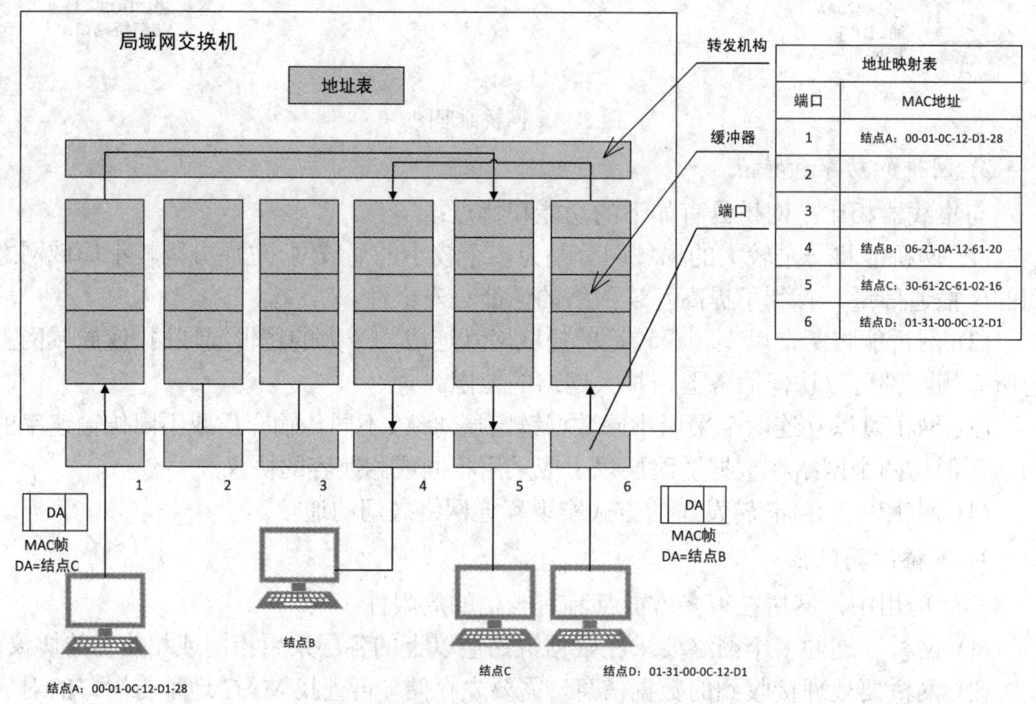

图 2-15　交换机工作原理图

例如，节点 A 要向节点 C 发送数据帧，那么该帧中目的地址 DA = 节点 C 的地址

(30-61-2C-61-02-16)。当节点 A 通过交换机传送数据帧时，交换机的交换控制中心根据“端口号/MAC 地址映射表”的对应关系找出对应帧目的地址的输出端口号(端口 5)，就可以为节点 A 到节点 C 建立端口 1 到端口 5 的连接。这种端口之间的连接可以根据需要同时建立多条，也就是说可以在多个端口之间建立多个并发连接。

2) 交换机与集线器之间的区别

此外，交换机在外形上与集线器很相似，在实际应用中也很容易弄混。我们可以从以下几个方面来区别它们：

(1) 工作层次不同：集线器属于 OSI 参考模型的物理层设备，而交换机属于数据链路层设备。

(2) 工作方式不同：集线器采用的是广播模式。当集线器的某个端口工作时，其他所有端口都会收到信息，容易产生广播风暴。而交换机工作时，只有发出请求的端口和目的端口之间进行通信，并不会影响其他端口。这种方式隔离了冲突域，有效抑制了广播风暴的产生。

(3) 端口带宽使用方式不同：集线器的所有端口共享带宽，在同一时刻只能有两个端口传送数据；而交换机的每个端口独享自己的固定带宽，既可以工作在半双工模式下，也可以工作在全双工模式下。

2.3.3　路由器和三层交换机

工作在 OSI 模型网络层的互连设备主要有路由器与三层交换机。随着因特网的不断发展，路由器已成为不同网络之间互相连接的枢纽。路由器系统构成了基于 TCP/IP 国际互联网(Internet)的主体骨架，而三层交换机构成了交换式以太网的主体骨架。

1. 路由器

路由器(见图 2-16)工作在 OSI 体系结构中的网络层，能够根据一定的路由选择算法，结合数据包中的目的 IP 地址，确定传输数据的最佳路径。路由器同样有一张地址与端口的对应表，但与网桥和交换机的不同之处在于，网桥和交换机利用 MAC 地址来确定数据的转发端口，而路由器利用网络层中的 IP 地址来作出相应的决定。由于路由选择算法比较复杂，路由器的数据转发速度比网桥和交换机慢，主要用于广域网之间或广域网与局域网的互连。

图 2-16　路由器

路由器把各个子网在逻辑上看做多个独立的整体，其作用就是完成这些子网之间的数据传送，它从一个子网接收输入的分组，然后向另一个子网转发。路由器的主要功能有：

(1) 路由选择。路由是指路由器接收到数据时，选择最佳路径将数据穿过网络传递

到目标地址的行为。路由器为经过它的每个分组都进行路由选择，寻找一条最佳的传输路径将其传递到目的地址。

(2) 连接网络。路由器既可以将不同类型的网络连接起来，又可以将局域网连接到Internet。例如，在银行系统中，各个部门的局域网一般通过路由器连接成一个较大规模的企业网或城域网，最终构成全国范围内的连网。

(3) 划分子网。路由器可以从逻辑上把网络划分成多个子网段，对数据转发实施控制。例如，可以规定外网的数据不能转发到子网内，从而避免网上黑客对内部子网的攻击。

(4) 隔离广播。当大量的广播帧同时在网络中传播时，就会发生数据包的碰撞而导致发送失败。网络为了改善这种情况就会重传很多数据包，导致更大量的广播流，进而使网络可用带宽减少，并最终使网络失去连接而瘫痪。这一现象称为广播风暴。路由器可以自动过滤网络广播，避免“广播风暴”。

2. 三层交换机

三层交换技术也称为IP交换技术或高速路由技术。三层交换技术是相对于传统的二层交换概念而提出的。简单地说，三层交换技术等于在二层交换技术的基础上增加了三层转发技术。这是一种利用第三层协议中的信息来加强二层交换功能的机制。三层交换机实质上就是将二层交换机与路由器结合起来的网络设备，但它是二者的有机结合，并不是简单地把路由器设备的硬件及软件叠加在二层交换机上。

三层交换机既可以完成数据交换功能，又可以完成数据路由功能，其工作过程如图2-17所示。

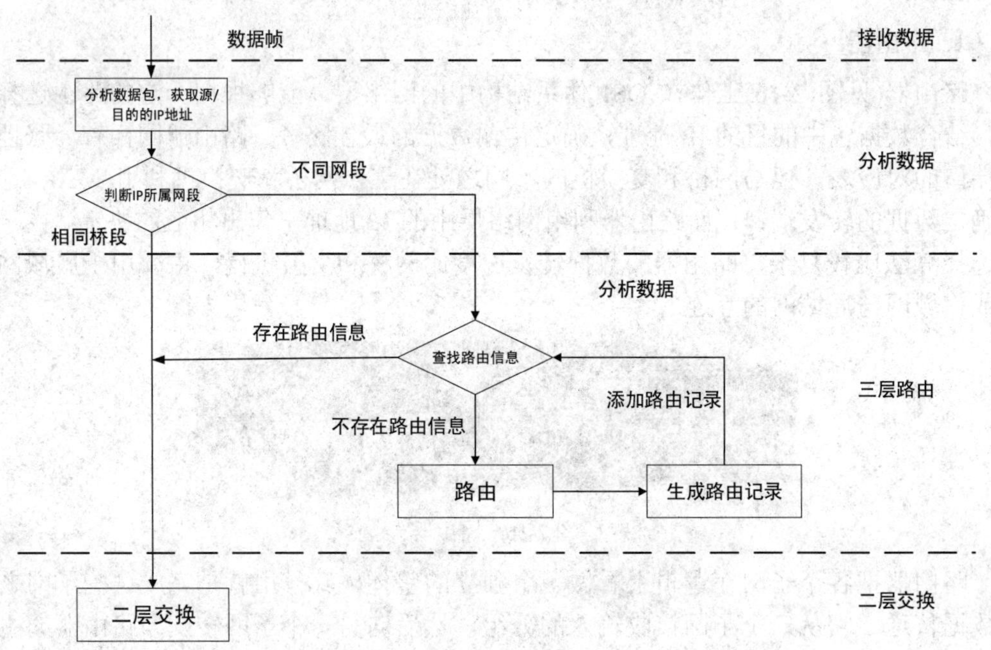

图2-17　三层交换机的工作过程

(1) 当某个信息源的第一个数据包进入三层交换机时，三层交换机需要分析、判断该数据包中目的 IP 地址与源 IP 地址是否在同一网段内。

(2) 如果目的 IP 地址与源 IP 地址在同一网段，三层交换机会通过二层交换模式直接对数据包进行转发。

(3) 如果目的 IP 地址与源 IP 地址分属不同网段，三层交换机会将数据包交给三层路由模块进行路由。三层路由模块在收到数据包后，首先要在内部路由表中查看该数据包目的 MAC 地址与目的 IP 地址间是否存在对应关系，如果有，则将其转回二层交换模块进行转发。

(4) 如果两者没有对应关系，三层路由模块会在对数据包进行路由处理后，将该数据包的 MAC 地址与 IP 地址映射记录添加至内部路由表中，然后将数据包转回二层交换模块进行转发。

虽然三层交换机也具有“路由”功能，与传统路由器的路由功能总体上是一致的，但三层交换机并不等于路由器，同时也不可能取代路由器。

路由器的主要功能是路由功能，它的优势在于选择最佳路由、负荷分担、链路备份及与其他网络进行路由信息的交换等。其他功能只是其附加功能，其目的是使设备适用面更广、实用性更强。而三层交换机虽然同时具备了数据交换和路由转发两种功能，但它的主要功能仍是数据交换。在数据交换方面，三层交换机的性能要远优于路由器，但三层交换机接口非常简单，只能支持单一的网络协议，一般适用于数据交换频繁的相同协议局域网的互连。而路由器的接口类型非常丰富，它的路由功能更多地体现在不同类型网络之间的互连上，如局域网与广域网之间的连接、不同协议的网络之间的连接等。

在实际应用中的典型做法是：同一个局域网中各个子网的互联以及 VLAN 间的路由使用三层交换机；而局域网与公网之间的互联则使用专业路由器。

2.3.4　网关

网关(gateway)又称网间连接器、协议转换器，是用于将两个或多个在 OSI 参考模型的传输层以上层次使用不同协议的网络连接在一起，并在多个网络间提供数据转换服务的软件和硬件一体化设备。在使用不同的通信协议、数据格式或语言，甚至体系结构完全不同的两种系统之间，网关是一个翻译器。

网关用于类型不同且差别较大的网络系统间的互连，或用于不同体系结构的网络或者局域网与主机系统的连接，一般只能进行一对一的转换，或是少数几种特定应用协议的转换。

图 2-18 给出了网关的工作原理示意图。如果一个 NetWare 节点要与 TCP/IP 主机通信，因为两者的协议是不同的，所以不能直接访问。它们之间的通信必须由网关来完成，网关的作用是为 NetWare 产生的报文加上必要的控制信息，将它转换成 TCP/IP 主机支持的报文格式。当需要反方向通信时，网关同样要完成 TCP/IP 报文格式到 NetWare 报文格式的转换。

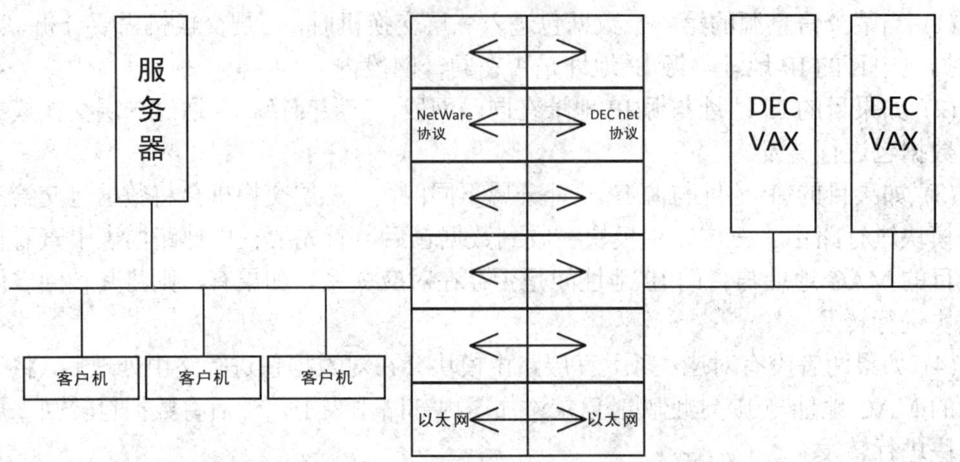

图 2-18　网关工作原理

网关在传输层以上实现网络互连，是最复杂的网络互联设备，仅用于两个高层协议不同的网络互连，既可以用于广域网互连，也可以用于局域网互连。一般来说，路由器 LAN 接口的 IP 地址就是所在局域网中的网关。当你所在的局域网的计算机需要和其他局域网中的计算机或者需要访问互联网的时候，你所在局域网的计算机会先把数据包传输到网关，也就是路由器的 LAN 接口，然后再由网关进行转发。

扩展阅读

假设一套房子内部有三个房间、一个大门，房子可以比喻成电脑所在的局域网，三个房间可以比喻成你所在局域网中的三台电脑，房子的大门可以比喻成网关。当你从房子内的一个房间进入另一个房间的时候，并不需要经过房子的大门。在局域网中也是一样，处于同一局域网中的计算机进行通信的时候并不需要用到网关。当你需要到邻居家去玩的时候需要从大门出去，相应地，不同局域网进行通信时，数据包必须要通过网关才可以到达。

因此我们在通过路由器上网的时候，必须要把计算机中的默认网关设置成路由器 LAN 接口的地址，因为路由器的 LAN 接口就是你所在网络的网关，电脑要上网必须经过网关。目前家用路由器一般使用 192.168.1.1 和 192.168.0.1 作为 LAN 接口的地址。

任务 2.4　任 务 挑 战

2.4.1　使用 Cisco Packet Tracer 6.0 软件

Cisco Packet Tracer 6.0 是思科网络技术学院官方发布的模拟器软件，无时间和使用限制，是一款功能齐全的思科交换机模拟器，简称 PT。

1. Cisco Packet Tracer 6.0 的安装

(1) 下载 Cisco Packet Tracer 6.0 安装包。双击 Cisco Packet Tracer 6.0.exe 文件，如图 2-19 所示。

图 2-19　PT6.0 安装包

(2) 单击“Next”，如图 2-20 所示。

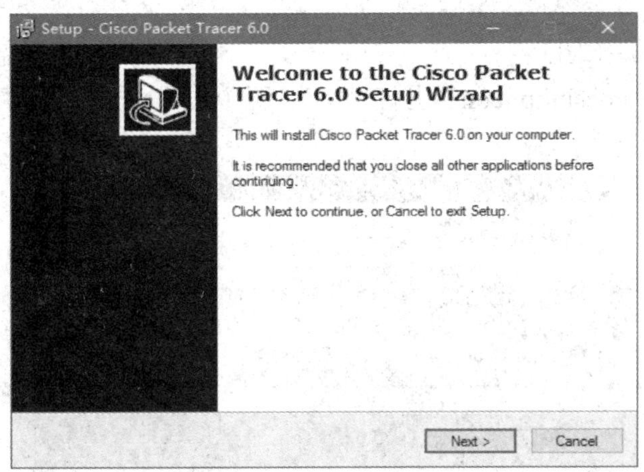

图 2-20　安装过程

(3) 单击“I accept the agreement”，接受协议约定，然后单击“Next”进入下一步，如图 2-21 所示。

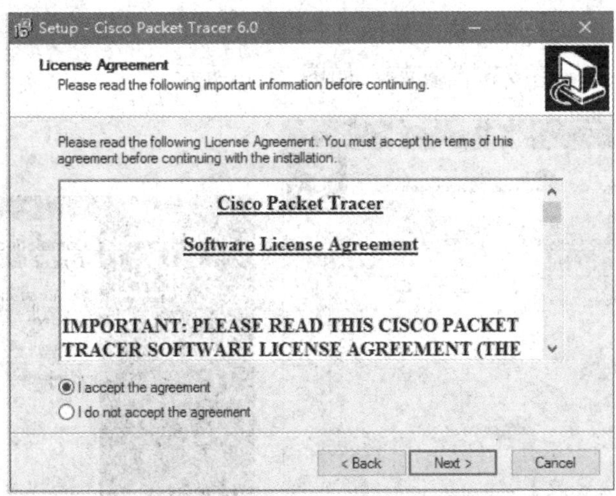

图 2-21　协议许可

(4) 安装地址选择 C 盘，然后单击“Next”，如图 2-22 所示。默认软件名字为“Cisco Packet Tracer”，单击“Next”进入下一步，如图 2-23 所示。

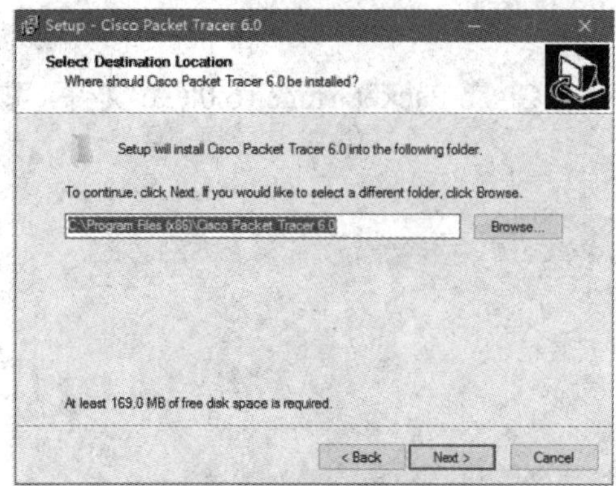

图 2-22　路径选择

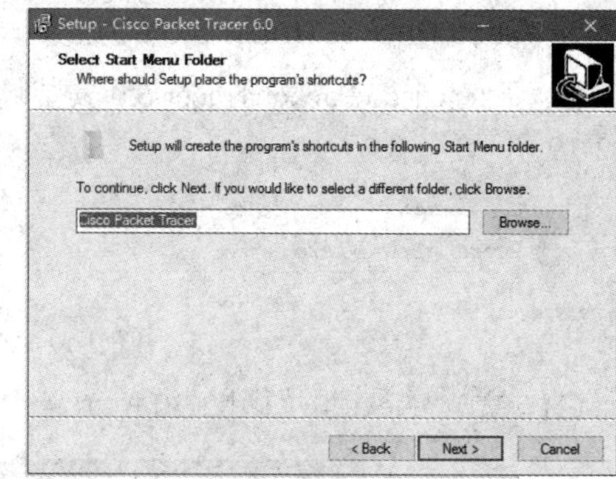

图 2-23　设置名称

(5) 在“Create a desktop icon”上打“√”，再单击“Next”进入下一步，如图 2-24 所示。

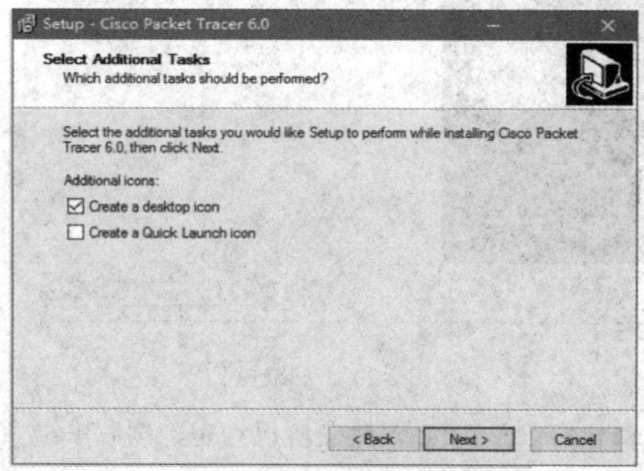

图 2-24　设置桌面图标

(6) 单击“Install”开始安装，如图 2-25 所示。

(7) 单击“Finish”完成软件安装，如图 2-26 所示。

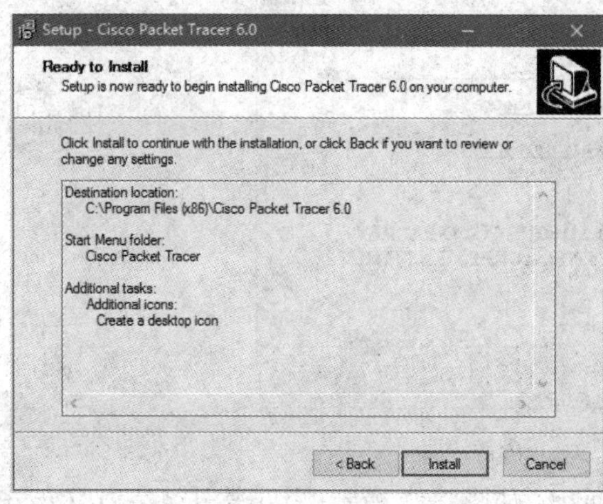

图 2-25　软件安装

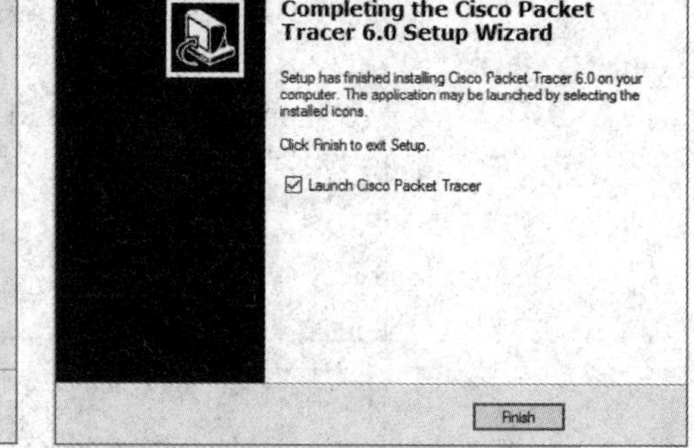

图 2-26　安装完成

2. 汉化 Cisco Packet Tracer 6.0

安装结束后，正常打开的是英文界面，如图 2-27 所示。

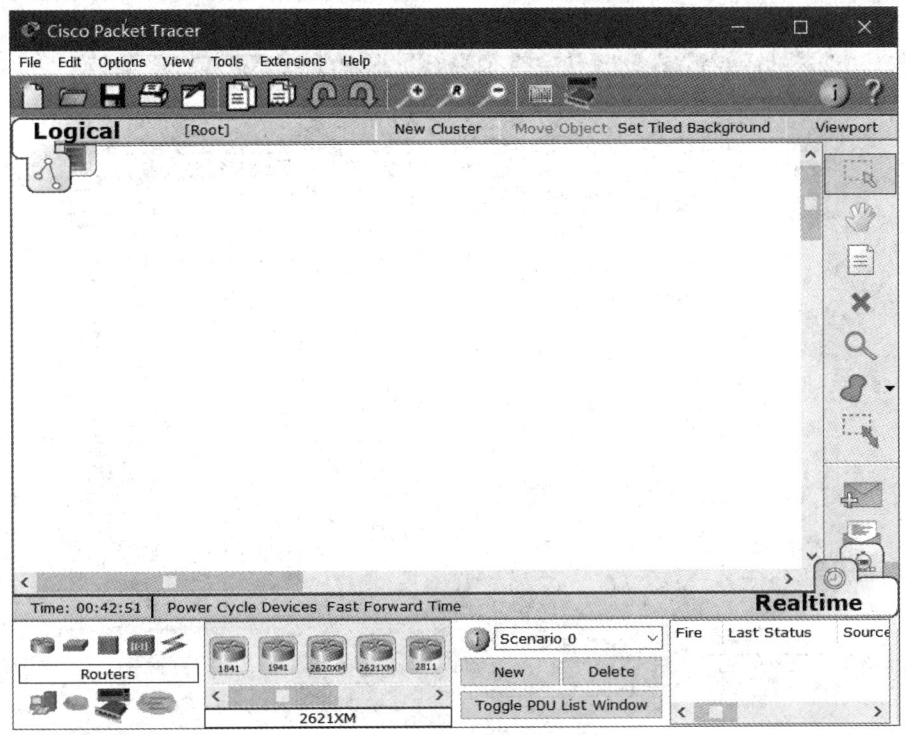

图 2-27　软件英文界面

英文软件使用起来多有不便，因此我们可将其汉化，步骤如下：

(1) 把压缩包里的汉化文件 Chinese.ptl 文件复制到安装路径下的 languages 目录下面，如图 2-28 所示。

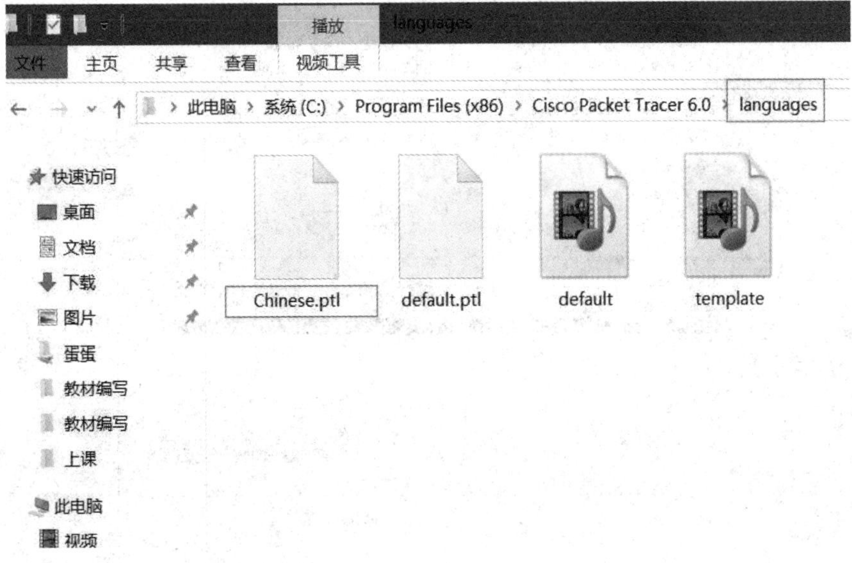

图 2-28　汉化包

(2) 启动PT，打开Options选项，选择第一项Preferences，如图2-29所示。在Interface选项卡中的“Select Language”下选择“Chinese.ptl”，然后单击右下角的“Change language”。

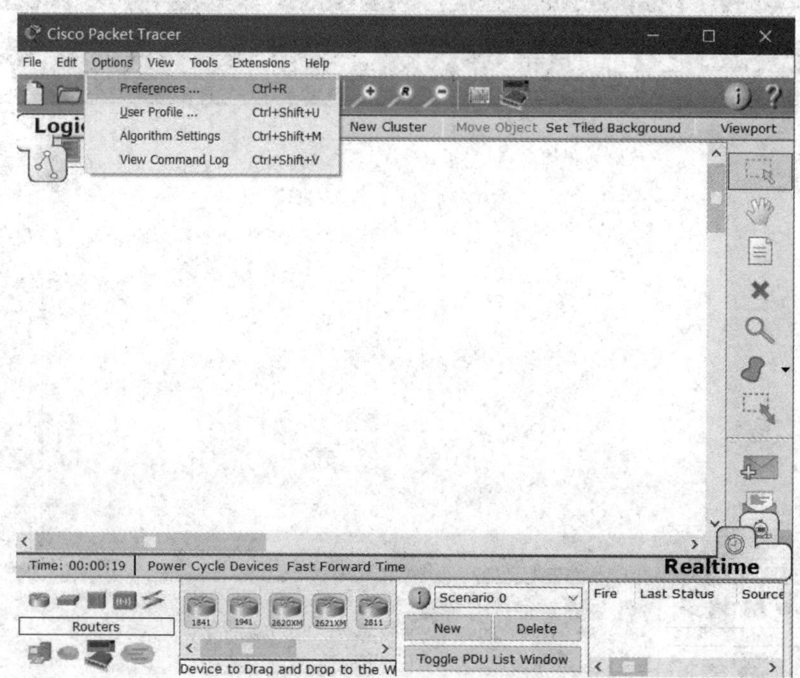

图 2-29　汉化选项

(3) 选择改变语言，如图2-30所示。

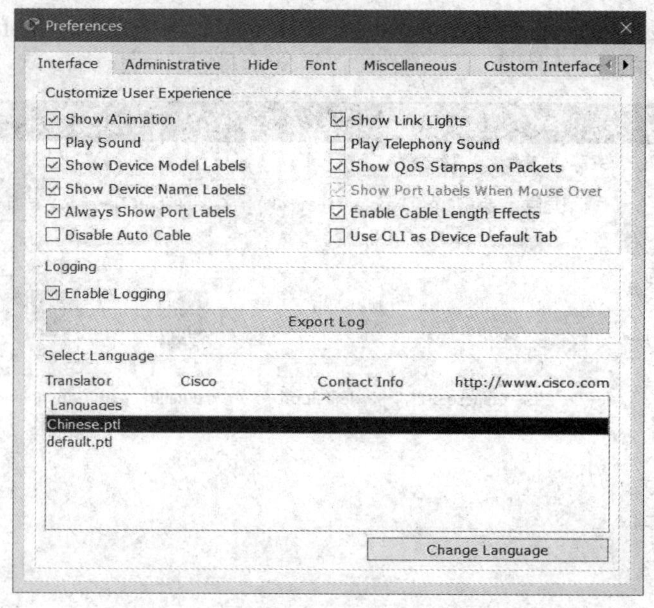

图 2-30　选择语言

(4) 关闭软件再重新启动，即可完成软件的汉化。

3. Cisco Packet Tracer 6.0 的基本界面

如图 2-31 所示，对应表 2-1 和表 2-2，熟悉掌握 PT6.0 的基本界面的各项区域功能。

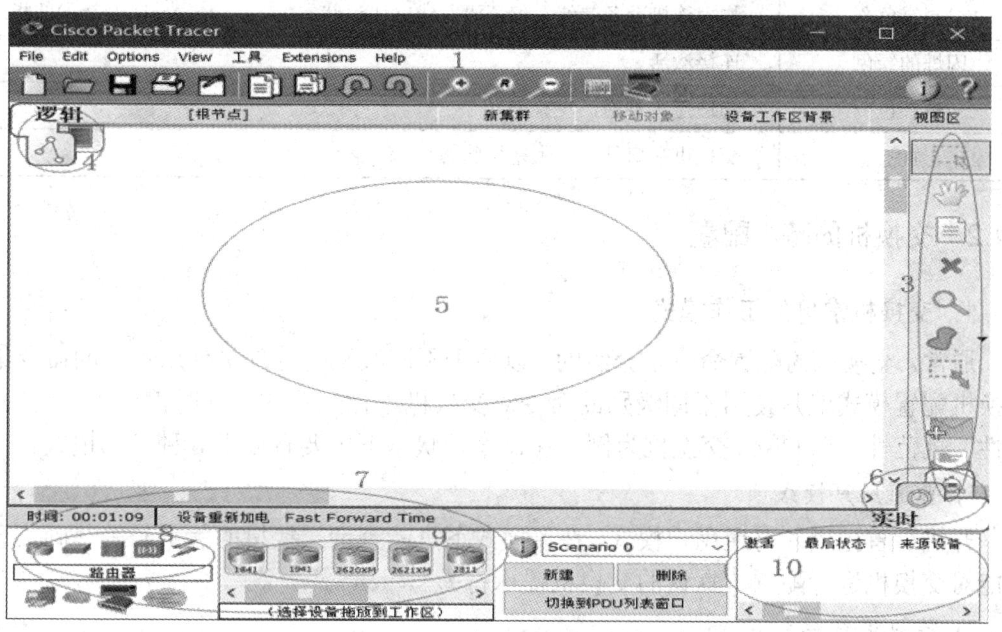

图 2-31　汉化完成界面

表 2-1　Cisco Packet Tracer 6.0 基本界面介绍

区号	区域名称	区 域 功 能
1	菜单栏	此栏中有“文件”“选项”和“帮助”按钮，我们在此可以找到打开、保存、打印和选项设置等基本命令，还可以访问活动向导
2	主工具栏	此栏提供了文件按钮中命令的快捷方式。我们还可以点击右边的网络信息按钮，为当前网络添加说明信息
3	常用菜单栏	此栏提供了常用的工作区工具，包括选择工具、移动工具、注释工具、删除工具、查看工具、添加简单数据报和添加复杂数据报等
4	逻辑/物理工作区转换栏	我们可以用此栏中的按钮完成逻辑工作区和物理工作区之间的转换
5	工作区	此区域中我们可以创建网络拓扑，监视模拟过程，查看各种信息和统计数据
6	实时/模拟转换栏	我们可以通过此栏中的按钮完成实时模式和模拟模式之间的转换
7	网络设备库	该库包括设备类型库和特定设备库
8	设备类型库	此库包含不同类型的设备，如路由器、交换机、HUB、无线设备、连线、终端设备和网云等
9	特定设备库	此库包含不同设备类型中不同型号的设备，可随着设备类型库的选择级联显示
10	用户数据报窗口	此窗口管理用户添加的数据报

表 2-2　线缆两端亮点含义

链路圆点的状态	含　义
亮绿色	物理连接准备就绪，但还没有线路协议状态(Line Protocol Status)的指示
闪烁的绿色	连接激活
橘红色	物理连接不通，没有信号
黄色	交换机端口处于“阻塞”状态

2.4.2　交换机的基本配置

1. 交换机常见的工作模式

通常，交换机的配置命令是分级的，以便于不同级别的管理员使用不同的命令集。交换机配置模式就是使用不同级别的命令对交换机进行配置的，同时提供了一定的安全性、规范性。以 Cisco 交换机为例，在命令行状态下主要有以下 6 种工作模式。

1) 普通用户模式

开机后首先进入普通用户模式。在该模式下只能查询交换机的版本号等基础信息，不能对交换机进行配置。默认的交换机提示符为 switch>。

2) 特权用户模式

在用户模式下输入“enable”命令，即可进入特权用户模式。如果交换机配置了密码，则需要输入密码。在该模式下可以查看交换机的配置信息和调试信息等状态，绝大多数命令用于测试网络、检查系统等。默认的特权模式提示符为 switch#。

3) 全局配置模式

在特权用户模式下输入“configure terminal”命令，即可进入全局配置模式，默认的提示符为 switch(config)#。在该模式下主要完成全局性参数的配置。

4) 接口配置模式

在全局配置模式下输入“interface interface-list”，即可进入接口配置模式，默认的提示符为 switch(config-if)#。在该模式下主要完成接口参数的配置。

5) 线路配置模式

从 console 口和 VTY 接入交换机进行配置用户认证密码等，都是在相应的接入线路上配置的，设置也只对具体的线路有效。此模式提示符为“switch(config-line)”。输入“password、login”命令配置线路端口，输入“exit”退回全局配置模式，输入“end”或“Ctrl+z”退回特权用户模式。

6) VLAN 配置模式

在特权配置模式下输入“vlan database”命令，即可进入 VLAN 配置模式，默认的提示符为 switch(vlan)#。在该模式下可以完成 VLAN 的一些相关配置。

命令行配置中的命令较长且比较多，有时可能很难记忆，交换机提供了帮助功能。如在任何模式下均可以使用“？”查询可以使用的命令，也可以查询某参数后面可以输入的参数，或者查询以某字母开始的命令。除此之外，很多命令支持缩写，即可以不必输入完整的命令和关键字，只要输入的命令所包含的字符长到足以与其他命令区别就足够了，例如可将“configure terminal”命令缩写为“conf t”，然后按 enter 键执行即可。

2. 交换机的简单配置

1) 任务目的

(1) 掌握交换机的基本信息。

(2) 掌握交换机的基本配置与管理。

(3) 掌握 telnet 远程登录的设置方法。

2) 任务步骤

(1) 实验拓扑。打开 PT6.0，选择一台 2960 交换机以及一台 PC 设备，用直通线将其连接，如图 2-32 所示。

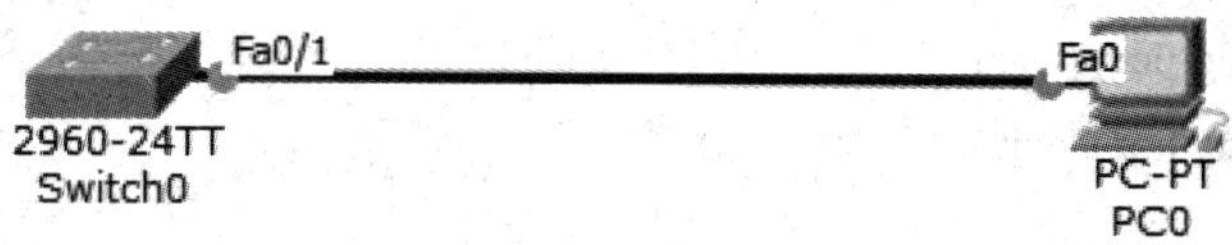

图 2-32　实验拓扑图

(2) 实验步骤：

① 进入特权模式，语句如下：

```
Switch>          (用户模式)                    //en=enable
Switch>enable
Switch#
```

② 进入全局配置模式，语句如下：

```
Switch# configure terminal                     // conf t=configure terminal
Enter configuration commands, one per line. End with CNTL/Z.
```

③ 设置主机名，语句如下：

```
Switch(config)#hostname jiaohuanji              //将名字改成 Jiaohuanji
Jiaohuanji(config)#
```

④ 进入交换机端口配置模式，语句如下：

```
Jiaohuanji (config)#interface fastEthernet 0/1
                                               // int f0/1=interface fastEthernet 0/1
```

⑤ 配置交换机端口速度，语句如下：

```
Jiaohuanji (config-if)# speed 100
```

⑥ 配置交换机端口双工模式，语句如下：

```
Jiaohuanji (config-if)#duplex ?
Jiaohuanji (config-if)#duplex full              //查看对端 PC 的双工模式再设置，两端要一致
```

⑦ 退回到上一级模式，语句如下：

```
Jiaohuanji (config-if)#exit
```

```
Jiaohuanji (config)#
```

⑧ 直接退回到特权模式，语句如下：

```
Jiaohuanji (config-if)#end                    //再次进入端口配置模式用 end 退回
Jiaohuanji #
```

⑨ 查看交换机版本信息，语句如下：

```
Jiaohuanji # show version
```

⑩ 查看当前生效的配置信息，语句如下：

```
Jiaohuanji #show running-config
```

⑪ 设置进入特权模式的密码，语句如下：

```
Jiaohuanji (config)#enable password 123456    //设置进入特权模式的密码
```

⑫ 设置通过 console 端口连接设备的密码，语句如下：

```
Jiaohuanji (config)#line console 0            //设置通过 console 端口
Jiaohuanji (config-line)#password asdf        //连接设备的密码
Jiaohuanji (config-line)#login
Jiaohuanji (config-line)#exit
```

(3) 验证：

① 验证通过 console 端口连接设备的密码，语句如下：

```
Press RETURN to get started.
User Access Verification
Password:                                     //这里输入 asdf
Jiaohuanji >
```

② 验证进入特权模式的密码，语句如下：

```
Jiaohuanji >enable
Password:                                     //这里输入 123456
Jiaohuanji #
```

2.4.3 路由器的基本配置

1. 路由器配置概述

思科路由器与思科交换机的大部分命令格式和模式相同，这里不再一一赘述，如有需要请参考 2.4.2 交换机的基本配置实验。

如果互联的路由器都添加了 Serial 模块，则路由器可以通过以太网接口(使用交叉线)互联，也可以通过串口线互联，如图 2-33 和图 2-34 所示。

图 2-33　利用交叉线互联路由器

图 2-34　利用串口线互联路由器

路由器添加了 Serial 模块后，就可以对相应的 Serial 端口进行配置，如指定端口

IP 地址和时钟频率等。以图 2-34 为例，配置命令如下：

```
Router4(config)#interface serial 2/0
Router4(config-if)#ip address 192.168.1.1 255.255.255.0
Router4(config-if)#clock rate 64000
//如果是 DCE 接口，必须配置时钟频率；另外一头是 DTE 接口，自动同步时钟频率
Router4(config-if)#no shutdown
```

2. 路由器的基本配置

1) 任务目的

对路由进行简单的基本配置，包括路由器名称、端口 IP 地址、特权密码、远程登录设置，并用计算机测试远程登录功能。

2) 任务步骤

(1) 实验拓扑。按照如图 2-35 所示连接好网络拓扑图，其中用 Console 配置线连接路由器的 Console 配置口和 PC0 的 RS232 串口(图中弯曲的线)，分别用交叉线连接 PC0 和 PC1 的快速以太网端口和路由器的快速以太网端口 F0/0 和 F0/1。

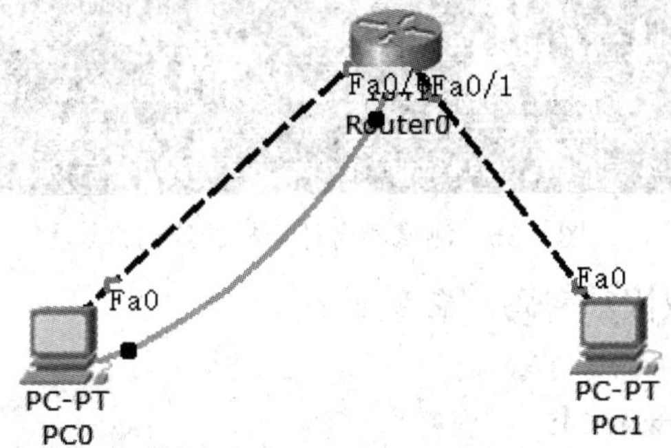

图 2-35　实验拓扑图

(2) 根据表 2-3 所示，配置 PC0 和 PC1 的 ip 地址、子网掩码和网关。

表 2-3　计算机 IP 地址规划

计算机	IP 地址	网关	子网掩码
PC0	192.168.1.1	192.168.1.100	255.255.255.0
PC1	192.168.2.1	192.168.2.100	255.255.255.0

(3) 配置路由器名称及各个端口的 IP 地址，并开启端口，具体命令如下：

```
Router>enable                                         //进入特权模式
Router#configure terminal                             //进入全局配置模式
Router(config)#hostname R1                            //修改路由器名称为 R1
R1(config)#interface fastEthernet 0/0                 //进入路由器 F0/0 接口配置模式
R1(config-if)#ip address 192.168.1.100 255.255.255.0  //配置接口 IP 地址
R1(config-if)#no shutdown                             //开启路由器接口
R1(config-if)#exit
```

```
R1(config)#interface fastEthernet 0/1                    //进入路由器 F0/1 接口配置模式
R1(config-if)#ip address 192.168.2.100 255.255.255.0
R1(config-if)#no shutdown
R1(config-if)#exit
```

(3) 设置管理员密码，命令如下：

```
R1(config)#enable password 123                           //将密码设置为 123
```

(4) 查看路由器各个接口的配置信息，命令如下：

```
R1#show ip interface brief
```

(5) 在 PC0 上执行 ping 命令，测试两台计算机的连通性，如图 2-36 所示。

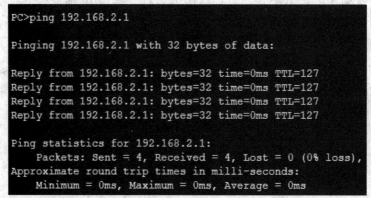

```
PC>ping 192.168.2.1

Pinging 192.168.2.1 with 32 bytes of data:

Reply from 192.168.2.1: bytes=32 time=0ms TTL=127
Reply from 192.168.2.1: bytes=32 time=0ms TTL=127
Reply from 192.168.2.1: bytes=32 time=0ms TTL=127
Reply from 192.168.2.1: bytes=32 time=0ms TTL=127

Ping statistics for 192.168.2.1:
    Packets: Sent = 4, Received = 4, Lost = 0 (0% loss),
Approximate round trip times in milli-seconds:
    Minimum = 0ms, Maximum = 0ms, Average = 0ms
```

图 2-36 测试两台计算机的连通性

(6) 设置远程登录权限和密码，命令如下：

```
R1(config)#line vty 0 4
R1(config-line)#password 345
R1(config-line)#login
```

(7) 在 PC0 上通过 telnet 命令连接登录路由器的任何一个接口的 IP 地址，然后输入之前设置的密码远程访问路由器。

```
PC>telnet 192.168.1.100
Trying 192.168.1.100 ...Open
User Access Verification
Password:                          //此处输入步骤 6 设置的密码
R1>enable
Password:                          //此处输入之前设置的管理员密码
R1#
```

2.4.4 使用 ping 命令对网络故障进行定位和排除

1. Ping 命令概述

Ping 是个使用频率极高的实用程序，用于测试网络连通性。

Ping 用来确定本地主机是否能与另一台主机交换(发送与接收)数据报。根据返回的信息，可以推断 TCP/IP 参数设置是否正确以及运行是否正常。需要注意的是：成功地与另一台主机进行一次或两次数据报交换并不表示 TCP/IP 配置就是正确的。必须执行大量的本地主机与远程主机的数据报交换，才能确定 TCP/IP 的正确性。按照缺省设置，Windows 上运行的 ping 命令发送 4 个 ICMP(因特网消息控制协议)回送请求，每个 32 字节数据。如果一切正常，应能得到 4 个回送应答，如图 2-37 所示。

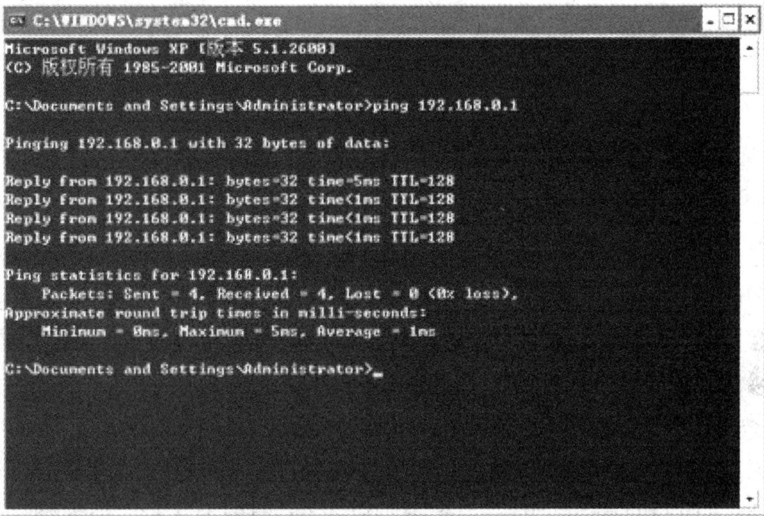

```
C:\WINDOWS\system32\cmd.exe
Microsoft Windows XP [版本 5.1.2600]
(C) 版权所有 1985-2001 Microsoft Corp.

C:\Documents and Settings\Administrator>ping 192.168.0.1

Pinging 192.168.0.1 with 32 bytes of data:

Reply from 192.168.0.1: bytes=32 time=5ms TTL=128
Reply from 192.168.0.1: bytes=32 time<1ms TTL=128
Reply from 192.168.0.1: bytes=32 time<1ms TTL=128
Reply from 192.168.0.1: bytes=32 time<1ms TTL=128

Ping statistics for 192.168.0.1:
    Packets: Sent = 4, Received = 4, Lost = 0 (0% loss),
Approximate round trip times in milli-seconds:
    Minimum = 0ms, Maximum = 5ms, Average = 1ms

C:\Documents and Settings\Administrator>_
```

图 2-37　ping 命令窗口

2．使用 ping 命令

1) 任务目的

熟悉 TCP/IP 模型的层次结构和各层的特点。

2) 任务内容

用 ping 命令对网络故障进行定位。

3) 任务步骤

(1) 测试回环地址。

使用 ping 127.0.0.1 测试回环地址的连通性。如果测试成功，表明网卡和 TCP/IP 的安装、IP 地址以及子网掩码的设置都正常。如果命令失败，说明本机的 TCP/IP 安装或运行可能出现问题。

(2) 测试本机 IP 地址。

使用 ping 命令检测本台计算机 IP 地址的连通性。如果命令失败，则表明本地配置或安装存在问题，或者本机的网卡出现问题。

(3) 测试网关地址。

使用 ping 命令检测默认网关 IP 地址的连通性。如果测试成功，表明本地网络中的网卡和载体运行正确。如果 ping 命令执行失败，则需验证默认网关 IP 地址是否正确以及网关(路由器)是否运行。

(4) 测试DNS服务器地址。

使用ping命令检测DNS服务器IP地址的连通性。如果ping命令失败，验证DNS服务器的IP地址是否正确，DNS服务器是否运行，以及该计算机和DNS服务器之间的网关(路由器)是否运行。

(5) 测试其他网段IP。

使用ping命令检测其他网段IP，如果测试成功，则表示成功使用网关连接其他网段。

本项目小结

协议是为进行网络中的数据交换而建立的规则、约定和标准，是计算机网络中实体之间有关通信规则的集合，也称为网络协议或通信协议。简单来说，协议就是计算机与计算机之间通过网络实现通信时事先达成的一种“约定”。这种“约定”规定两台计算机之间必须能够支持并遵循相同的协议，才能实现相互通信。相互通信的两个计算机系统必须高度协调才能工作，而这种“协调”是相当复杂的。通常针对一个复杂问题，我们会将其拆分成一个个小问题来解决，这种方法在网络中称之为“分层”。分层可将庞大而复杂的问题转化为若干较小的局部问题，而这些较小的局部问题比较易于研究和处理。计算机网络的分层、各层协议及层间接口的集合称为网络体系结构。

为了网络的系统化和标准化，OSI参考模型将计算机网络的通信分成了7层，从下往上依次为物理层、数据链路层、网络层、传输层、会话层、表示层和应用层。TCP/IP参考模型分为四个层次，从上往下为应用层、传输层、网络互连层和网络接口层。OSI是一个理论上的网络通信模型，而TCP/IP则是实际运行的网络协议。要深入理解每一层的功能和含义，并针对参考模型分析计算机网络的通信过程。从通信的角度看，各层所提供的服务可分为两大类，即面向连接型服务与面向无连接型服务。

计算机网络及通信系统中常谈到的交换方式有电路交换、报文交换和分组交换，电路交换是以电路连接为目的的交换方式，通信之前要在通信双方之间建立一条被双方独占的物理通道。报文交换中，报文整个地发送，一次一跳；每一个结点都接收整个报文，检查目标结点地址，然后根据网络中的交通情况在适当的时候转发到下一个结点，经过多次的存储-转发，最后到达目标。分组交换将用户通信的数据划分成多个更小的等长数据段，在每个数据段的前面加上必要的控制信息(携带源、目的地址和编号信息)作为数据段的首部，每个带有首部的数据段就构成了一个分组；首部指明该分组发送的地址，当交换机收到分组之后，将根据首部中的地址信息将分组转发到目的地。

网络的互连实质上是对应各层次的互连，物理层与物理层之间的互连属于同一个局域网内的计算机之间的互连，可以通过中继器和集线器实现；中继器主要功能是对数据信号进行再生和还原，重新发送或者转发，扩大网络传输的距离；集线器的主要功能是对接收到的信号进行再生、整形、放大，以扩大网络的传输距离，同时把所有节点集中在以它为中心的节点上。网桥和二层交换机都是网络中数据链路层的互连设备，它们具有物理层和数据链路层两层的功能。网桥将两个相似的网络连接起来，并对网络数据的流通进行管理，不但能扩展网络的距离或范围，而且可提高网络的性能、可靠性和安全性；二层交换机与网桥相比，端口较多，并且 MAC-端口表中是一对一的，根据对应关系进行转发，更加高效，随着先进的交换技术和路由技术的发展，网桥技术已经远远地落伍了。一般来说，现在很难再见到把网桥作为独立设备的情况，而是使用二层交换机来实现网桥的功能。

工作在 OSI 模型网络层的互连设备主要有路由器与三层交换机。路由器的主要功能有路由选择、连接网络、划分子网和隔离广播。三层交换机实质上就是将二层交换机与路由器结合起来的网络设备。虽然三层交换机也具有“路由”功能，与传统路由器的路由功能总体上是一致的，但三层交换机并不等于路由器，同时也不可能取代路由器。在实际应用中，同一个局域网中各个子网的互联以及 VLAN 间的路由使用三层交换机；而局域网与公网之间的互联则使用专业路由器。网关用于将两个或多个在 OSI 参考模型的传输层以上层次使用不同协议的网络连接在一起，是在多个网络间提供数据转换服务的软件和硬件一体化设备。

练　习　题

一、选择题

1. 在 OSI 七层结构模型中，处于数据链路层与运输层之间的是(　　)。

A. 物理层　　B. 网络层　　C. 会话层　　D. 表示层

2. 完成路径选择功能是在 OSI 模型的(　　)。

A. 物理层　　B. 数据链路层　　C. 网络层　　D. 运输层

3. 世界上很多国家都相继组建了自己国家的公用数据网，现有的公用数据网大多采用(　　)。

A. 分组交换方式　　B. 报文交换方式

C. 电路交换方式　　D. 空分交换方式

4. 互联网主要由一系列的组件和技术构成，其网络协议的核心是(　　)。

A. ISP　　B. PPP　　C. TCP/IP　　D. HTTP

5. 在 OSI 的七层参考模型中，工作在第三层以上的网间连接设备是(　　)。

A. 集线器　　B. 网关　　C. 网桥　　D. 中继器

6. 计算机通信子网技术发展的顺序是(　　)。

A　ATM→帧中继→电路交换→报文组交换

B　电路交换→报文组交换→ATM→帧中继

C　电路交换→报文分组交换→帧中继→ATM

D　电路交换→帧中继→ATM→报文组交换

7. 下列有关集线器的说法正确的是(　　)。

A. 集线器只能和工作站相连

B. 利用集线器可将总线型网络转换为星型拓扑

C. 集线器只对信号起传递作用

D. 集线器不能实现网段的隔离

8. 以下关于 TCP/IP 协议的描述中，哪个是错误的(　　)。

A. TCP/IP 协议属于应用层

B. TCP 和 UDP 协议都要通过 IP 协议来发送、接收数据

C. TCP 协议可提供可靠的面向连接服务

D. UDP 协议可提供简单的无连接服务

9. 关于路由器，下列说法中正确的是(　　)。

A. 路由器处理的信息量比交换机少，因而转发速度比交换机快

B. 对于同一目标，路由器只提供延迟最小的最佳路由

C. 通常的路由器可以支持多种网络层协议，并提供不同协议之间的分组转换

D. 路由器不但能够根据逻辑地址进行转发，而且可以根据物理地址进行转发

10. 数据解封装的过程是(　　)。

A. 段—包—帧—流—数据　　B. 流—帧—包—段—数据

C. 数据—包—段—帧—流　　D. 数据—段—包—帧—流

二、填空题

1. 收发电子邮件，属于 ISO/OSI RM 中__________层的功能。

2. OSI 模型有__________、数据链路层、__________、运输层、会话层、表示层和应用层七个层次。

3. TCP/IP 模型有__________、__________、__________、__________。

4. 计算机网络采用__________技术，而传统电话网络则采用电路交换技术。

5. 分组交换的主要任务就是负责系统中分组数据的_______、_______和_______。

6. 计算机网络的体系结构是一种__________结构。

7. __________是一个简单的远程终端协议。

三、简答题

1. 什么是网络体系结构？

2. 什么是网络协议？

3. 什么是 OSI 参考模型？它各层的主要功能是什么？

项目三　网络计算机的身份证

本项目概述

近日，张某利用计算机在网络上匿名发表了不实言论，歪曲事实散布谣言。警方通过对此账号 IP 地址的追踪发现了张某的踪影并给予逮捕。那么警方为什么可以凭借 IP 地址作为证据来破案？这就是本章我们要学习的一个核心的内容。只有较深入地掌握 IP 协议的主要内容，才能理解网络是怎样工作的。此外，本章还介绍了 ARP 协议和 ICMP 协议的概念，并在最后介绍了静态路由、RIP 路由协议以及 OSPF 路由协议的配置方法。

学习目标

通过本章的学习，希望同学们可以：

1. 认识 IPv4 地址的类型和用途；
2. 掌握 IPv4 网络的规划和设计；
3. 熟悉 IPv6 的地址结构和特点；
4. 了解常见网络层协议的基本原理；
5. 掌握路由协议的基本配置。

任务 3.1　规划 IPv4 地址

3.1.1　IP 协议概述

1. 认识 IP 协议

IP 协议(Internet protocol，互联网协议)是支持网络间互联的数据报协议。IP 协议有两个基本任务：一个是提供无连接的和最有效的数据报传送；另一个是提供数据报的分片和重组，来支持不同最大传输单元大小的数据连接。对于互联网络中 IP 数据报的路由选择处理，IP 协议有一套完善的 IP 寻址方式。在计算机通信中，为了识别通信对端，必须要有一个类似于地址的识别码进行标识。计算机的网卡上有这样一个标识码，

就是网卡的 MAC 地址，也叫物理地址。通过物理地址只能将数据传输到与发送端直接相连的接收设备上，而无法将数据从一个网络传输到另外一个网络。这时，需要用一种统一的表示方法来描述节点在网络中的位置，这就是 IP 地址，也叫逻辑地址。因此，在网络通信中，所有计算机或路由器必须设定自己的 IP 地址。在 Win7 系统的“任务栏”上，右击“网络”图标，打开“网络和共享中心”，点击“本地连接”，然后再点击“属性”，选择并双击“Internet 协议版本 4”，在出现的对话框中可以输入需要配置的 IP 地址，如图 3-1 所示。

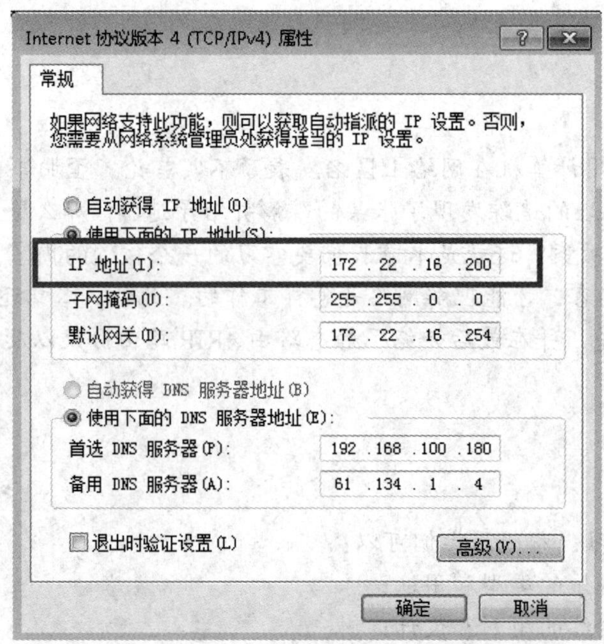

图 3-1　设置计算机 IP 地址

2. IP 数据报格式

IP 数据报由报文首部和数据两部分组成，如图 3-2 所示。

32位					
8		8	8		8
版本	首部长度	服务类型	总长度		
标识符			标记	分片偏移	
生存时间		协议	首部校验和		
源地址					
目的地址					
可选项					填充项
数据					

图 3-2　IP 数据报格式

在 IP 数据报首部的固定部分中，各字段含义如下：

(1) 版本：字段长度为 4 位，标识了数据报的 IP 版本号。例如“0100”表示 IPv4 版本，“0110”表示 IPv6 版本，通信双方使用的 IP 协议的版本必须一致。

(2) 首部长度：字段长度为 4 位，可表示的最大数据值是 15 个单位(一个单位为 4 字节)，因此数据报的首部长度的最大值是 60 字节。当 IP 分组的首部长度不是 4 字节的整数倍时，必须利用最后的一个填充字段加以填充，因此数据部分永远在 4 字节的整数倍处开始。最常用的首部长度是 20 字节。

(3) 服务类型：字段长度为 8 位，用来指定特殊的数据报处理方式。一般很少使用，只有为各种业务类型提供不同服务质量时才使用这个字段。

(4) 总长度：总长度指首部和数据之和的长度，单位为字节，总长度为 16 位，所以数据报的最大长度为 65 535 字节。接收者用数据报总长度减去首部长度，就可以确定数据报数据有效载荷的大小。

(5) 标识符：字段长度为 16 位，通常与标记字段和分段偏移字段一起用于数据报的分段处理。当数据报原始长度超过网络所允许的最大传输单元(Maximum Transmission Unit，MTU)时，就必须将过长的数据报进行分片后才能传送。当数据报分片后，路由器在每片数据报的标识字段上打上相同的标记，以便接收设备可以识别出属于哪一个数据报的分段。

(6) 标记：字段长度为 3 位，其中第 1 位没有使用，第 2 位是不分段(DF)位。当 DF 位被设置为 1 时，表示路由器不能对数据报进行分段处理。如果数据报由于不能分段而未能被转发，那么路由器将丢弃该数据报并向源点发送错误消息。

(7) 分片偏移：字段长度为 13 位，用于指明分段起始点相对于报头起始点的偏移量。

(8) 生存时间：字段长度为 8 位，记为 TTL(Time To Live)，即数据报在网络中的生存时间，单位为 s。

(9) 协议：字段长度为 8 位，指出数据报携带的数据使用的封装协议类型，如“3”代表 TCP，“17”代表 UDP 等。

(10) 首部校验和：字段长度为 16 位，只检验数据报的首部，不包含数据部分。

(11) 源地址：字段长度为 32 位，表示发送数据报的主机 IP 地址。

(12) 目的地址：字段长度为 32 位，表示接收数据报的主机 IP 地址。

(13) 可选项：是一个长度可变的字段，主要用来支持排错、测量及安全等措施，很少使用。

(14) 填充项：该字段通过在可选项字段后面添加 0 来补足 32 位，保证报头长度是 32 位的倍数。

数据报中封装的数据是来自传输层协议的报文，也就是 TCP 或 UDP 格式的报文。

3.1.2　IPv4 地址结构与分类

在网络通信时，必须要给每台主机和路由器配置正确且唯一的 IP 地址。IP 地址目

前分为 IPv4 和 IPv6 两种版本，其中 IPv4 是主流版本，如无特殊说明，通常说的 IP 地址一般指 IPv4 地址，而 IPv6 是为下一代 IP 协议设计的新版本。

1. IPv4 地址结构

IPv4 地址由 32 位二进制数来表示。IP 地址在计算机内部以二进制方式表示，然而，由于二进制数特别冗长，不便于书写和记忆，需要采用一种特殊的标记方式，那就是将 32 位的 IP 地址以每 8 位为一组，分成 4 组，每组以“.”隔开，再将每组数转换为十进制数。这种方法我们称之为“点分十进制”的表示方法。例如二进制 IP 地址 11000000.10101000.00000011.01100100，可以用十进制表示为 192.168.3.100。

IPv4 地址由网络部分和主机部分组成。网络部分唯一地标识了一条物理链路或逻辑链路，对于与该链路相连的所有设备来说网络部分是共同的。而主机部分唯一地标识了该链路上连接的具体设备。

2. IPv4 地址分类

根据网络规模的大小，IPv4 地址分为 5 类，如表 3-1 所示。

表 3-1　IP 地址分类

地址类型	高 8 位数值的表示	网络地址范围	主机地址个数
A 类	0XXXXXXX	1～126	$2^{24}-2$
B 类	10XXXXXX	128～191	$2^{16}-2$
C 类	110XXXXX	192～223	$2^{8}-2$
D 类	1110XXXX	224～239	—
E 类	1111XXXX	240～255	—

(1) A 类地址：第 1 位为“0”，第 2 位到第 8 位为网络部分。网络部分范围为 00000001～01111110，用十进制表示为 1～126 (0 和 127 有特殊用途)。A 类地址的后 24 位为主机部分，因此，一个网段内可容纳的主机地址数量最多为 $2^{24}-2=16\,777\,214$ 个。A 类地址主要用于拥有大量主机的网络编址。

(2) B 类地址：前 2 位为“10”，第 3 位到第 16 位为网络部分。网络部分中第一个字节的范围为 10000000～10111111，用十进制表示为 128～191。B 类地址的后 16 位为主机部分。因此，一个网段内可容纳的主机地址数量最多为 $2^{16}-2=65\,534$ 个。B 类地址主要用于中等规模的网络编址。

(3) C 类地址：前 3 位为“110”，第 4 位到第 24 位为网络部分。网络部分中第一个字节的范围为 11000000～11011111，用十进制表示为 192～223。C 类地址的后 8 位为主机部分，因此，一个网段内可容纳的主机地址数量最多为 $2^{8}-2=254$ 个。C 类地址主要用于小型局域网编址。

(4) D 类地址：前 4 位为“1110”，剩余位数全为网络部分，第一个字节的范围为 11100000～11101111，用十进制表示为 224～239。D 类地址没有主机地址，常用于多播或作为网络测试之用。

(5) E 类地址：前 5 位为“1111”，剩余位数全为网络部分，第一个字节的范围为 11110000～11111111，用十进制表示为 240～254。E 类地址不是用来分配给用户使用，只是用来进行实验。

3. 特殊的 IPv4 地址

在 IP 地址中，有一些地址被赋予特殊的作用。

1) 环回地址

以 127 开始的 IP 地址称为环回地址或者回送地址，主要用于对本地回路测试及实现本地进程间的通信。在实际中经常使用的环回地址是 127.0.0.1，它还有一个别名叫做 localhost。

2) 网络地址

主机部分全为 0 的 IP 地址称为网络地址。网络地址不分配给单个主机，而是作为网络本身的标识。例如，主机 212.111.44.136 是一个 C 类地址，主机部分为最后 8 位，这个 IP 地址所在网络的网络地址为 212.111.44.0。

3) 广播地址

主机部分全为 1 的 IP 地址称为广播地址。广播地址专门用于同时向网络中所有主机发送数据。例如，当 IP 地址为 133.182.6.1 的主机发出一个目的地址为 133.182.255.255 的报文时，该报文将被分发给该网段上的所有设备。

广播地址又分为直接广播地址和有限广播地址两种。直接广播地址指网络部分固定、主机部分全为 1 的 IP 地址，这类广播将会被路由器转发给特定网络(由网络部分决定)上的每台主机。有限广播地址是指网络部分和主机部分全为 1 的地址，即 255.255.255.255，此类广播不被路由器转发，但会被发送到本地网络的所有主机上。

4) 公有地址和私有地址

一般的 IP 地址是由 IANA(Internet Assigned Numbers Authority，Internet 地址授权委员会)统一管理并分配给提出注册申请的组织机构的，这类 IP 地址称为公有地址，通过它可以直接访问因特网。而私有地址属于非注册地址，专门为组织机构内部使用。

私有地址包含以下三类：

A 类：10.0.0.0~10.255.255.255；

B 类：172.16.0.0~172.31.255.255；

C 类：192.168.0.0~192.168.255.255。

3.1.3　子网划分

为什么要对网络进行子网划分？一个 IP 地址只要确定了其分类，也就确定了它的网络部分的位数和主机部分的位数，例如 A 类地址前 8 位、B 类地址前 16 位、C 类地址前 24 位分别表示它们各自的网络部分长度，网络部分相同的主机必须同属于同一条链路。例如，架构 B 类 IP 网络时，理论上一条链路内允许 65 000 多台主机连接，然而

实际网络架构中，一般不会有在同一条链路上连接 65 000 多台主机的情况，这种网络结构实际上是不存在的。因此，直接使用 A 类或 B 类地址，确实有些浪费。随着互联网覆盖范围逐渐增大，网络地址数量越来越不能满足需求，直接使用 A 类、B 类、C 类地址就更加显得浪费资源。为此人们思考是否能把一个大的网络分割成若干个小网络，那么如何来区分不同 IP 地址是否在同一个网络呢？这里就需要使用子网掩码。子网掩码的好处是可以将一个网段划分为若干个子网，不同子网相互独立，在没有路由的情况下不能相互通信。

1. 子网掩码

子网掩码的格式与 IP 地址一样，也由 32 位的二进制数组成，不同的是它是由连续的“1”和连续的“0”组成。为了方便使用，我们也用点分十进制的方式表示。子网掩码对应的 IP 地址中网络部分全部为“1”，对应的主机部分则全部为“0”。例如，A 类子网掩码为 11111111.00000000.00000000.00000000，用十进制表示为 255.0.0.0；B 类子网掩码为 11111111.11111111.00000000.00000000，用十进制表示为 255.255.0.0；C 类子网掩码为 11111111.11111111.11111111.00000000，用十进制表示为 255.255.255.0。

每个 IP 都对应一个子网掩码。把 IP 地址与子网掩码进行二进制的“与”操作(遇 0 为 0，全 1 为 1)，得到的就是网络地址。如果网络地址相同就表示两台主机在同一网段，可以直接通信，不需要路由器转发。例如要判断主机 A 的 IP 地址 172.16.1.12、主机 B 的 IP 地址 172.16.1.32 和主机 C 的 IP 地址 172.16.3.20，子网掩码均为 255.255.255.0，它们是否属于同一子网？接下来我们将主机 A 的地址写成二进制为 10101100.00010000.00000001.00001100，子网掩码二进制为 11111111.11111111. 11111111.00000000，将主机 A 的地址与子网掩码进行“与”操作，可得主机 A 的网络地址为 10101100.00010000.00000001.00000000，写成十进制为 172.16.1.0。同理计算主机 B 和主机 C 的网络地址，最终结果如表 3-2 所示。

表 3-2　网 络 地 址

IP 地址	网络地址
172.16.1.12	172.16.1.0
172.16.1.32	172.16.1.0
172.16.3.20	172.16.3.0

由此我们可以看到，主机 A 和 B 在同一个子网，而主机 C 属于另一个子网。所以一个 IP 地址可以不受限于自己的类别，而可以用这样的子网掩码自由地定位自己的网络部分长度。

对于子网掩码，目前有两种表示方式，一种表示方法为点分十进制；另外一种是利用子网掩码中“1”的个数来表示，在每个 IP 地址后面追加网络部分长度，用“/”隔开。例如 B 类地址默认子网掩码为 11111111.11111111.00000000.00000000，可以表示为 255.255.0.0，也可以表示为/16。同样如果一个地址是 172.20.100.52/24，那么它的子网掩码就是 255.255.255.0。

2. 子网规划

1) 子网划分

子网划分是通过借用 IP 地址主机部分的位数来充当子网部分的位数，从而将原网络划分为若干子网而实现的。

(1) 子网划分前。在子网划分前，IP 地址采用两级结构，如表 3-3 所示。

表 3-3　IP 地址的两级结构

网络部分	主机部分

子网掩码采用默认的结构，即网络部分全为 1、主机部分全为 0 的地址，如表 3-4 所示。

表 3-4　子网掩码的默认结构

11111111　11111111　11111111	00000000

(2) 子网划分后。子网划分后，IP 地址就应采用三级结构，把原来的主机部分划分为子网和主机两部分，如表 3-5 所示。

表 3-5　IP 地址的三级结构

网络部分	子网部分	主机部分

那么，对应的子网掩码就变为网络部分和子网部分全为 1、主机部分全为 0 的地址。假设子网部分为 3 位，主机部分为 5 位，则子网掩码的形式如表 3-6 所示。

表 3-6　划分子网后的掩码结构

11111111　11111111　11111111	111	00000

2) 划分注意事项

在动手划分之前，一定要考虑网络目前的实际情况和将来发展的需求计划。划分子网主要从以下方面考虑：

(1) 确定划分的子网数量，可划分的子网数量 = 2^m，其中 m 为子网部分的位数。

(2) 确定每个子网的主机数量(主机全 0 和 1 保留)，可用主机数 = $2^n - 2$，其中，n 为主机部分的位数。

(3) 基于上面要求，划分子网前首先要为整个网络设定一个子网掩码；然后为每个物理网段设定一个不同的子网地址，一般选取每个子网的第一个 IP 为子网地址，选取子网最后一个 IP 为广播地址；最后为每个子网确定主机的合法地址范围。

那么这里有个问题，在划分子网的过程中，是先确定子网所需表示位数还是先确定子网里主机所需要位数？如果划分的子网数是确定的，那么先来确定子网部分所需要的位数，剩下的位数就表示主机数；如果每个子网的主机数能够确定，那就先确定主机数所需要的位数，剩下的位数就表示子网数。

3) 举例说明

下面我们以一个实例来说明。

(1) 等长子网划分案例。

【例 1】 某企业有 4 个部门，现申请一个 C 类地址 192.168.1.0，请进行 IP 地址设计。

【分析】 根据用户网络需求调查，可以确定企业的部门数，主机数量不清楚。为了提升网络性能和确保网络通信的安全，建议每个部门处于一个独立的网段。因此该方案共需要 4 个子网，可以先确定子网所需要的位数。

划分过程的实施步骤如下：

步骤 1：确定划分的子网数量，计算子网部分的位数 m。现需要划分 4 个子网，那么，$2^m \geqslant 4$，取最小的 m 值为 2。

步骤 2：将新子网掩码中网络部分和子网部分全置 1，主机部分全置 0，则有 m = 2 且为 C 类地址，则得到子网掩码为 11111111.11111111.11111111.11000000，转化为十进制是 255.255.255.192。

步骤 3：确定每个子网的主机数量。m = 2 且为 C 类地址，则新主机部分只能用 6 位来表示，因此每个子网内的主机数量为 $2^6 - 2 = 62$ 台。网络被划分为 4 个子网等于部门总数，所以该划分满足项目要求。

步骤 4：制定公司 IP 地址分配方案，如表 3-7 所示。

表 3-7　公司 IP 地址分配表

部门	子网号	子网地址	广播地址	可分配地址	子网掩码
部门 1	00	192.168.1.0	192.168.1.63	192.168.1.1～62	255.255.255.192
部门 2	01	192.168.1.64	192.168.1.127	192.168.1.65～126	255.255.255.192
部门 3	10	192.168.1.128	192.168.1.191	192.168.1.129～190	255.255.255.192
部门 4	11	192.168.1.192	192.168.1.255	192.168.1.193～254	255.255.255.192

在这种划分方法中，4 个子网的子网掩码都为 255.255.255.192，它们共享了同一个主类网络地址，均使用了相同的子网掩码，这种划分方法我们叫做等长子网划分，即子网掩码中 1 的数量固定，这种划分方法不能有效提高 IP 地址的利用率。例如，我们将例 1 改为 4 个部门分别需要的主机数量为 25 台、20 台、10 台和 4 台，那么按照上面的划分方法，部门 3 和部门 4 的地址将造成很大的浪费。因此，在这种情况下，我们采用 VLSM(Variable Length Subnet Masking，可变长子网掩码)来对地址进行划分。

(2) 变长子网划分案例。VLSM 划分方法就是可以对不同规模的子网设置不同的掩码长度，具体划分步骤如下：

步骤 1：先满足子网中规定的最大主机数量要求，确定主机部分的位数 n。

需要满足主机数量大于 25，即 $2^n - 2 \geqslant 25$，因此 n 为 5 且为 C 类地址，则子网位 m=3，子网掩码由 24 位变为 27 位，即为 255.255.255.224，可从 192.168.1.0 中划分 8 个子网，写成二进制为

11000000.10101000.00000001.000 00000 = 192.168.1.0

11000000.10101000.00000001.001 00000 = 192.168.1.32

11000000.10101000.00000001.010 00000 = 192.168.1.64

11000000.10101000.00000001.011 00000 = 192.168.1.96

11000000.10101000.00000001.100 00000 = 192.168.1.128

11000000.10101000.00000001.101 00000 = 192.168.1.160

11000000.10101000.00000001.110 00000 = 192.168.1.192

11000000.10101000.00000001.111 00000 = 192.168.1.224

可以把第一个子网分给部门 1，网络地址为 192.168.1.0，广播地址为 192.168.1.31，子网掩码为 255.255.255.224(/27)，可用主机地址为 192.168.1.1～192.168.1.30。

步骤 2：部门 2 有 20 台主机。现在对第二个子网尝试进一步划分，至少需要再借 1 位主机位，则借位后新主机位剩下 4 位，划分后的子网最多容纳 14 台主机，无法满足要求。因此就把第二个子网直接分给部门 2，网络地址为 192.168.1.32，广播地址为 192.168.1.63，子网掩码为 255.255.255.224(/27)，可用主机地址为 192.168.1.33～192.168.1.62。

步骤 3：对第三个子网继续进行划分，剩余 2 个部门，向主机位借 1 位，每个子网可容纳最大数量为 14 台，满足部门 3 和部门 4 的要求。划分出的两个子网为 192.168.1.0100 0000/28 和 192.168.1.0101 0000/28，其中第一个子网给部门 3，即网络地址为 192.168.1.64，广播地址为 192.168.1.79，子网掩码为 255.255.255.240(/28)，可用主机地址为 192.168.1.65～192.168.1.78。

步骤 4：部门 4 有 4 台主机，对第二个子网 192.168.1.0101 0000/28 进行进一步划分，再借 1 位主机位，划分出 192.168.1.01010 000/29 和 192.168.1.01011 000/29 两个子网，每个子网可容纳最大数量为 6 台，满足部门 4 的要求。因此将划分出的第一个子网给部门 4，即网络地址为 192.168.1.80，广播地址为 192.168.1.87，子网掩码为 255.255.255.248(/29)，可用主机地址为 192.168.1.81～192.168.1.86。

因此，使用可变长子网掩码划分时，关键在于如何确定每一个子网的子网掩码。在 IP 地址范围划分时，应优先划分大的地址块以满足 IP 地址需求量大的子网，之后再满足需求量小的子网。

4) 使用子网掩码计算器

在物理上对企业局域网进行子网划分可提高网络的安全性，这是不少网络工程师首选的企业网络安全方案。在子网掩码的帮助下，可以把企业网络划分成几个相对独立的网络；然后把企业的机要部门放在一个独立的子网中，以限制其他部门人员对这个部门网络的访问。另外，还可以利用子网对一些应用服务器进行隔离，防止客户端网络因为中毒而对服务器产生不利的影响。

在实际应用当中，随着子网和主机的增多，如果在大型网络进行地址规划时人为

计算，将为网络管理员带来很大的负担。因此在工程当中，可以在必要的时候使用子网掩码计算器协助我们计算，如图 3-3 所示。

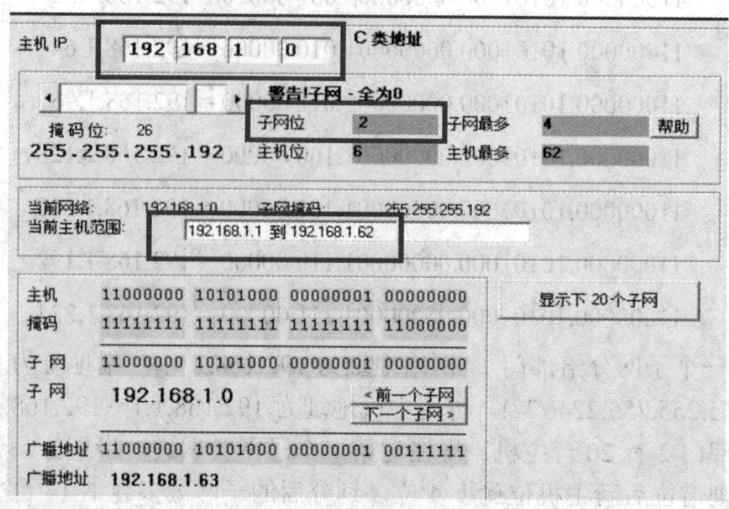

图 3-3　子网掩码算号器

在主机 IP 地址里填写需要计算的 IP 地址，通过箭头调整掩码位，软件会自动计算出“子网位，最多子网数、主机位、最多主机数”，还可以在实际需要中批量计算多个子网的详细信息。单击“显示下 20 个子网”会自动生成一个 txt 文档，把子网、有效主机、广播地址都列出来，如图 3-4 所示。

子网 - 记事本
文件(F) 编辑(E) 格式(O) 查看(V) 帮助(H)

子网 , 有效的主机 , 广播地址
192.168.1.0 , 192.168.1.1 到 192.168.1.62 , 192.168.1.63
192.168.1.64 , 192.168.1.65 到 192.168.1.126 , 192.168.1.127
192.168.1.128 , 192.168.1.129 到 192.168.1.190 , 192.168.1.191
192.168.1.192 , 192.168.1.193 到 192.168.1.254 , 192.168.1.255
192.168.2.0 , 192.168.2.1 到 192.168.2.62 , 192.168.2.63
192.168.2.64 , 192.168.2.65 到 192.168.2.126 , 192.168.2.127
192.168.2.128 , 192.168.2.129 到 192.168.2.190 , 192.168.2.191
192.168.2.192 , 192.168.2.193 到 192.168.2.254 , 192.168.2.255
192.168.3.0 , 192.168.3.1 到 192.168.3.62 , 192.168.3.63
192.168.3.64 , 192.168.3.65 到 192.168.3.126 , 192.168.3.127
192.168.3.128 , 192.168.3.129 到 192.168.3.190 , 192.168.3.191
192.168.3.192 , 192.168.3.193 到 192.168.3.254 , 192.168.3.255
192.168.4.0 , 192.168.4.1 到 192.168.4.62 , 192.168.4.63
192.168.4.64 , 192.168.4.65 到 192.168.4.126 , 192.168.4.127
192.168.4.128 , 192.168.4.129 到 192.168.4.190 , 192.168.4.191
192.168.4.192 , 192.168.4.193 到 192.168.4.254 , 192.168.4.255
192.168.5.0 , 192.168.5.1 到 192.168.5.62 , 192.168.5.63
192.168.5.64 , 192.168.5.65 到 192.168.5.126 , 192.168.5.127
192.168.5.128 , 192.168.5.129 到 192.168.5.190 , 192.168.5.191
192.168.5.192 , 192.168.5.193 到 192.168.5.254 , 192.168.5.255

图 3-4　子网分配结果

3.1.4　任务挑战——子网掩码配置训练

1. 任务目的

熟悉 IPv4 地址格式，熟记不同类型 IP 地址的子网掩码，熟练掌握等长子网的划分方法，了解 VLSM 的划分思想并能进行简单的设计。

2. 任务内容

➢ 任务一：通过子网数划分子网。

【例 2】一家集团公司有 6 家子公司，上级给出一个 172.16.0.0/16 的网段，请设计一个地址分配方案。

分析：有 6 家子公司，要满足划分的子网数量 $2^m \geqslant 6$，则子网位数 m 的最小值为____。因此，子网需要向主机部分借____位。那么就可以从 172.16.0.0/16 这个大网段中划出 8 个子网。

划分步骤如下：

(1) 先将 172.16.0.0/16 用二进制表示为

10101100.00010000.00000000.00000000/16

(2) 借 3 位后，可划分出 8 个子网，如下所示：

① 10101100.00010000.______00000.00000000/19　172.16.0.0/19
② 10101100.00010000.______00000.00000000/19　172.16.32.0/19
③ 10101100.00010000.______00000.00000000/19　172.16.64.0/19
④ 10101100.00010000.______00000.00000000/19　172.16.96.0/19
⑤ 10101100.00010000.______00000.00000000/19　172.16.128.0/19
⑥ 10101100.00010000.______00000.00000000/19　172.16.160.0/19
⑦ 10101100.00010000.______00000.00000000/19　172.16.192.0/19
⑧ 10101100.00010000.______00000.00000000/19　172.16.224.0/19

(3) 从这 8 个子网中选择 6 个即可，将前 6 个分给各子公司，请完成表 3-8。

表 3-8　子公司 IP 地址分配表

	网络地址	广播地址	子网掩码	可用主机
子公司 1				
子公司 2				
子公司 3				
子公司 4				
子公司 5				
子公司 6				

➢ 任务二：通过主机数划分子网。

【例 3】某公司进行网络改造，要求每个部门的主机处于不同的子网中，每个子网最多容纳主机为 31 台。现要求你对公司申请的 192.168.100.0/24 网络进行子网划分。

分析：先确定每个子网的主机位数 n，要满足主机数量 $2^n - 2 \geqslant 31$，因此 n 的最小值为_______。所以需要向主机部分借_______位形成子网，可以划分出_____个子网。

划分步骤如下：

(1) 先将 192.168.100.0/24 用二进制表示为：

____

(2) 借____位后，可划分出____个子网，如下所示：

① ______________________________

② ______________________________

③ ______________________________

④ ______________________________

(3) 将这____个子网进行分配即可，请完成表 3-9。

表 3-9　部门 IP 地址分配表

	网络地址	广播地址	子网掩码	可用主机
部门 1				
部门 2				
部门 3				
部门 4				

➢ 任务三：通过 VLSM 划分子网。

【例 4】 某公司有 3 个部门，指定了一个网络地址 192.168.0.0/24，现要求对它进行子网划分。该网络的编址需求如下：部门 1 需要 13 台主机，部门 2 需要 30 台主机，部门 3 需要 60 台主机。

步骤一：先满足主机最大数量要求，求主机部分的位数 n。$2^n - 2 \geqslant 60$，因此 $n = 6$，保留 6 位主机位，即借 $8 - 6 = 2$ 位作为子网位，子网掩码由 24 位变为 26 位，即为 255.255.255.192，那么可以从 192.168.0.0/24 这个网段中划分出 4 个子网。

(1) 先将 192.168.0.0/24 用二进制表示为：

11000000.10101000.00000000.00000000/24

(2) 借 2 位后，可划出 4 个子网，如下所示：

① 11000000.10101000.00000000.00000000/26　192.168.0.0/26

② 11000000.10101000.00000000.01000000/26　192.168.0.64/26

③ 11000000.10101000.00000000.10000000/26　192.168.0.128/26

④ 11000000.10101000.00000000.11000000/26　192.168.0.192/26

(3) 我们先把第一个子网给部门 3，根据计算，它的网络地址为__________，广播地址为____________，子网掩码为_____________，可用主机为________________。

步骤二：部门 2 有 30 台主机，我们看能否把第二个子网进一步划分子网后分配给它。如果进一步子网化，至少向主机部分再借 1 位，则主机部分剩下 5 位，每个子网最多容纳 30 台主机，满足要求。因此可以把第二个子网再进行划分，再借 1 位后，可划分出 2 个子网，如下所示：

① 11000000.10101000.00000000.___00000/27　192.168.0.64/27

② 11000000.10101000.00000000.___00000/27　192.168.0.96/27

我们把第一个子网给部门 2，根据计算，它的网络地址为_____________，广播地址为____________，子网掩码为______________，可用主机为________________。

步骤三：部门 1 有 13 台主机，我们可以对步骤二中划分的第二个子网再进行划分，向主机部分再借 1 位，则主机部分剩下 4 位，每个子网最多容纳 14 台主机，满足要求。因此我们把第二个子网再进行划分，再借 1 位后，可划分出 2 个子网，如下所示：

① 11000000.10101000.00000000._____0000/28

② 11000000.10101000.00000000._____0000/28

我们把第一个子网给部门 1，根据计算，它的网络地址为__________，广播地址为____________，子网掩码为____________，可用主机为_____________。

课后时间大家可以用子网掩码计算器对自己的结果进行验证。

任务 3.2　配置 IPv6 地址

3.2.1　IPv6 概述

随着互联网的发展，目前使用的 IPv4 采用 32 位地址长度，只有大约 43 亿个地址，估计在未来的若干年间将被分配完毕。1990 年，因特网工程任务组(Internet Engineering Task Force，IETF)开始启动 IP 新版本的设计工作。经过多次讨论、修订和定位之后，在 1993 年得到一个名为 IPv6(Internet Protocol version 6，网际协议第 6 版)的协议。

1. IPv6 的结构

IPv6 的地址长度是 128 位。将这 128 位的地址按每 16 位划分为一个段，每个段转换成十六进制数字，并用冒号隔开，称为“冒号十六进制”表示法，例如 2000:0000:0000:0001:0000:2345:6789:ABC0。

1) IPv6 的压缩原则

为了尽量缩短地址的书写长度，IPv6 地址可以采用压缩方式来表示。在压缩时，有以下几个规则：

(1) 前导零压缩法。

前导零压缩法是指将每一段的前导零省略，但是每一段都至少应该有一个数字，例如 2000:0000:0000:0001:0000:2345:6789:ABC0 可以压缩为 2000:0:0:1:0:2345:6789:ABC0。但是有效的 0 不能被压缩，所以上述地址不能压缩为 2000:0:0:1:0:2345: 6789:ABC。

(2) 双冒号法。

在一个以“冒号十六进制数”法表示的 IPv6 地址中，如果几个连续的段值都是 0，那么这些 0 可以简记为“::”，但每个地址中只能有一个“::”。例如，我们可以将 IPv6 地址 2000:0000:0000:0001:0000:2345:6789:ABC0 压缩为 2000::1:0:2345:6789:ABC0。但是不允许多个“::”存在于一个地址中，所以上述地址不能被压缩成 2000::1::2345:6789: ABC0。

2) IPv 6 的结构

IPv6 不再有 IPv4 地址中 A 类、B 类、C 类等地址分类的概念，并且取消了 IPv4 的网络部分、主机部分和子网掩码，而是以前缀、接口标识符、前缀长度来表示。

(1) 前缀：IPv6 前缀可以用“IPv6 地址/前缀长度”来表示，前缀的作用与 IPv4 地址中的网络部分类似，用于标识这个地址属于哪个网络。

(2) 接口标识符：与 IPv4 地址中的主机部分类似，用于标识设备当前接口在这个网络中的具体位置。

(3) 前缀长度：类似于 IPv4 地址中的子网掩码，用于确定地址中哪一部分是前缀，哪一部分是接口标识符。

例如，在地址 2000:0000:0000:0001:0000: 2345: 6789:ABC0/64 中，/64 表示此地址的前缀长度是 64，所以此地址的前缀就是 2000:0000:0000:0001，接口标识符就是 0000:2345:6789:ABC0。

2. 特殊 IPv6 地址

(1) 环回地址：用来测试 IPv6 协议和网络参数是否正确。IPv6 环回地址除了最低位外全为 0，即环回地址可表示为 0:0:0:0:0:0:0:1 或::1。

(2) 链路本地地址：用于链路本地节点之间的通信，使用链路本地地址作为目的地址的数据报文不会被转发到其他链路上。链路本地地址前缀标识为 FE80::/10。

(3) 全球单播地址：与 IPv4 中的公有地址类似，全球单播地址由 IANA 负责进行统一分配，它的前缀标识为 2000::/3。

3.2.2　IPv6 地址配置技术

在路由器上配置 IPv6 地址和 IPv4 地址的方法基本类似。配置一个 IPv6 地址后要再指定一个前缀长度。需要注意的是 IPv6 不再有掩码的概念。

IPv6 配置命令如下所示：

```
Router(config-if)#ipv6 enable                    //在路由器的当前接口下启用 IPv6 协议
Router(config-if)#ipv6 address IPV6 地址          //在路由器上配置当前接口的 IPv6 地址
```

终端的 IPv6 地址配置，除了像 IPv4 一样可以手动设置以外，也可以实现自动配置。目前有有状态地址自动配置和无状态地址自动配置两种技术。

1) 有状态地址自动配置

有状态地址自动配置就是终端通过 DHCPv6(Dynamic Host Configuration Protocol for IPv6，基于 IPv6 的动态主机配置协议)来获取全球单播地址和其他网络参数。

2) 无状态地址自动配置

无状态地址自动配置就是终端从路由器通告消息中获取一个或多个链路前缀，然后加上自身的 MAC 地址，得到一个全球唯一的 IPv6 地址。

3.2.3　任务挑战——IPv6 地址配置训练

1. 任务目的

熟悉 IPv6 地址格式，掌握 IPv6 全球单播地址的配置方法以及路由器 IPv6 无状态地址自动配置的基本命令和使用方法。

2. 任务内容

完成企业 IPv6 网络的设计；在路由器上完成 IPv6 的基本配置；启用 IPv6 单播数据报转发功能，使得 PC1 可以自动获取地址(PC2 不能自动获取地址)；在 PC2 上完成

IPv6 的手工配置；通过 R0 路由器实现企业 IPv6 网络内部终端之间的通信。

3. 任务设计

在 Cisco Packet Tracer 模拟器中，选择 1 台 1841 型号的路由器，使用 Fa0/0 和 Fa0/1 接口，通过交叉双绞线分别连接到 PC1 和 PC2 的 Fa0 上，如图 3-5 所示。

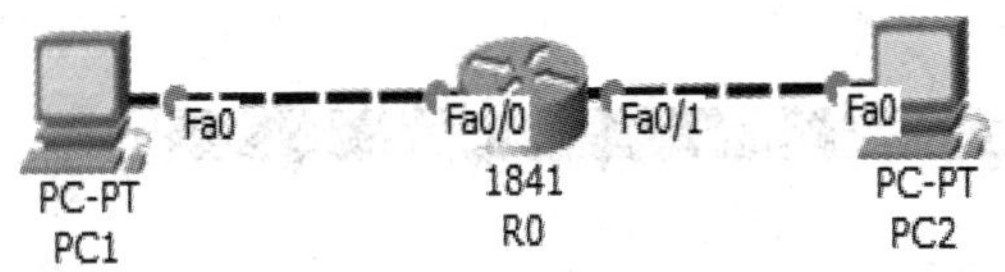

图 3-5 IPv6 网络拓扑

请按要求规划网络 IPv6 地址。注意接口连接标识，以确保和后续配置保持一致，具体参数如表 3-10 所示。

表 3-10 IPv6 地址规划

设备名称	端口号	IPv6 地址	网关	备注
路由器	FastEthernet 0/0	2001::1/64		
	FastEthernet 0/1	2002::1/64		
PC1	FastEthernet0	Auto-Config	Auto-Config	自动获取
PC2	FastEthernet0	2002::2/64	2002::1	手动配置

4. 任务步骤

(1) R0 路由器 IPv6 功能配置。

① 进入 fa0/0 口，并配置 IPv6 全球单播地址，命令如下：

```
R0(config)#interface fastEthernet 0/0
R0 (config-if)#ipv6 enable
R0 (config-if)#ipv6 address 2001::1/64
R0 (config-if)#no shutdown
R0 (config-if)#exit
```

② 进入 fa0/1 口，并配置 IPv6 全球单播地址，命令如下：

```
R0 (config)#interface fastEthernet 0/1
R0 (config-if)#ipv6 enable
R0 (config-if)#ipv6 address 2002::1/64
R0 (config-if)#no shutdown
R0 (config-if)#exit
```

③ 在 R0 路由器上启用 IPv6 单播数据报转发功能，全局生效。路由器会向所有以太网接口中发送前缀信息。此时 PC 只要打开“Auto Config”功能就可以自动获取 IPv6 地址，如下所示：

```
R0 (config)#ipv6 unicast-routing
```

④ 在 R0 上抑制 fa0/1 口的 IPv6 地址前缀下发，使 PC2 不能自动获取地址，如下

所示：

```
R0(config)#interface fastEthernet 0/1
R0(config-if)#ipv6 nd ra suppress
```

(2) 打开 PC“桌面”选项卡，单击“IP 地址配置”选项，在“IPv6 Configuration”栏中选择“Auto Config”，PC1 就可以自动获取 IPv6 地址，如图 3-6 所示。

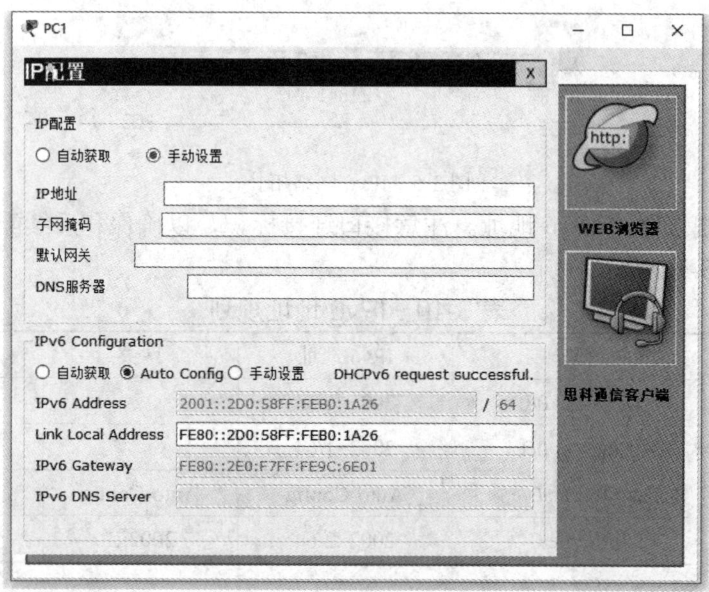

图 3-6　自动获取 IPv6 地址

(3) 打开 PC“桌面”选项卡，单击“IP 地址配置”选项，在“IPv6 Configuration”栏中选择“手动设置”，为 PC2 配置 IPv6 地址，如图 3-7 所示。

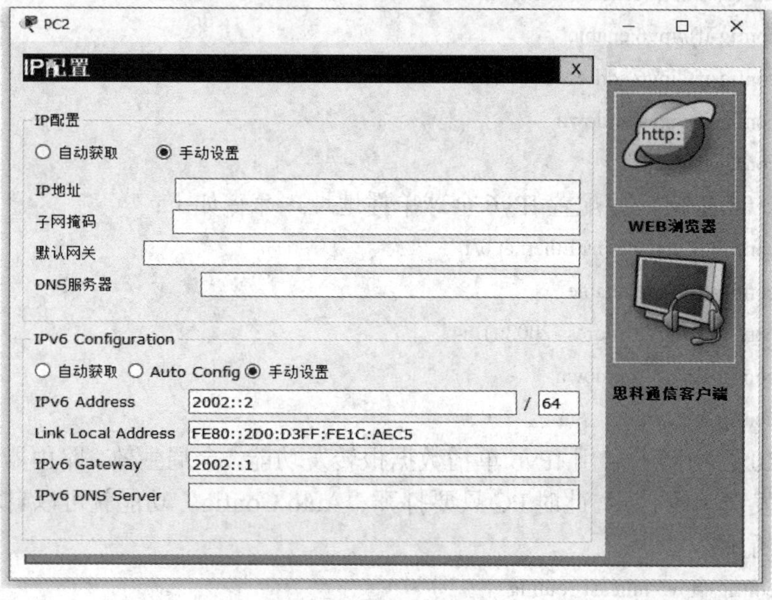

图 3-7　手动配置 IPv6 地址

(4) 对 PC1 和 PC2 进行连通性测试，如图 3-8 所示。

```
PC>ping 2002::2

Pinging 2002::2 with 32 bytes of data:

Reply from 2002::2: bytes=32 time=0ms TTL=127
Reply from 2002::2: bytes=32 time=0ms TTL=127
Reply from 2002::2: bytes=32 time=0ms TTL=127
Reply from 2002::2: bytes=32 time=0ms TTL=127

Ping statistics for 2002::2:
    Packets: Sent = 4, Received = 4, Lost = 0 (0% loss),
Approximate round trip times in milli-seconds:
    Minimum = 0ms, Maximum = 0ms, Average = 0ms
```

图 3-8　IPv6 连通性测试

扩展阅读

在传统的 IPv4 网络中，终端要获取动态的 IP 地址，需要在网络中配置 DHCP 服务；而在 IPv6 网络中，只需要在路由器上开启无状态地址自动配置功能，就可以获取到动态的 IPv6 地址，DHCPV6 服务就不再是必要的。

任务 3.3　熟悉常见协议

3.3.1　使用 ARP 进行地址解析

1. ARP 协议概述

在学习 ARP 协议之前，我们先来了解一下物理地址。实际通信时，在一个网络中对其内部的一台主机进行寻址所使用的地址称为物理地址。通常将物理地址固化在网卡的 ROM 中，因此也称其为硬件地址或 MAC 地址。

MAC 地址的长度为 48 位(6 个字节)，通常表示为 12 个十六进制数，每两个十六进制数之间用冒号隔开，如“00:23:24:57:06:A5”。网络中每个以太网设备都具有唯一的 MAC 地址。在 OSI 参考模型中，网络层的数据传输依赖于 32 位的 IP 地址，而当一台主机把以太网数据帧发送到位于同一局域网上的另一台主机时，物理网络实际是根据 48 位的 MAC 地址来传输数据的。因此，对于网络中的任一硬件设备而言，它既有一个 IP 地址，又有一个 MAC 地址。那么，就需要有一种机制能够把 IP 地址与对应的 MAC 地址进行映射才能完成数据的通信，这种机制就是 ARP(Address Resolution Protocol，地址解析协议)。下面以实例说明 ARP 协议的工作原理。如图 3-9 所示，主机 A 给主机 B 发送消息。

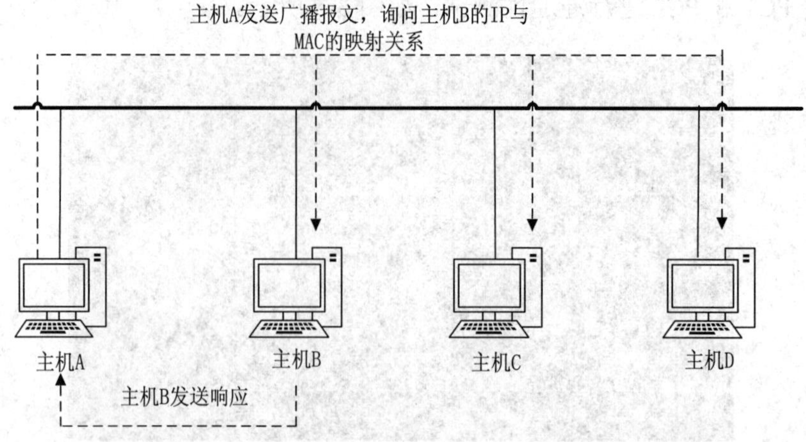

图 3-9　ARP 例图

(1) 主机 A 首先查看自己的高速缓存中的 ARP 表中是否有主机 B 对应的 ARP 表项。如果找到，则直接利用该 ARP 表项中的 MAC 地址将 IP 数据报封装成帧发送给主机 B。

(2) 如果缓存表中没有所需的表项，则主机 A 首先广播发送一个 ARP 请求数据报文，请求与 IP 地址匹配的主机 B 返回自己的 MAC 地址。ARP 请求数据报中含有主机 B 的 IP 地址以及主机 A 本身的 IP 地址和 MAC 地址的映射关系。

(3) 本局域网上包括主机 B 在内的所有主机都会接收到这个查询请求。主机 B 识别 ARP 请求报文后，发送一个 ARP 响应报文给主机 A。该报文中包含主机 B 的 IP 地址和 MAC 地址的映射关系。

(4) 主机 A 收到主机 B 的响应报文后，就在其 ARP 高速缓存中写入主机 B 的 IP 地址和 MAC 地址的映射。

2．举例说明

【例 5】通过 Cisco packet tracer 模拟器查看 ARP 协议的工作过程，理解 ARP 协议的工作原理。

(1) 打开 Cisco packet tracer 软件，按图 3-10 搭建网络拓扑。

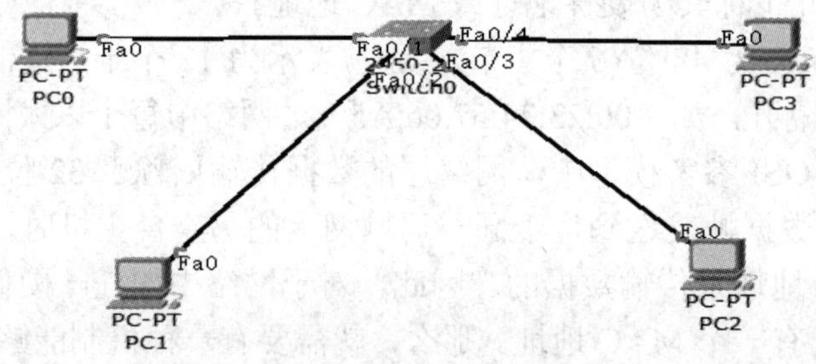

图 3-10　ARP 实验拓扑图

(2) 为 PC0～PC3 配置 IP 地址和子网掩码，PC0 为 192.168.1.1，PC1 为 192.168.1.2，PC2 为 192.168.1.3，PC3 为 192.168.1.4，子网掩码均为 255.255.255.0。

(3) 打开“模拟模式”，在编辑过滤器中选择“ARP”协议，如图 3-11 所示。

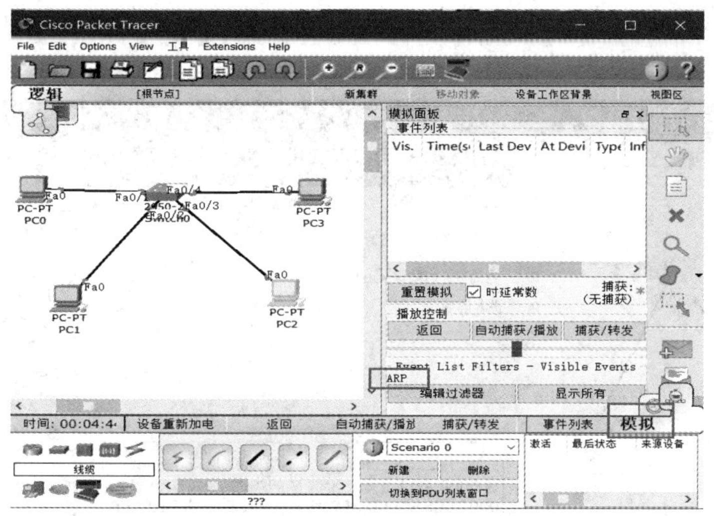

图 3-11　选择 ARP 协议

(4) 首先用 PC1 ping PC0，然后用“放大镜”查看 PC1 的 ARP 缓存表，如图 3-12 所示，缓存表中没有所需的表项。

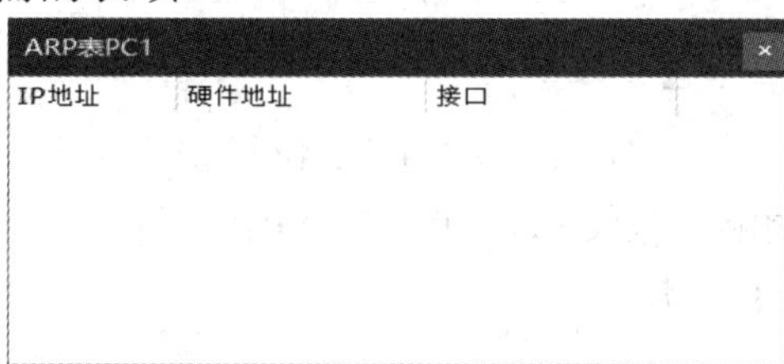

图 3-12　查看 PC1 的 ARP 表

(5) 点击“模拟面板”中的“自动捕获/播放”功能，PC1 会广播发送一个 ARP 请求数据报文，请求 IP 地址为 192.168.1.1 的主机返回它的 MAC 地址，如图 3-13 所示。

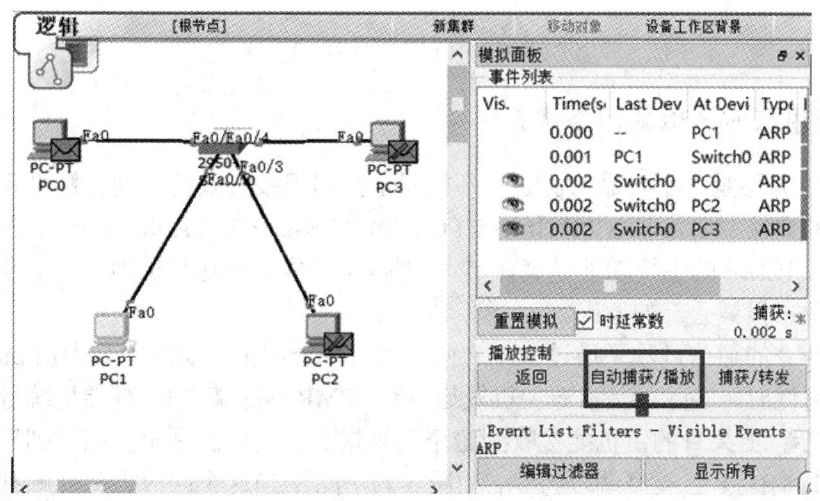

图 3-13　PC1 的 ARP 广播请求

(6) 局域网上包括 PC0 在内的所有主机都会接收到这个查询请求。PC0 识别 ARP 请求报文后，会发送一个 ARP 响应报文给 PC1。该报文中包含 PC0 的 IP 地址和 MAC 地址的映射关系，如图 3-14 所示。

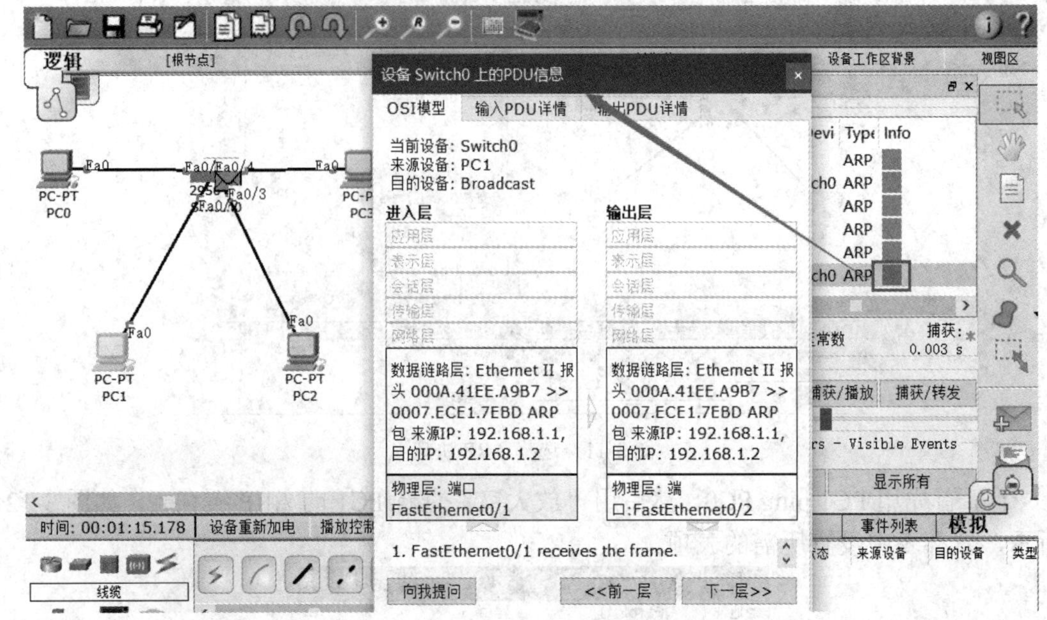

图 3-14　PC0 响应 ARP 请求

(7) PC1 收到 PC0 的响应报文后，就在其 ARP 高速缓存中写入 PC0 的 IP 地址和 MAC 地址的映射，如图 3-15 所示。

ARP表PC1

IP地址	硬件地址	接口
192.168.1.1	000A.41EE.A9B7	FastEthernet0

图 3-15　PC1 的 ARP 表

3.3.2　使用 ICMP 检测网络状态

IP 协议并不是一个可靠的协议，不能保证数据报被有效传送到目标设备。而数据报的可靠性传输主要依赖 ICMP(Internet Control Message Protocol，Internet 控制消息协议)来完成。ICMP 的主要功能是确认 IP 数据报是否成功到达目标地址，以及通知在发送过程中数据报被丢弃的原因。

ping 命令的通信过程是通过 ICMP 协议的两种类型报文实现的。当用 ping 命令检查网络连通性时，实际上是由源主机发送一个 ICMP 回送请求报文(类型编号为 8)，如图 3-16 所示；如果目的主机能接收到这个请求报文并且愿意做出回应，则发送一个回送应答的 ICMP 报文(类型编号为 0)，如图 3-17 所示。当这个回应报文能顺利抵达源主机时，就完成了一个 ping 的动作。

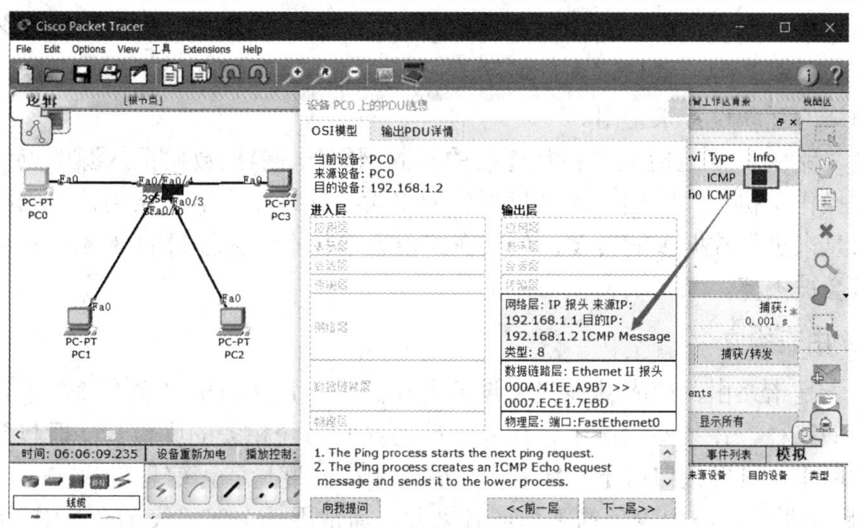

图 3-16　ICMP 回送请求报文

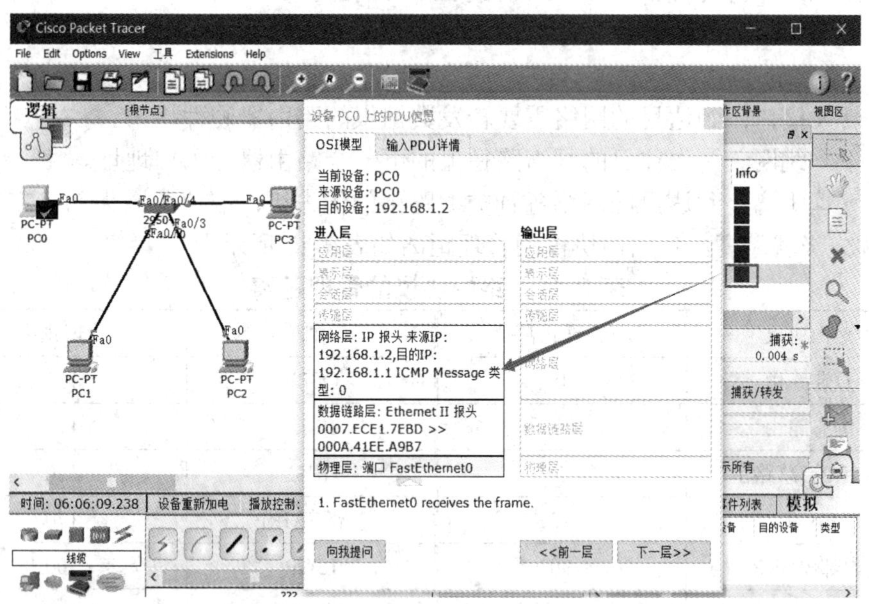

图 3-17　ICMP 回送应答报文

任务 3.4　认识路由技术

3.4.1　路由技术概述

1．路由的概念

网络互联的方式有很多种，如果要扩大网络规模，直接使用二层交换机连接就可以达到网络通信的目的。如果要把不同的子网或把不同类型的网络互联起来，就需要

使用路由器或三层交换机。路由器是网络层设备，有不同类型的物理接口，各接口可以用来连接不同类型的局域网和广域网。一般情况下路由器作为小型局域网出口设备或大型网络的互联设备来使用。

所谓“路由”就是指通过相互连接的不同网络(子网)把数据报从源地点传送到目的地点的操作，执行“路由”这个操作的网络设备就是路由器。路由器根据路由表中的路由信息来进行数据报的转发，如果在路由表中找不到去往目的网络(子网)的路由，数据报将会被丢弃。

2. 路由表构成

路由表是指路由器或者其他网络设备上存储的一张路由信息表，该表中存有到达目的网络的路径，在某些情况下，还有一些与这些路径相关的度量。一般包含路由类型、目的网络、转发接口或下一跳网关、管理距离、度量值等信息。

(1) 路由类型：路由表项的类型或者来源，通常用一个字母表示，其中“C”代表直连路由，“S”代表静态路由，“R”代表 RIP 路由等。

(2) 目的网络：目的网络(子网)的地址和掩码长度，例如 172.16.0.0/16、172.16.0.0/24 等。

(3) 转发接口：到达目的网络需要转发数据报的路由器硬件接口。

(4) 下一跳网关：去往目的网络路径上的下一个路由器的入口地址。

(5) 管理距离：到达目的网络各种类型路由的优先级，取值范围为 0～255，其值越小，优先级就越高。各路由协议的管理距离如表 3-11 所示。

表 3-11　路由协议的管理距离

路由协议	管理距离	路由协议	管理距离
直连路由	0	OSPF	110
静态路由	0或1	IS-IS	115
EIGRP汇总路由	5	RIP	120
EBGP	20	外部EIGRP	170
内部EIGRP	90	IBGP	200
IGRP	100	未知网络	255

(6) 度量值：衡量路径远近的指标，度量值越小，代表路径越佳。度量值可以基于路由的某一个特征，也可以把多个特征结合在一起计算。不同路由采用的度量方法不同。RIP 通常采用跳数作为度量值，跳数为数据报到达目的网络必须经过的路由器个数，RIP 的跳数一般不超过 15 跳；OSPF 通常采用接口开销(Cost)作为度量值，Cost 的值为 10^8/接口带宽(b/s)；EIGRP 采用综合度量值，主要考虑带宽、延迟、可靠性、负载、最大传输单元等参数，具体计算公式请参阅相关资料。

Cisco 网络设备使用 show ip route 命令查看路由表，如下所示：

```
R1#show ip route
Codes: C - connected, S - static, I - IGRP, R - RIP, M - mobile, B - BGP
```

```
        D - EIGRP, EX - EIGRP external, O - OSPF, IA - OSPF inter area
        N1 - OSPF NSSA external type 1, N2 - OSPF NSSA external type 2
        E1 - OSPF external type 1, E2 - OSPF external type 2, E - EGP
        i - IS-IS, L1 - IS-IS leVel-1, L2 - IS-IS leVel-2, ia - IS-IS inter area
        * - candidate default, U - per-user static route, o - ODR
        P - periodic downloaded static route
Gateway of last resort is not set
     192.168.0.0/24 is Variably subnetted, 5 subnets, 4 masks
O       192.168.0.0/26 [110/2] Via 192.168.0.250, 00:00:36, FastEthernet1/0
C       192.168.0.64/27 is directly connected, FastEthernet0/0
R       192.168.0.96/28 [120/1] Via 192.168.0.253, 00:00:11, FastEthernet0/1
C       192.168.0.248/30 is directly connected, FastEthernet1/0
C       192.168.0.252/30 is directly connected, FastEthernet0/1
```

说明：可以看出路由表由多个路由条目组成，每个路由条目都包括到达目的网络(子网)的路径信息。例如第一条路由的“O”表示 OSPF 产生的去往 192.168.0.0/26 子网的动态路由，通过下一跳网关地址 192.168.0.250 或者本地路由器的 Fa1/0 接口可以到达。

3.4.2 路由选择原则

当去往同一目的网络(子网)有多条路由时，路由器按照以下原则进行转发：

(1) 最长掩码转发原则：选择与目的网络匹配程度最高的路由条目作为转发路由。

当路由器收到 10.0.0.0/8 和 10.0.0.0/16 两条路由时，因为 10.0.0.0/16 路由的网络掩码长，表述的网络更精确，路由器会优先选择这条路由来转发数据。

(2) 当网络掩码长度相同时，就比较路由的管理距离，选择管理距离小的作为转发路由。

当路由器收到 S 10.0.0.0/8 [1/0] 和 R 10.0.0.0/8[120/2] 两条路由时，因为静态路由的管理距离为 1，RIP 的管理距离为 120，路由器会优先选择 S 10.0.0.0/8 [1/0]这条路由来转发数据。

(3) 当路由的管理距离一样时，就比较路由的度量值(metric)，选择度量值小的作为转发路由。

当路由器收到 R 10.0.0.0/8[120/2]和 R 10.0.0.0/8[120/4]两条路由时，因为两条路由都是通过 RIP 产生的，且管理距离相同，但 R 10.0.0.0/8 [120/2]路由的度量值较小，路由器会优先选择这条路由来转发数据。

3.4.3 直连路由的产生

路由一般有直连路由和非直连路由两种产生方式。直连路由是由数据链路层协议自动发现和路由器接口相连网段的路径信息。非直连路由是通过网络管理人员手动配置的静态路由或通过路由协议学习获得的动态路由。直连路由只需要接口处于活动状

态且配置了正确的 IP 地址后，路由器就会把和该接口相连网段的路径信息加入到路由表中。

【例 6】 按图 3-18 组建网络拓扑，在 R1 路由器上配置正确 IP 地址。激活相应接口后，就可以使用 show ip route 命令查询到直连路由的信息，如下所示：

```
R1#show ip route
C        192.168.0.64/27 is directly connected, FastEthernet0/0
C        192.168.0.248/30 is directly connected, FastEthernet1/0
C        192.168.0.252/30 is directly connected, FastEthernet0/1
```

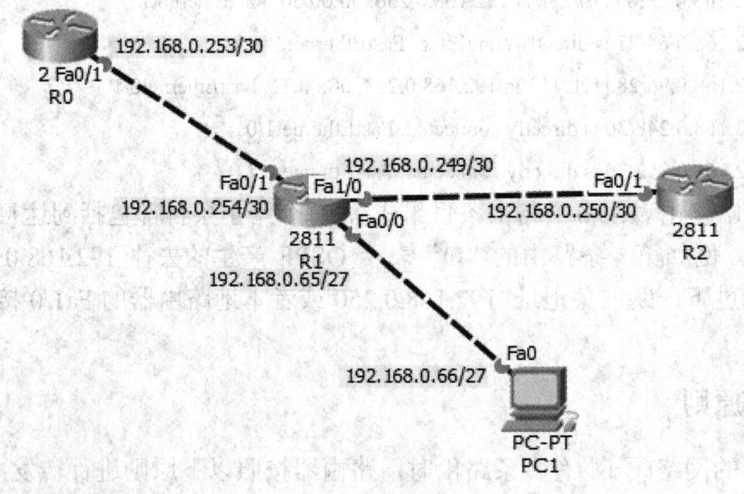

图 3-18　直连路由拓扑

说明：路由类型为“C”表示直连路由。路由器接口默认是关闭的，必须使用 no shutdown 命令激活，激活接口后直连路由才可以加入到路由表中。

任务 3.5　通过静态路由实现网络互联

3.5.1　静态路由概述

1. 静态路由的概述

静态路由是由网络管理人员手工配置的路由信息，明确指定了 IP 数据报目的网络必须经过的路径。静态路由信息在缺省状态下是私有的，不会传递给其他的路由器。配置的静态路由信息保存后一般不会丢失，除非相应接口关闭或失效时才会消失。静态路由适用于网络规模不大、拓扑结构相对固定的应用场景，具有占用 CPU 资源小、易于配置、可以精确控制路由选择等特点。缺点是在复杂的网络拓扑特别是在多路径网络环境中，配置和维护耗费时间，容易出现错误，不能自动适应网络拓扑结构变化。

静态路由要求网络管理人员应该熟悉网络拓扑结构，网络发生故障时能够及时发现问题并可以进行正确处理。在规划路由时，应当要设计去往所有非直连网络(子网)

的路由，但一定要避免重复配置。

在全局模式下，通过 ip route 命令来配置静态路由。命令格式为

router(config) #**ip route** [目的网络] [子网掩码] {转发接口/下一跳网关}

如果要删除一条静态路由，只需要在配置命令前加“no”。

2. 举例说明

【例 7】 某企业总部网络和分支机构通过广域网串行接口(Se0/1/0 口)，采用点对点方式连接，使用静态路由通信，如图 3-19 所示。

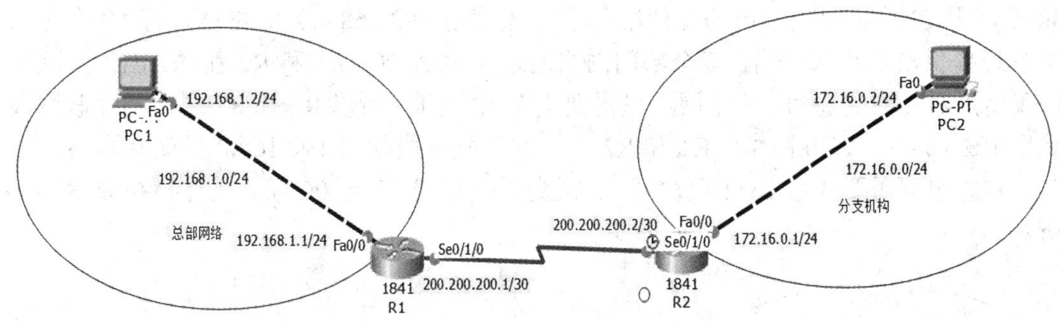

图 3-19　静态路由拓扑

由于 R1 路由器有 192.168.1.0/24 和 200.200.200.0/30 两个直连网段，只需要配置去往分支机构 172.16.0.0/24 的静态路由；同理 R2 路由器只需要配置去往总部网络 192.168.1.0/24 的静态路由，配置命令如下：

(1) 在 R1 上采用下一跳网关地址配置静态路由：

R1(config) #ip route 172.16.0.0 255.255.255.0 200.200.200.2

或者采用转发接口配置静态路由：

R1(config) #ip route 172.16.0.0 255.255.255.0 serial0/1/0

(2) 在 R2 上采用下一跳网关地址配置静态路由：

R2(config) #ip route 192.168.1.0 255.255.255.0 200.200.200.1

或者采用转发接口配置静态路由：

R2(config) #ip route 192.168.1.0 255.255.255.0 serial0/1/0

提示：路由器作为网络出口设备时，连接的对象一般是运营商网络，网络环境比较复杂，下一跳 IP 地址可能经常变化，建议使用转发接口配置静态路由。如果把路由器作为大型网络的互联设备时，连接的对象一般是合作伙伴或者分支机构，如果采用的硬件接口是广播接口，一定要使用下一跳网关地址配置静态路由。

3.5.2　任务挑战——应用静态路由组网

1. 任务目的

熟悉路由基本原理、路由表结构，掌握静态路由的配置过程，熟悉 ip route 命令的使用方法，会查看路由表，能进行网络链路连通测试和基本故障排除。

2. 任务内容

某企业网络的用户主要分为技术部、市场部和工程部三种类型，其中技术部有10名研发人员，市场部有28名销售人员，工程部有55名工程师，需要通过静态路由配置，实现不同部门用户之间的网络通信。

3. 任务设计

根据用户需求，企业网络按照部门划分成3个子网，其中子网1使用192.168.0.96/28网络，有14个可用IP地址提供给技术部使用；子网2使用192.168.0.64/27网络，有30个可用IP地址提供给市场部使用；子网3使用192.168.0.0/26网络，有62个可用IP地址提供给工程部使用。三个部门网络通过路由器R0、R1和R2互联。因为互联网段采用点对点方式通信，每个网段只需要2个IP地址，所以R0和R1之间的互联网段使用192.168.0.252/30网络，R1和R2之间的互联网段使用192.168.0.248/30网络。

实验组网需要3台2811路由器，5根交叉双绞线，3台PC机，具体拓扑如图3-20所示。

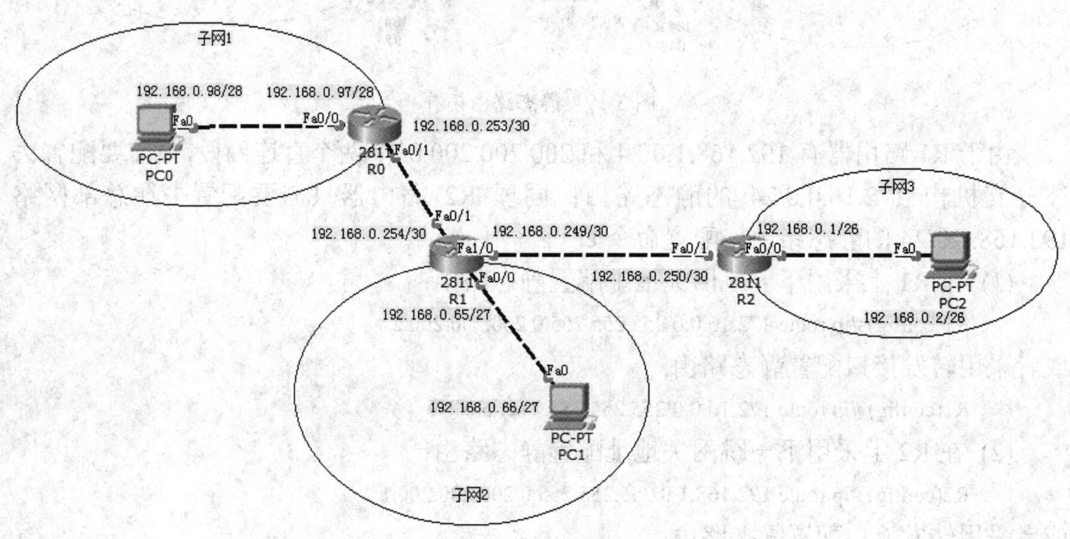

图3-20　企业网络拓扑

1) 地址规划

请按要求规划网络IP地址，注意接口连接标识，以确保和后续配置保持一致。具体参数如表3-12和表3-13所示。

表3-12　子网规划表

子网编号	子网地址	子网掩码	第一个可用地址	最后一个可用地址	广播地址
1	192.168.0.96	255.255.255.240	192.168.0.97	192.168.0.110	192.168.0.111
2	192.168.0.64	255.255.255.224	192.168.0.65	192.168.0.94	192.168.0.95
3	192.168.0.0	255.255.255.192	192.168.0.1	192.168.0.62	192.168.0.63

表 3-13　IP 地址表

设备	接口	IP 地址	子网掩码	默认网关
R0	Fa0/0	192.168.0.97	255.255.255.240	不适用
	Fa0/1	192.168.0.253	255.255.255.252	不适用
R1	Fa0/0	192.168.0.65	255.255.255.224	不适用
	Fa0/1	192.168.0.254	255.255.255.252	不适用
	Fa1/0	192.168.0.249	255.255.255.252	不适用
R2	Fa0/0	192.168.0.1	255.255.255.192	不适用
	Fa0/1	192.168.0.250	255.255.255.252	不适用
PC0	Fa0	192.168.0.98	255.255.255.240	192.168.0.97
PC1	Fa0	192.168.0.66	255.255.255.224	192.168.0.65
PC2	Fa0	192.168.0.2	255.255.255.192	192.168.0.1

2) 静态路由规划

要实现全网通信，需要手工配置去往非直连网络的静态路由，如表 3-14 所示。

表 3-14　静态路由规划

R0 静态路由规划		说明
目标网络	下一跳网关地址或转发接口	
192.168.0.64/27	192.168.0.254 或 R0 的 fa0/1 接口	去子网 2 的静态路由
192.168.0.0/26	192.168.0.254 或 R0 的 fa0/1 接口	去子网 3 的静态路由
192.168.0.248/30	192.168.0.254 或 R0 的 fa0/1 接口	去 R1 和 R2 之间的互联网段的路由
R1 静态路由规划		说明
目标网络	下一跳网关地址或转发接口	
192.168.0.96/28	192.168.0.253 或 R1 的 fa0/1 接口	去子网 1 的静态路由
192.168.0.0/26	192.168.0.250 或 R1 的 fa1/0 接口	去子网 3 的静态路由
R2 静态路由规划		说明
目标网络	下一跳网关地址或转发接口	
192.168.0.96/28	192.168.0.249 或 R2 的 fa0/1 接口	去子网 1 的静态路由
192.168.0.64/27	192.168.0.249 或 R2 的 fa0/1 接口	去子网 2 的静态路由
192.168.0.252/30	192.168.0.249 或 R2 的 fa0/1 接口	去 R0 和 R1 之间的互联网段的路由

4．任务步骤

(1) 打开 PC“桌面”选项卡，单击“IP 地址配置”选项，为 PC0 配置 IP 地址为 192.168.0.98，子网掩码为 255.255.255.240，默认网关为 192.168.0.97，如图 3-21 所示。同理，PC1、PC2 的 IP 地址参照表 3-13 中的参数进行配置。

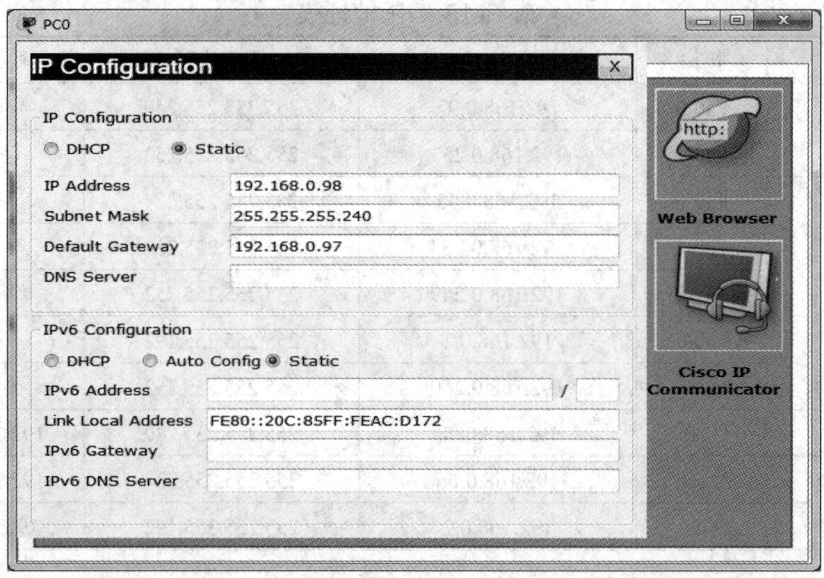

图 3-21　PC0 的 IP 地址配置

(2) 路由器的操作请在正确的模式下进行。请注意提示信息并及时保存配置，具体步骤请参照表 3-15。

表 3-15　静态路由配置表

命　令	含　义
R0 配置	
Router>enable	进入特权模式
Router#configure	进入全局模式
Router(config)#no ip domain-lookup	关闭域名解析(建议)
Router(config)#hostname R0	设备重命名为 R0
R0(config)#interface fastEthernet 0/0	进入 Fa0/0 口
R0(config-if)#ip address 192.168.0.97 255.255.255.240	配置接口 IP 地址
R0(config-if)#no shutdown	激活端口状态
R0(config-if)#exit	退出接口模式
R0(config)#interface fastEthernet 0/1	进入 Fa0/1 口
R0(config-if)#ip address 192.168.0.253 255.255.255.252	配置互联接口 IP 地址
R0(config-if)#no shutdown	激活端口状态
R0(config-if)#exit	退出接口模式
R0(config)#ip route 192.168.0.64 255.255.255.224 192.168.0.254	配置到达子网 2 的静态路由
R0(config)#ip route 192.168.0.0 255.255.255.192 192.168.0.254	配置到达子网 3 的静态路由
R0(config)#ip route 192.168.0.248 255.255.255.252 192.168.0.254	配置到达 R1-R2 互联网段的静态路由

续表一

命　令	含　义
R0(config)#exit	退出全局模式
R0#write	保存配置文件
R1 配置	
Router>enable	进入特权模式
Router#configure	进入全局模式
Router(config)#no ip domain-lookup	关闭域名解析(建议)
Router(config)#hostname R1	设备重命名为 R1
R1(config)#interface fastEthernet 0/0	进入 Fa0/0 口
R1(config-if)#ip address 192.168.0.65 255.255.255.224	配置接口 IP 地址
R1(config-if)#no shutdown	激活端口状态
R1(config-if)#exit	退出接口模式
R1(config)#interface fastEthernet 0/1	进入 Fa0/1 口
R1(config-if)#ip address 192.168.0.254 255.255.255.252	配置互联接口 IP 地址
R1(config-if)#no shutdown	激活端口状态
R1(config-if)#exit	退出接口模式
R1(config)#interface fastEthernet 1/0	进入 Fa1/0 口
R1(config-if)#ip address 192.168.0.249 255.255.255.252	配置互联接口 IP 地址
R1(config-if)#no shutdown	激活端口状态
R1(config-if)#exit	退出接口模式
R1(config)#ip route 192.168.0.96 255.255.255.240 192.168.0.253	配置到达子网 1 的静态路由
R1(config)#ip route 192.168.0.0 255.255.255.192 192.168.0.250	配置到达子网 3 的静态路由
R1(config)#exit	退出全局模式
R1#write	保存配置文件
R2 配置	
Router#enable	进入特权模式
Router#configure	进入全局模式
Router(config)#no ip domain-lookup	关闭域名解析(建议)
Router(config)#hostname R2	设备重命名为 R2
R2(config)#interface fastEthernet 0/0	进入接口 Fa0/0
R2(config-if)#ip address 192.168.0.1 255.255.255.192	配置接口 IP 地址
R2(config-if)#no shutdown	激活接口状态
R2(config-if)#exit	退出接口模式

续表二

命　　令	含　　义
R2(config)#interface fastEthernet 0/1	进入接口 Fa0/1
R2(config-if)#ip address 192.168.0.250 255.255.255.252	配置互联接口 IP 地址
R2(config-if)#no shutdown	激活端口状态
R2(config-if)#exit	退出接口模式
R2(config)#ip route 192.168.0.96 255.255.255.240 192.168.0.249	配置到达子网 1 的静态路由
R2(config)#ip route 192.168.0.64 255.255.255.224 192.168.0.249	配置到达子网 2 的静态路由
R2(config)#ip route 192.168.0.252 255.255.255.252 192.168.0.249	配置到达 R0-R1 互联网段的静态路由
R2(config)#exit	退出全局模式
R2#write	保存配置文件

5. 任务测试

(1) 使用 ping 命令测试 PC0 和 PC2 之间的连通性，命令如下：

```
PC>ping 192.168.0.2
Pinging 192.168.0.2 with 32 bytes of data:
Reply from 192.168.0.2: bytes=32 time=1ms TTL=125
Reply from 192.168.0.2: bytes=32 time=0ms TTL=125
Reply from 192.168.0.2: bytes=32 time=0ms TTL=125
Reply from 192.168.0.2: bytes=32 time=0ms TTL=125
```

提示： 从 PC0 ping PC2 的 IP 地址，如果出现“Reply from 192.168.0.2：Destination host unreachable”的信息，说明目标地址不可到达，出现这个信息是由于路由器的路由未配置或配置错误产生的。

(2) 使用 tracert 命令追踪 PC0 到 PC2 的路径信息与网络延时，命令如下：

```
PC>tracert 192.168.0.2
Tracing route to 192.168.0.2 over a maximum of 30 hops:
  1   1 ms     0 ms     1 ms     192.168.0.97
  2   *        0 ms     0 ms     192.168.0.254
  3   *        0 ms     0 ms     192.168.0.250
  4   *        0 ms     1 ms     192.168.0.2
Trace complete.
```

说明： 通过路由追踪命令不但能够检测网络连通性，还可以追踪数据转发的具体路径。PC0 首先把数据报发给自己的网关 R0，然后由 R0 把数据报发送给下一跳 R1，再由 R1 把数据报发送给下一跳 R2，最后由 R2 把数据报发送到目标设备 PC2，整个路由追踪过程顺利完成。

(3) 通过 show ip route 显示 R0 路由表，命令如下：

```
R0#show ip route
```

```
S        192.168.0.0/26 [1/0] Via 192.168.0.254
S        192.168.0.64/27 [1/0] Via 192.168.0.254
C        192.168.0.96/28 is directly connected, FastEthernet0/0
S        192.168.0.248/30 [1/0] Via 192.168.0.254
C        192.168.0.252/30 is directly connected, FastEthernet0/1
```

说明：路由类型“S”表示静态路由，“C”则表示直连路由。通过查看 R0 路由表可以发现 5 条路由，其中 2 条直连路由，3 条手工配置的静态路由。同理，其他路由器也应该有去往这 5 个网段的路由信息，这样就可以实现全网通信了。

3.5.3 配置默认路由

1. 默认路由的概念

默认路由是一种特殊的静态路由，也是最不精确的路由。路由器收到数据报后，首先在路由表中查找去往目的网络的路由，存在匹配路由时，数据报将被转发到相应的物理接口；没有匹配路由时，再去查找默认路由，然后按默认路由路径去转发；如果路由器上不存在默认路由，数据报最终将被丢弃。

默认路由一般应用在企业的末梢网络连接到总部网络或互联网的环境中。使用默认路由会大大简化路由器的配置，减轻网络管理人员的工作负担，提高网络性能。

默认路由和静态路由的命令格式相同，只是把目的 IP 地址和子网掩码改成 0.0.0.0 和 0.0.0.0。默认路由的配置命令为：

router(config)#**ip route** 0.0.0.0 0.0.0.0　{转发接口/下一跳网关}

如果要删除一条默认路由，只需要在配置命令前加“no”。

2. 举例说明

【例 8】 使用默认路由实现网络互联。

用默认路由替换掉 3.5.2 小节中 R0 和 R2 的静态路由配置(网络拓扑和其他配置不变)，既可以减少配置的工作量，也可以实现网络相互通信的目的。具体命令如下：

(1) 在 R0 上配置默认路由，命令如下：

```
R0(config)#ip route 0.0.0.0 0.0.0.0 192.168.0.254
```

(2) 在 R2 上配置默认路由，命令如下：

```
R2(config)#ip route 0.0.0.0 0.0.0.0 192.168.0.249
```

(3) 通过 show ip route 显示 R0 路由表，命令如下：

```
R0#show ip route
C        192.168.0.96/28 is directly connected, FastEthernet0/0
C        192.168.0.252/30 is directly connected, FastEthernet0/1
S*    0.0.0.0/0 [1/0] Via 192.168.0.254
```

说明：路由类型“S*”表示手工配置的静态默认路由，“C”则表示直连路由，通过查看 R0 路由表可以发现 3 条路由，其中 2 条直连路由，1 条去往非直连网络的默认路由，路由条目总数比用静态路由配置的路由表减少了 2 条，在大型网络中减少的条

目数更多，可以极大提高工作效率，也可以降低网络故障发生的概率。

任务 3.6　通过动态路由实现网络互联

3.6.1　动态路由概述

动态路由是指路由器按照一定路由协议和算法根据网络的状态自动创建的路由信息。动态路由协议是用于路由器之间交换路由信息的协议。通过路由协议，路由器可以动态共享有关远程网络的信息，确定到达各个网络的最佳路径，然后将选出的路径添加到路由表中。动态路由协议能够通过定期学习，动态响应网络拓扑结构变化，重新计算路由，具有更好的自主性和灵活性，适用于复杂的网络环境。当网络结构过于庞大时，产生的路由信息就比较多，动态路由协议占用的系统资源和网络资源会明显增加，对路由器性能要求也越来越高。

动态路由协议按照工作原理大致可以分为距离矢量和链路状态两大类。距离矢量路由协议用跳数作为路径的度量标准。常用的距离矢量路由协议有 RIP 和 EIGRP。链路状态路由协议用链路带宽、延迟等参数作为链路度量标准。常用的链路状态路由协议有 OSPF 和 IS-IS 两种。

动态路由协议根据路由更新中是否发送子网掩码，可分为有类路由协议和无类路由协议。有类路由协议只传送网络前缀(网络地址)，不传送子网掩码。有类路由协议包含 RIPv1 和 IGRP。无类路由协议既传输网络前缀，又传输子网掩码，支持可变长度子网掩码(Variable Length Subnet Masks，VLSM)。无类路由协议包括 RIPv2、EIGRP、OSPF、IS-IS 和 BGP 等。

3.6.2　应用 RIP 组网

1. RIP 概述

RIP(Routing Information Protocol，路由信息协议)是一种基于距离矢量算法的路由协议。RIP 通过 UDP 报文的 520 端口进行路由信息交换，运行 RIP 的路由器定期进行更新，邻居之间每隔 30 s 相互发送完整的路由表；从邻居那里收到路由表后，路由器会对每个表项的度量值加 1，然后与自己的路由表项进行对比，度量值小的更新到自己的路由表中。如果在 180 s 内没有接收到来自邻居的更新报文，路由器就会把路由表中的相应条目标记为“不可用”；如果在接下来的 120 s 内仍然没有接收到更新，就会把该路由条目从路由表中彻底删除。

RIP 用跳数来衡量到达目的网络的距离。由于自身缺陷，RIP 会产生路由环路，所以规定网络直径不能超过 15 跳，这样就限制了网络的规模。由于 RIP 占用资源相对较小，被大量应用中小型网络。

RIP 的 IPv4 网络有 RIPv1 和 RIPv2 两个版本，RIPv2 主要增加了支持变长子网掩码和无类域间路由，支持邻居路由器之间的认证功能，提高了网络的安全性。RIPV2

和 RIPv1 相比主要有以下区别，如表 3-16 所示。

表 3-16　RIPv1 和 RIPv2 的区别

RIPv1	RIPv2
不发送子网掩码，只能传输有类网路	发送子网掩码，支持VLSM
采用广播传输报文	支持组播方式，组播地址224.0.0.9
不支持认证	支持明文和MD5密文方式认证，安全性更高
不能手动汇总	可关闭自动汇总，进行手工汇总

2. RIP 协议的配置命令

RIP 的启动需要在全局模式下配置，其命令如下：

(1) RIPv1 配置命令如下所示：

```
Router(config)#router rip                              //启动 RIP 协议
Router(config-router)#network network-number           //宣告直连网络
```

network-number 用来指定要宣告到 RIP 中的网络地址，必须是路由器直连网段所在的有类地址。如果路由器某端口地址是 172.16.1.2/24，由于 RIPv1 宣告的信息不包含子网掩码，因此通告出去的网络地址是 172.16.0.0(B 类地址)。如果要实现全网互通，就必须保证所有的直连网段都要宣告出去。

(2) RIPv2 配置命令如下所示：

RIPv2 的启动命令和 RIPV1 相同。

```
Router(config-router)#version {1|2}              //定义版本号为 2，通常 1 为默认
Router(config-router)#no auto-summary            //关闭系统自动汇总功能
Router(config-router)#network network-number     //宣告直连网络
```

network-number 用来指定要宣告到 RIP 中的网络(子网)地址。如果路由器某端口地址是 172.16.1.2/24，由于 RIPv2 支持无类网络宣告，因此通告出去的网络地址是 172.16.1.0。如果要实现全网互通，就必须保证所有的直连网段都要宣告出去。

要撤销 RIP 相关功能，只需要在配置命令前加“no”即可。

3. 使用 RIP 实现网络互联

用 RIPv2 配置替换掉 3.5.2 小节中 R0、R1、R2 的静态路由配置，网络拓扑和其他配置不变，具体步骤如下：

(1) 在 R0、R1、R2 上启动 RIP：

```
Router (config)#router rip
```

(2) 选择 RIP 版本为 2：

```
Router (config-router)#version 2
```

(3) 关闭自动汇总：

```
Router (config-router)#no auto-summary
```

(4) 将特定的网络(子网)地址宣告到 RIP 中：

① 在 R0 上通过 network 命令宣告直连网段 192.168.0.96 和 192.168.0.252，命令如下：

```
R0(config-router)#network 192.168.0.96
R0(config-router)#network 192.168.0.252
```

② 在 R1 上通过 network 命令宣告直连网段 192.168.0.64、192.168.0.248 和 192.168.0.252，命令如下：

```
R1(config-router)#network 192.168.0.64
R1(config-router)#network 192.168.0.248
R1(config-router)#network 192.168.0.252
```

③ 在 R2 上通过 network 命令宣告直连网段 192.168.0.0 和 192.168.0.248，命令如下：

```
R2(config-router)#network 192.168.0.0
R2(config-router)#network 192.168.0.248
```

(5) 通过 show ip route 显示 R0 路由表，如下所示：

```
R0#show ip route
R        192.168.0.0/26 [120/2] Via 192.168.0.254, 00:00:11, FastEthernet0/1
R        192.168.0.64/27 [120/1] Via 192.168.0.254, 00:00:11, FastEthernet0/1
C        192.168.0.96/28 is directly connected, FastEthernet0/0
R        192.168.0.248/30 [120/1] Via 192.168.0.254, 00:00:11, FastEthernet0/1
C        192.168.0.252/30 is directly connected, FastEthernet0/1
```

说明：路由类型“R”表示由 RIP 产生的动态路由，“C”则表示直连路由。通过查看 R0 路由表可以发现 5 条路由，其中 2 条直连路由，3 条 RIP 路由。同理，其他路由器也应该有去往这 5 个网段的路由信息，这样就可以通过 RIP 实现全网通信了。

3.6.3　应用 OSPF 组网

1. OSPF 概述

OSPF(Open Shortest Path First，开放式最短路径优先)是一种基于链路状态的路由协议，是应用最广泛的内部网关路由协议。和 RIP 路由协议相比，OSPF 路由协议可以适应各种规模网络环境，具有计算最佳路由迅速、更新路由占用网络流量小、收敛速度快等优点。

运行 OSPF 的路由器都会向全网扩散自身的 LSA(Link State Advertisement，链路状态信息)，使网络中每台路由器最终同步全网的链路状态，形成统一的 LSDB(Link State Data Base，链路状态数据库)。路由器根据链路状态数据库，采用 SPF 算法，以自己为根计算本地达到所有未知网络(子网)的最短路径，并将其加载到路由表中。OSPF 以开销(cost)作为衡量到达目的网络的距离，开销值越小，路径越短。

在大型网络中，为了减小路由表的规模，降低 SPF 算法的计算量和 LSA 的开销，OSPF 将自治系统划分为多个区域(area)。其中至少有一个骨干区域，其他区域则和骨干区域相连；骨干区域的编号为 0。在 OSPF 区域中，路由器需要一个全局唯一的标识，一般使用 router-id 作为路由器的全局地址。router-id 值的格式和 IP 地址相同，为了区分，router-id 通常采用四位相同的地址来表示，例如 1.1.1.1 和 2.2.2.2。

2. OFPF 协议的配置命令

OSPF 启动时需要指定一个进程号，具体命令如下：

```
Router(config)#router ospf process-number
```

在全局模式下启动 OSPF 进程，process-number 为进程号，取值范围为 1~65535。进程号本地有效，同一区域的不同路由器的 OSPF 进程号可以不同，命令如下：

```
Router(config-router)#router-id ID 号
```

指定 OSPF 的 router-id 值，用来说明路由器全局地址，命令如下：

```
Router(config-router)#network network-number wildcard area area-id
```

其中，network-number 用来指定要宣告到 OSPF 区域的网络(子网)地址。wildcard 为通配符掩码，也称为反掩码，含义和对应的子网掩码正好相反。

OSPF 的通配符掩码=255.255.255.255-子网掩码。area-id 代表 OSPF 划分的区域，不同的接口可以位于不同的区域，但是相连的接口必须位于相同的区域。

要撤销 OSPF 相关功能，只需要在配置命令前加“no”即可。

3. 使用 OSPF 实现网络互联

用 OSPF 配置替换掉 3.5.2 小节中 R0、R1、R2 的静态路由配置，网络拓扑和其他配置不变；OSPF 采用单区域进行通信，区域编号为 0，具体步骤如下：

(1) 在 R0、R1、R2 上启动 OSPF，进程号为 1，命令如下：

```
Router (config)#router ospf 1
```

(2) 指定路由器的 router-id：

① 指定 R0 的 router-id 值为 1.1.1.1，命令如下：

```
R0(config-router)#router-id 1.1.1.1
```

② 指定 R1 的 router-id 值为 2.2.2.2，命令如下：

```
R1(config-router)#router-id 2.2.2.2
```

③ 指定 R2 的 router-id 值为 3.3.3.3，命令如下：

```
R2(config)# router-id 3.3.3.3
```

(3) 将特定的网络(子网)地址宣告到 OSPF 区域中：

① 在 R0 上用 network 命令将直连网段 192.168.0.96 和 192.168.0.252 宣告到 OSPF 区域 0 中，命令如下：

```
R0(config-router)#network 192.168.0.96 0.0.0.15 area 0
R0(config-router)# network 192.168.0.252 0.0.0.3 area 0
```

② 在 R1 上用 network 命令将直连网段 192.168.0.64、192.168.0.248 和 192.168.0.252 宣告到 OSPF 区域 0 中，命令如下：

```
R1(config-router)#network 192.168.0.64 0.0.0.31 area 0
R1(config-router)#network 192.168.0.248 0.0.0.3 area 0
R1(config-router)#network 192.168.0.252 0.0.0.3 area 0
```

③ 在 R2 上用 network 命令将直连网段 192.168.0.0 和 192.168.0.248 宣告到 OSPF 区域 0 中，命令如下：

```
R2(config-router)# network 192.168.0.0 0.0.0.63 area 0
R2(config-router)# network 192.168.0.248 0.0.0.3 area 0
```

(4) 通过 show ip route 显示 R0 路由表，命令如下：

```
R0#show ip route
O     192.168.0.0/26 [110/3] Via 192.168.0.254, 00:03:46, FastEthernet0/1
O     192.168.0.64/27 [110/2] Via 192.168.0.254, 00:03:46, FastEthernet0/1
C     192.168.0.96/28 is directly connected, FastEthernet0/0
O     192.168.0.248/30 [110/2] Via 192.168.0.254, 00:03:46, FastEthernet0/1
C     192.168.0.252/30 is directly connected, FastEthernet0/1
```

说明：路由类型“O”表示由 OSPF 产生的动态路由，“C”则表示直连路由。通过查看 R0 路由表可以发现 5 条路由，其中 2 条直连路由，3 条 OSPF 路由。同理，其他路由器也应该有去往这 5 个网段的路由信息，这样就可以通过 OSPF 实现全网通信了。

本项目小结

IP 协议是网络层的重要协议，通过它就可以将数据报从一个网络传输到另一个网络。IP 协议为通信的每个节点定义了全球唯一的网络地址，这个网络地址就叫 IP 地址。IP 地址分为 IPv4 版和 IPv6 版，目前流行的是 IPv4。近年来 Internet 呈指数级飞速发展，导致 IPv4 地址空间几近耗竭。为了解决困境，本章介绍了子网划分的方法，有效提高了地址的使用效率；为了应对越来越多的安全问题，又分析了 IPv6 的地址格式和配置方法。

本章还重点介绍了路由技术，讲解了不同类型路由实现网络互联的方法。通过分析发现，静态路由配置简单、高效，可以应用在路径简单、结构单一的网络中；但在多路径网络环境中，静态路由配置和维护耗费时间，容易出现错误，因此引入了动态路由技术。动态路由按照一定路由协议和算法根据网络的状态能够自动创建路由表，能够快速响应网络结构变化，重新计算路由，具有更好的自主性和灵活性，适用于复杂的网络拓扑。

动态路由按原理又分为距离矢量路由协议和链路状态路由协议。距离矢量路由协议以 RIP 为典型代表，使用跳数来衡量到达目的网络的距离。RIP 因收敛速度慢、网络直径不能超过 15 跳等缺点没有得到广泛的应用。链路状态路由协议以 OSPF 为典型代表，使用开销(cost)作为衡量路径好坏的指标。OSPF 采用 SPF 算法，具有收敛速度快、占用网络流量小、能够消除路由环路、准确评估最优路由等优点而应用于大型网络环境。

练 习 题

一、选择题

1. 目前网络设备的 MAC 地址由(　　　)位二进制数字构成，IP 地址由(　　　)

位二进制数字构成。

A. 48　B. 16　C. 32　D. 21

2．下列字段中，(　　)不是 IPv4 报头中的字段。

A. 头长度　B. 有效载荷长度　C. 业务类型　D. 标识符

3．下列四项中，合法的 IP 地址是(　　)。

A. 190.110.5.311　B. 193.43.81.0　C. 203.45.3.21　D. 94.3.2

4．对地址段 212.114.20.0/24 进行子网划分，采用/27 子网掩码的话，可以得到(　　)个子网，每个子网拥有(　　)台主机。

A. 6　32　B. 8　32　C. 4　30　D. 8　30

5．要把网络 202.112.78.0 划分为多个子网，划分后的子网掩码是 255.255.255.192，则各子网中可用的主机地址总数是(　　)。

A. 64　B. 128　C. 126　D. 62

6．某部门申请到一个 C 类地址，若要分成 8 个子网，其掩码应为(　　)。

A. 255.255.255.255　B. 255.255.255.0

C. 255.255.255.224　D. 255.255.255.192

7．IPv6 的地址长度为(　　)。

A. 32　B. 64　C. 96　D. 128

8．下列哪一个 IPv6 地址是错误地址(　　)。

A. ::FFFF　B. ::1　C. ::1:FFFF　D. ::1::FFFF

9．下面哪个协议用于发现设备的硬件地址(　　)。

A. RARP　B. ARP　C. IP　D. ICMP

10．RIP 路由协议规定的网络直径最大是(　　)跳。

A. 13　B. 14　C. 15　D. 16

二、填空题

1．主机 A 的 IP 地址 199.32.59.64，子网掩码为 255.255.255.224，网络地址为__________。

2．通常把 IPv4 地址分为五类，IP 地址 130.24.35.2 属于__________类。

3．IPv6 链路本地地址的前缀为__________。

4．IPv6 地址为 0001:0123:0000:0000:0000:ABCD:0000:0001/96，可以简写为____。

5．ARP 的主要功能是__________。

6．在 Windows 系统中，如果我们要查看当前的 ARP 表项，需要输入的命令是__________。

7．路由根据来源不同，可分为__________、__________和__________。

8．动态路由协议按照工作原理，可以分为__________和__________。

9．RIP 路由协议默认的路由更新周期是__________秒。

10．OSPF 路由协议的管理距离是______________，RIP 路由协议的管理距离是____________，静态路由的管理距离是______________。

三、简答题

1．试把以下 IP 地址从二进制转换为点分十进制的表示方法。

A. 01111111 11110000 01011001 11000000

B. 10101111 11000000 01001101 01010110

C. 10101010 01010101 10001011 01010010

2．根据 IP 地址分类的范围，找出以下 IP 地址的网络位和主机位：

A. 114.34.3.9　　B. 19.34.2.5　　C. 127.7.65.3

3．假定一家公司中，目前有研发部、销售部、后勤部、财务部和人力资源部 5 个部门，其中研发部有 50 台 PC，销售部有 30 台 PC，后勤部有 20 台 PC，财务部有 20 台 PC，人力资源部有 15 台 PC。企业信息经理分配了一个总的网络地址 192.168.55.0/24 给你，作为网络管理员，你的任务是为每个部门划分单独的子网段。要求你写出一个 IP 子网规划报告，你该怎样做？

4．请简述 IPv6 与 IPv4 的区别。

项目四　百花齐放，局域网技术走进春天

☛ 本项目概述

局域网产生于20世纪70年代。随着微型计算机的发展和流行、计算机网络应用的不断深入和扩大，以及人们对信息交流、资源共享和高宽带的需求，人们对局域网提出了更高的要求，局域网技术已是当前研究与产业发展的热点问题之一。

☛ 学习目标

1. 掌握局域网的特点、结构与分类；
2. 熟悉局域网传输介质的特点及作用；
3. 了解并掌握以太网帧的格式与分类，掌握共享式以太网与交换式以太网的区别和联系以及交换机的工作原理；
4. 了解VLAN的原理及特点，掌握VLAN的基本配置方法；
5. 熟悉无线局域网的基本结构和主要设备；
6. 掌握双绞线的制作方法以及单交换机VLAN的划分方法；
7. 掌握小型无线局域网的组建方法。

任务4.1　认识局域网

4.1.1　局域网概述

局域网(Local Area Network，LAN)是指在一个有限的区域内的网络，一般是指分散在数公里范围的网络，例如一个企业的网络。

1．局域网的特点

(1) 传输速率高。局域网的传输率为每秒百兆位(即1 Mb/s = 1 000 000 b/s)。传统LAN的运行速度在10 Mb/s～100 Mb/s之间，新型LAN可以达到10 Gb/s甚至更高的速率。

(2) 传输质量好，误码率低。由于LAN通信距离短，信道干扰小，数据设备传输质量高，因此误码率低。一般LAN的误码率在万分之一以下。

(3) 网络覆盖范围有限，一般为0.1～10 km。LAN具有对不同速率的适应能力，低速或高速设备均能接入。

(4) 具有良好的兼容性和互操作性，不同厂商生产的不同型号的设备均能接入。

(5) 支持多种同轴电缆、双绞线、光纤和无线等多种传输介质。

2. 局域网体系结构

局域网出现之后，发展迅速，类型繁多。为了促进产品的标准化以增加产品的互操作性，1980 年 2 月，IEEE(Institute of Electrical and Electronic Engineers，美国电气与电子工程师学会)成立了 802 委员会(局域网标准化委员会)，提出局域网体系结构由物理层和数据链路层组成，其中数据链路层由 MAC 子层(Media Access Control，媒体访问控制子层)和 LLC 子层(Logical Link Control，逻辑链路控制子层)组成，如图 4-1 所示。

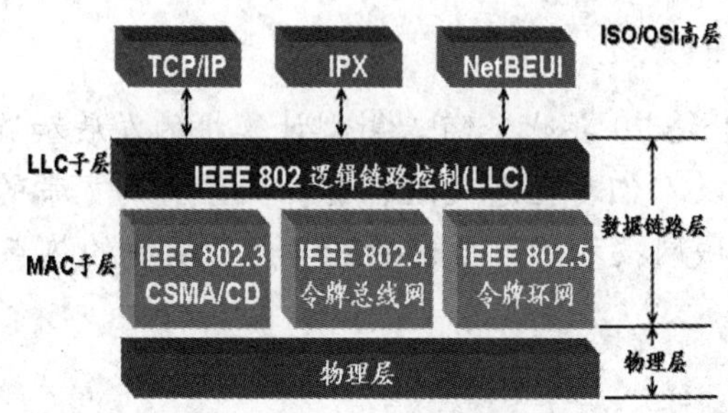

图 4-1　IEEE 802 体系结构

1) LLC 子层

LLC 子层用于封装和标识上层协议，隔离多样的下层协议和介质，实现数据链路层与硬件无关的功能，例如流量控制、差错恢复、将 IP 数据包封装成数据帧、实现地址解析请求和答复等。

2) MAC 子层

MAC 子层用于提供 LLC 和物理层之间的接口。MAC 子层根据传输介质的不同而不同，因此，不同的局域网的 MAC 层不同，而且标准也不一样，而 LLC 层则相同且可以互通。

3. 局域网的工作模式

(1) 对等网络：也称点对点(Peer-to-Peer)网络。对等式网络结构中没有专用服务器，如图 4-2 所示。在这种网络模式中，每一个工作站既可以是客户机，也可以是服务器。

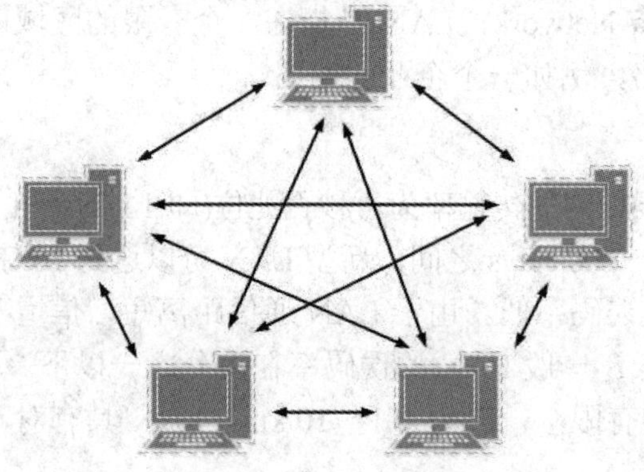

图 4-2　点对点网络

可应用于点对点网络的网络操作系统很好，如微软的 Windows 98、Windows 2000 Professional/XP 等。

(2) C/S 网络：即 Client/Server 网络，中文称为客户/服务器网络。C/S 网络是由客户机、服务器构成的一种网络计算环境。它把应用程序分成两部分，一部分运行在客户机上，另一部分运行在服务器上，两者各司其职，共同完成。C/S 网络模型如图 4-3 所示。

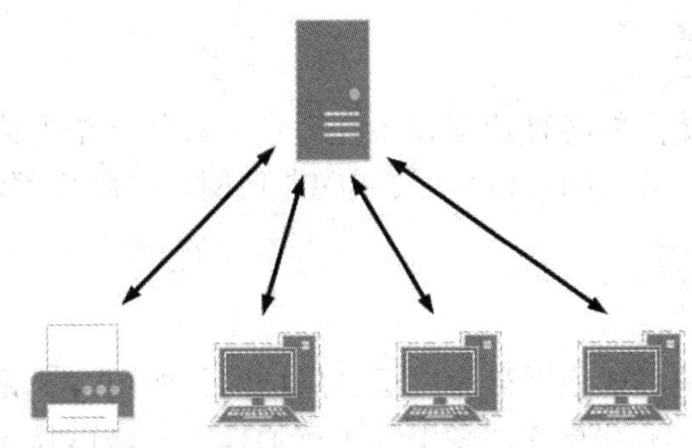

图 4-3　C/S 网络模型

(3) B/S 网络：即 Browser/Server 网络，中文称为浏览器/服务器网络。B/S 网络采用浏览器/Web 服务器/数据库存服务器(B/W/D)三层结构，如图 4-4 所示。当客户机需要查询服务时，Web 服务器根据某种机制请求数据库服务器的数据服务，然后把查询结果转变为 HTML 的网页返回到浏览器显示出来。

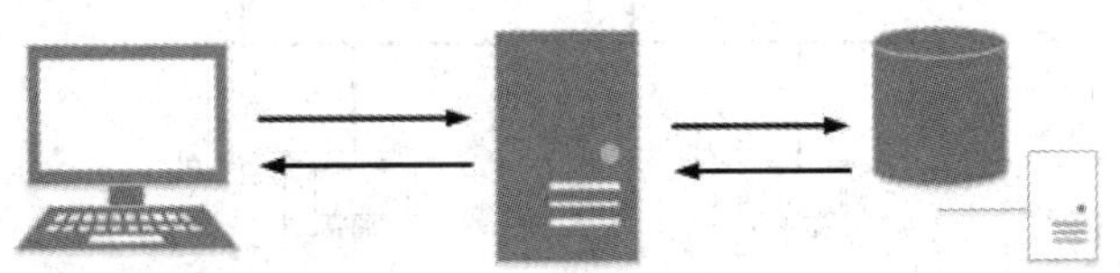

图 4-4　B/S 模型

4．典型局域网标准

1985 年，IEEE 公布了 IEEE 802 标准的五项标准文本，同年被美国国家标准局(American National Standards Institution，ANSI)采纳作为美国国家标准。后来，国际标准化组织(International Staudewdization organization，ISO)经过讨论，建议将 802 标准定为局域网国际标准。802 标准共包括以下 13 种：

- IEEE 802.1 高层局域网协议(Higher Layer LAN Protocols)
- IEEE 802.2 逻辑链路控制(Logical Link Control，LLC)
- IEEE 802.3 以太网(Ethernet)
- IEEE 802.4 令牌总线(Token Bus)
- IEEE 802.6 城域网(Metropolitan Area Network，MAN)
- IEEE 802.8 光纤(Fiber Optic)
- IEEE 802.11 无线局域网和网状网(Wireless LAN& Mesh)

- IEEE 802.15 无线局域网(Wireless PAN)
- IEEE 802.16 宽带无线接入(Broadband Wireless Access，BWA)
- IEEE 802.17 弹性分组环(Resilient packet ring，RPR)
- IEEE 802.20 移动宽带无线接入(Mobile Broadband Wireless Access，MBWA)
- IEEE 802.21 介质独立转接(Media Independent Handoff，MIH)
- IEEE 802.22 无线区域网(Wireless Regional Area Network，WRAN)

4.1.2 局域网的分类

局域网是将小区域内的各种通信设备互联在一起的通信网络，是一个高速通信系统。目前在局域网中，常见的有以太网、FDDI 环网、令牌环网和无线局域网四种。

1. 以太网

1) 以太网概述

以太网(Ethernet)是目前应用最为广泛的局域网。如图 4-5 所示，以太网最初被是可使多台计算机通过一根共享的同轴电缆进行通信的局域网技术，随后又逐渐扩展到包括双绞线的多种共享介质上。由于任意时刻只有一台计算机能发送数据，因此共享通信介质的多台计算机之间必须使用某种共同的冲突避免机制，以协调介质的使用。以太网通常采用 CSMA/CD 机制检测冲突。

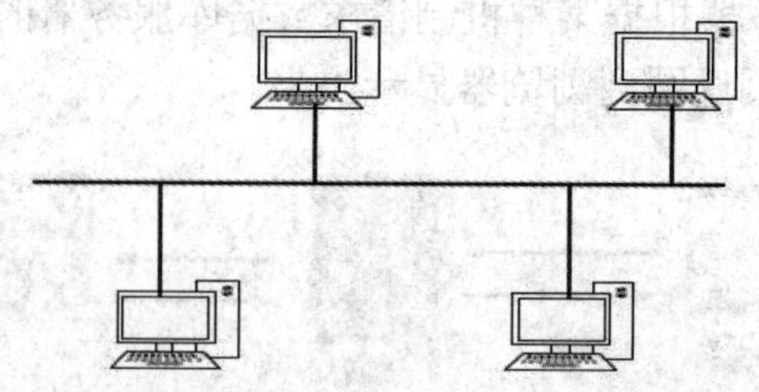

图 4-5　以太网技术

> **扩展阅读**
>
> 以太网(Ethernet)一词源于 Ether(以太)，意为介质。在爱因斯坦提出量子力学之前，人们普遍认为宇宙空间充满以太，并以波的形式传送着光。

最初的以太网使用同轴电缆形成总线型拓扑，后来出现了用集线器(Hub)实现的星型结构以及用网桥(Bridge)实现的桥接式以太网和用以太网交换机(Switch)实现的交换式以太网。当今的以太网已形成一系列标准，从早期 10 Mb/s 的标准以太网、100 Mb/s 的快速以太网、1000 Mb/s 的千兆以太网一直到 10 Gb/s 的万兆以太网。随着以太网技术的不断发展，以太网已成为局域网技术的主流。

2) 以太网的数据传输过程

以太网的核心技术是带有冲突检测的载波侦听多路访问技术(Carrier Sense Multiple Access with Collision Detection，CSMA/CD)。

在以太网中，如果一个结点要发送数据，它将以“广播”方式把数据通过作为公共传输介质的总线发送出去，连在总线上的所有结点都能“收听”到发送结点发送的数据信号。由于网中所有结点都可以利用总线传输介质发送数据，并且网中没有控制中心，因此冲突的发生将是不可避免的。为了有效地实现分布式多结点访问公共传输介质的控制策略，以太网采用了 CSMA/CD 的技术。CSMA/CD 的发送流程可以简单地概括为“先听后发，边听边发，冲突停止，随机延迟后重发”，具体的 CSMA/CD 规则为：

(1) 若总线空闲，传输数据帧，否则转至第二步。

(2) 若总线忙，则一直监听直到总线空闲，然后立即传输数据。

(3) 传输过程中继续监听。若监听到冲突，则发送一干扰信号，通知所有站点发生了冲突且停止传输数据。

(4) 随机等待一段时间，再次准备传输，重复步骤(1)。

CSMA/CD 介质访问控制方法可以有效地控制多结点对共享总线传输介质的访问，方法简单，易于实现，加上其速率和可靠性不断提高，成本不断降低，管理和故障排除不断简化，使其获得了越来越广泛的应用。这些都是以太网能从众多局域网技术中脱颖而出的原因所在。

2. 令牌环网

令牌环(Token Ring)网是 IBM 公司于 20 世纪 70 年代发展的，现在这种网络比较少见。在老式的令牌环网中，数据传输速度为 4 Mb/s 或 16 Mb/s，新型的快速令牌环网速度可达 100 Mb/s。Token Ring 是一种令牌环网协议，定义在 IEEE 802.5 中。

在令牌环网中，一个节点要想发送数据，首先必须获取令牌。令牌是一种特殊的 MAC 控制帧，令牌环帧中有一位标志令牌的“忙/闲”。令牌总是沿着环单向逐站发送，传送顺序与节点在环中排列顺序相同。图 4-6 所示为令牌环网的工作示意图。

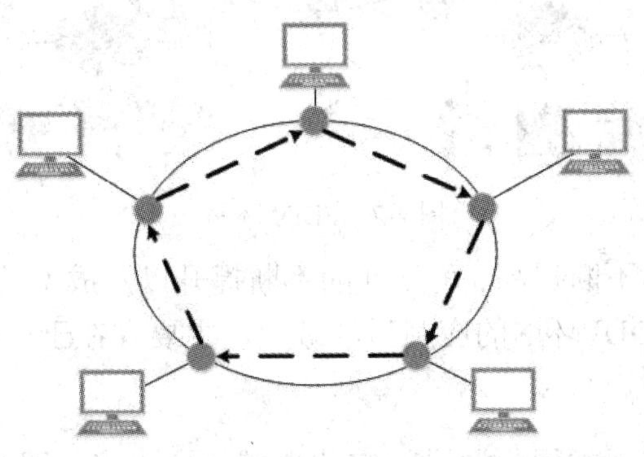

图 4-6　令牌环

如果某节点有数据帧要发送，它必须等待空闲令牌的到来。令牌在工作中有“闲”和“忙”两种状态。“闲”表示令牌没有被占用，即网络中没有计算机在传送信息；“忙”表示令牌已被占用，即有信息正在传送。希望传送数据的计算机必须首先检测到“闲”令牌，将它置为“忙”的状态，然后在该令牌后面传送数据。当所传数据被目的节点计算机接收后，数据被除去，令牌被重新置为“闲”。

令牌环网在理论上具有强于以太网的诸多优势，如对带宽资源的分配更为均衡合理，避免了无序的争抢和工作站之间发生的介质占用冲突，降低了传输错误的发生概率，提高了资源使用效率。

令牌环网的缺点是机制比较复杂，如节点需要维护令牌，一旦失去令牌就无法工作，需要选择专门的节点监视和管理令牌。令牌环技术的保守、设备的昂贵、技术本身的难以理解和实现，都影响了令牌环网的普及。如今，令牌环网的使用率不断下降，其技术的发展和更新也陷于停滞。

3. FDDI

FDDI 环网也是一种利用了环形拓扑的局域网技术，其主要特点包括以下几点：

(1) 使用基于 IEEE 802.4 的令牌总线介质访问控制协议。

(2) 使用 IEEE 802.2 协议，与符合 IEEE 802.4 标准的局域网兼容。

(3) 数据传输速率为 100 Mb/s，联网节点数最大为 1000，环路长度可达 100 km。

(4) 可以使用双环结构，具有容错能力。

(5) 可以使用多模或单模光纤。

(6) 具有动态分配带宽的能力，能使用同步和异步数据传输。

FDDI 环网在早期局域网环境中具有带宽和可靠性优势，主要应用于核心机房、办公室或建筑物群的主干网、校园网主干等，其网络结构如图 4-7 所示。

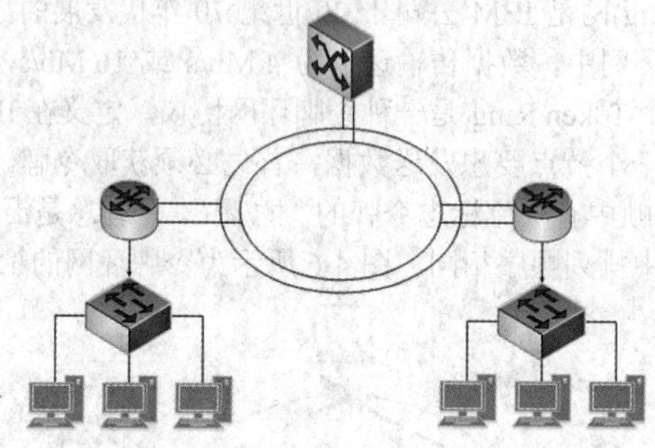

图 4-7　FDDI 环网

随着以太网带宽的不断提高、可靠性的不断提升以及成本的不断下降，FDDI 环网的优势已不复存在。FDDI 环网的应用日渐减少，主要存在于一些早期建设的网络中。

4. 无线局域网

传统局域网技术都要求用户通过特定的电缆和接头接入网络，无法满足日益增长的灵活性、移动性接入需求。无线局域网使计算机与网络之间可以在一个特定范围内进行快速的无线通信，因而在与便携式设备的互相促进中获得快速发展，得到了广泛应用。

WLAN 通过射频(Radio Frequently，RF)技术来实现数据传输。WLAN 设备通过诸如展频(Spread Spectrum)或正交频分复用(orthogonal frequently division multiplexing，

OFDM)这样的技术将数据信号调制在特定频率的电磁波中进行传送。

如图 4-8 所示，在 WLAN 网络中，工作站使用自带的 WLAN 网卡，通过电磁波连接到无线局域网 AP(Access Point，接入点)，形成类似于星型的拓扑结构。AP 的作用类似于以太网中的 Hub 或移动电话网中的基站。AP 之间可以进行级联，以扩招 WLAN 的工作范围。

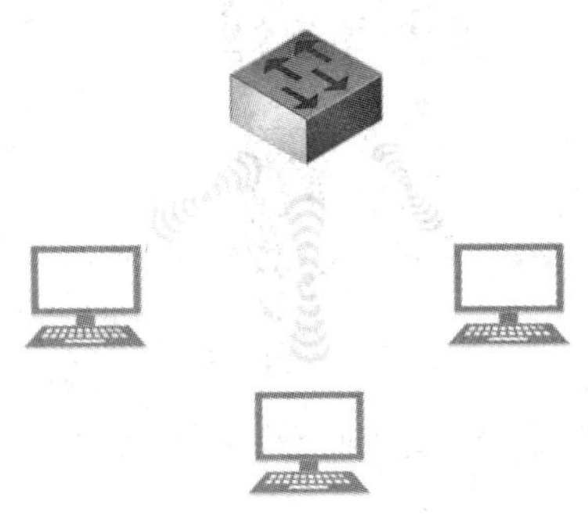

图 4-8　无线局域网

IEEE 802.11 系列文档提供了 WLAN 标准。最初的 IEEE 802.11 WLAN 工作频率为 2.4 GHz，提供 2 Mb/s 的带宽，后来又逐渐发展出工作频率为 2.4 GHz 的 11 Mb/s 的 802.11b 和工作频率为 5 GHz、带宽为 54 Mb/s 的 802.11a，以及可提供 54 Mb/s 带宽、工作频率为 2.4 GHz 的 802.11g。WLAN 的标准不断发展，日渐丰富和完整。

WLAN 具有使用方便、便于终端移动、部署迅速而且成本低、规模易于扩展、工作效率高等种种优点，因而获得了相当普及的应用。

然而 WLAN 也具有一些缺点，包括安全性差、稳定性低、连接范围受限、带宽低、电磁辐射潜在地威胁健康等问题。这些方面也是 WLAN 技术发展的热点方向。

4.1.3　局域网的传输介质

网络传输介质是连接各网络节点、承载网络中传输数据的物理实体。如果将网络中的计算机比作货站，数据信息比作汽车的话，那么网络传输介质就是不可缺少的公路。根据介质的物理特征，网络传输介质分无线传输介质和有线传输介质两大类。目前常用的无线传输介质有无线电波、微波和红外线等，常用的有线传输介质有双绞线、同轴电缆和光纤等。

1. 双绞线

双绞线分为非屏蔽式和屏蔽式两种。

1) 非屏蔽式双绞线(Unshielded Twisted Pair，UTP)

非屏蔽式双绞线通过对绞来减少或消除两根电线相互间的电磁干扰，分为 3 类、4 类、5 类、6 类四种，带宽分别为 16 MHz、20 MHz、100 MHz 和 1000 MHz，常用作局域网传输介质，长度为 100 m。它具有成本低、易弯曲、易安装、适于结构化布线等优点，因此在一般的局域网建设中被普遍采用。但它也存在传输时有信息辐射、容易被窃听的缺点。图 4-9 展示的是一根 5 类非屏蔽双绞线，图 4-10 和图 4-11 是非屏蔽

双绞线连接器 RJ-45 水晶头和信息模块。

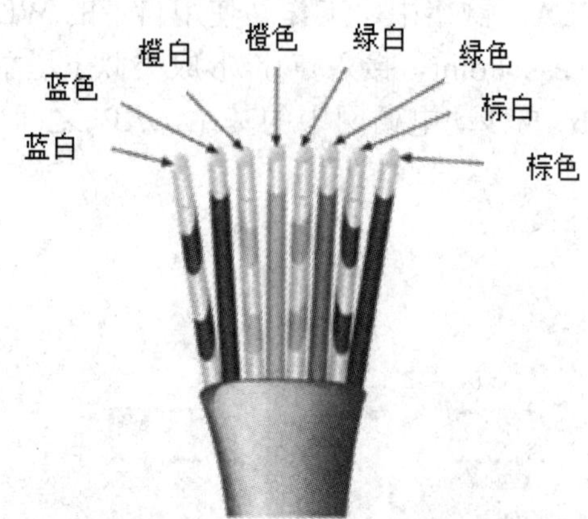

图 4-9　5 类非屏蔽双绞线电缆

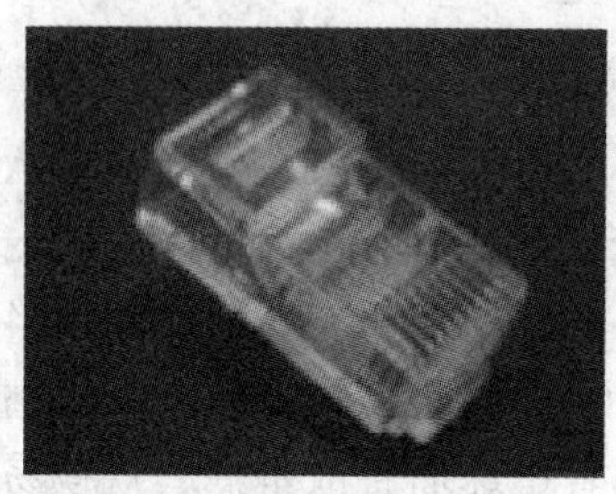

图 4-10　RJ-45 水晶头

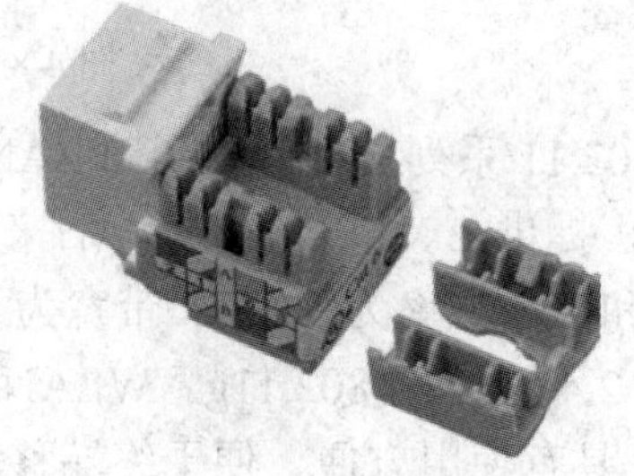

图 4-11　RJ-45 信息模块

2) 屏蔽式双绞线(Shielded Twisted Pair，STP)

屏蔽式双绞线通过屏蔽层减少相互间的电磁干扰。图 4-12 展示的就是屏蔽双绞线(STP)电缆的基本结构。屏蔽式双绞线分为三类和五类两种，带宽分别为 16MHz 和 100MHz，常用于对辐射要求严格的场合。它具有抗电磁干扰能力强、传输质量高等优点，但它也存在接地要求高、安装复杂、成本高的缺点。因此，屏蔽式双绞线的实际应用并不普遍。屏蔽式双绞线的连接器采用屏蔽 RJ-45 信息模块，如图 4-13 所示。

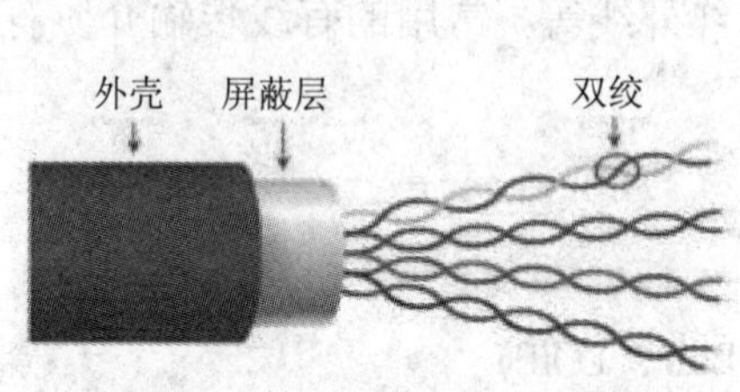

图 4-12　屏蔽双绞线电缆

图 4-13　屏蔽 RJ-45 信息模块

3) 双绞线布线标准

EIA/TIA 的布线标准中规定了两种双绞线的线序 568A 与 568B，如表 4-1 和图 4-14 所示。

表 4-1　RJ-45 线序

线号	1	2	3	4	5	6	7	8
EIA-568A	绿白	绿	橙白	蓝	蓝白	橙	棕白	棕
EIA-568B	橙白	橙	绿白	蓝	蓝白	绿	棕白	棕

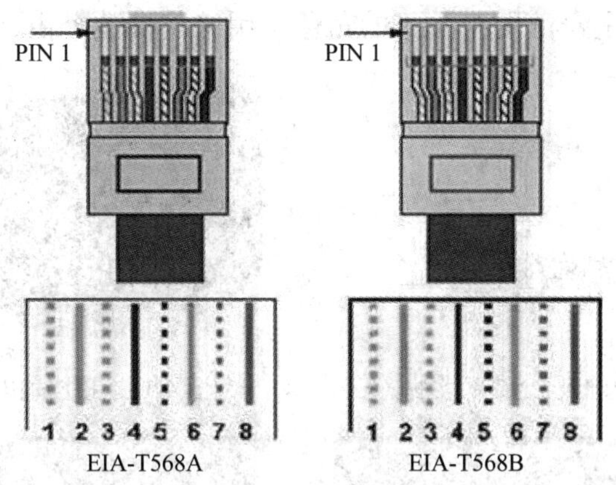

图 4-14　双绞线线序

4) 直通线和交叉线使用环境

直通线又叫正线或标准线，两端所采用的线序标准相同，要么均采用 568A 线序标准，要么均采用 568B 线序标准。注意两端都是同样的线序且一一对应。直通线应用最广泛，一般用于不同设备之间，如路由器和交换机、PC 和交换机等。

交叉线又叫反线，通常按照一端 568A、一端 568B 的标准排列好线序，并用 RJ-45 水晶头夹好。交叉线一般用于相同设备的连接，如路由器和路由器之间、电脑和电脑之间。

2. 同轴电缆

同轴电缆有基带同轴电缆和宽带同轴电缆两种基本类型，它们的线间特性阻抗分别为 50 Ω 和 75 Ω。

1) 宽带同轴电缆

宽带同轴电缆可用于频分多路复用模拟信号的传输，也可用于数字信号的传输。宽带同轴电缆较基带同轴电缆传输速率高，传输距离远(几十千米)，但成本也高。

2) 基带同轴电缆

基带同轴电缆一般只用来传输基带信号，因此较宽带同轴电缆经济，适合距离较短、速度要求较低的局域网。基带同轴电缆又分为细缆和粗缆。

(1) 细缆。细缆的直径为 0.26 cm，最大传输距离为 185 m，使用时与 50 Ω 终端电阻、T 型连接器、BNC 接头与网卡相连(如图 4-15 所示为细同轴电缆，图 4-17 所示为细缆 BNC 连接器与 T 型接头)，线材价格和连接头成本都比较便宜，而且不需要购置集线器等设备，十分适合架设终端设备较为集中的小型以太网络。缆线总长不要超过 185 m，否则信号将严重衰减。

(2) 粗缆。粗缆(RG-11)的直径为 1.27 cm，阻抗是 75 Ω，最大传输距离达到 500 m。由于粗缆直径相当粗，因此它的弹性较差，不适合在室内狭窄的环境内架设。而且 RG-11 连接头的制作方式也相对要复杂许多，并不能直接与电脑连接，需要通过一个转接器转成 AUI 接头，然后再接到电脑上(如图 4-16 所示为粗同轴电缆实物图，图 4-18 所示为粗缆 AUI 连接器及收发电缆)。由于粗缆的强度较强，最大传输距离也比细缆长，因此粗缆的主要用途是扮演网络主干的角色，用来连接数个由细缆所结成的网络。

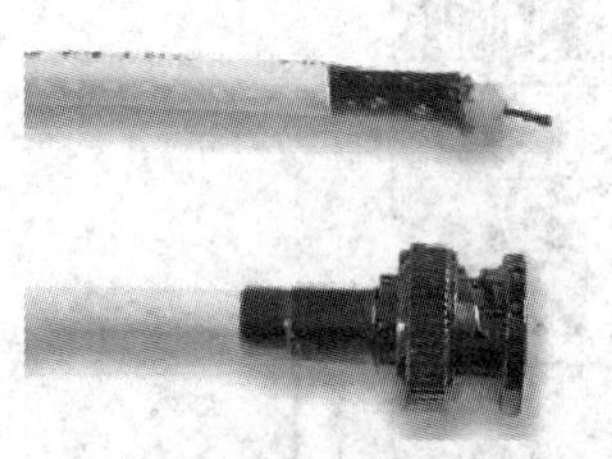

图 4-15　细同轴电缆及 BNC 头实物图

图 4-16　粗同轴电缆实物图

图 4-17　细缆 BNC 连接器及 T 型接头

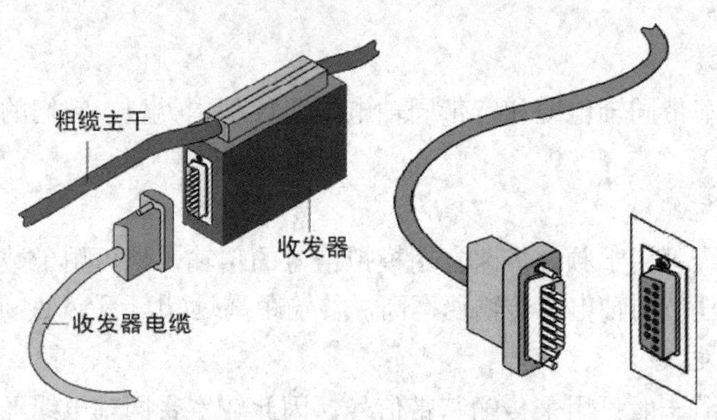

图 4-18　粗缆 AUI 连接器及收发电缆

3．光缆

1) 光缆简介

光缆也称光纤，其中心部分包括一根或多根光导光缆，通过从激光器或发光二极管发出的光波穿过中心光缆进行数据传输。光缆的外面是一层玻璃，称之为包层；包层外面是一层塑料的网状的 Kevlar (一种高级的聚合光缆)，以保护内部的中心线；最外层为塑料封套，覆盖在网状屏蔽物上，如图 4-19 所示。

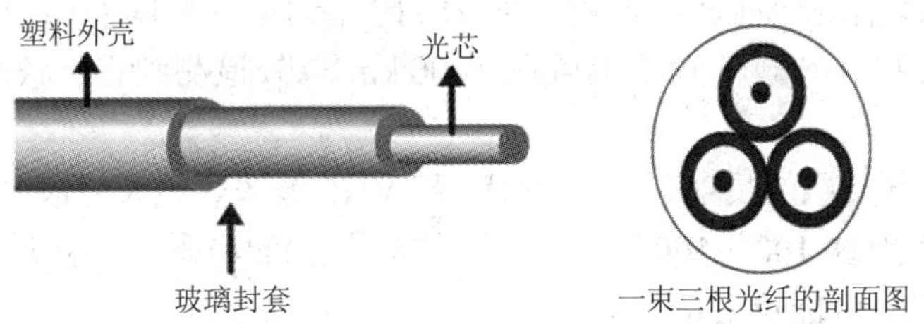

图 4-19　光缆构造及剖面图

2) 光缆分类

光缆可分成单模式和多模式两大类。单模光缆携带单个频率的光将数据从光缆的一端传输到另一端。单模光缆数据传输的速度更快，距离也更远。相反，多模光缆可以在单根或多根光缆上同时携带几种光波，通常用于数据网络。

多模光缆的纤芯直径为 50 或 62.5 μm，包层外径为 125 μm，表示为 50/125 μm 或 62.5/125 μm。单模光纤的纤芯直径为 8.3 μm，包层外径为 125μm，表示为 8.3/125 μm。故光缆有 62.5/125 μm、50/125 μm、9/125 μm 等不同种类。光缆的工作波长有短波 850 nm、长波 1310 nm 和 1550 nm。

3) 光缆的特性

光缆的特性总结如下：

(1) 高吞吐量。光缆可以以每秒 10 GB 以上的速度可靠地传输数据。与电脉冲通过铜线不同，光实际上不会遇到阻抗，因此能以比电脉冲更快的速度可靠地传输。实际上，纯的玻璃光缆束每秒可接收高达 1 亿个激光脉冲。它的高吞吐能力也使它适用于拥有大量通信业务量的情形，如电视或电话会议。

(2) 多连接器。光缆可以使用许多不同类型的连接器。

(3) 强抗噪性。光缆的抗噪性很强。

(4) 可扩展性。由光缆组成的网络段能跨越 1000 m。整个网络的长度根据所使用的光缆类型的不同而不同。

一般情况下，单护套光缆适用于架空和管道，而双护套光缆适用于直埋；室内光缆多在大楼及室内使用。

4．无线介质

无线传输介质(也有称“媒质”)是指利用各种波长的电磁波充当传输媒体的传输介质。无线传输所使用的频段很广，目前常用的有无线电波、微波、红外线和激光等。

1) 无线电波

无线电波是指在自由空间(包括空气和真空)传播的射频频段的电磁波。

无线电波(频率范围在 10～16 kHz)是一种能量的传播形式。电场和磁场在空间中是相互垂直的，并都垂直于传播方向，其在真空中的传播速度等于光速(300 000 km/s)。

无线电波通信主要用在广播通信中。

无线电波的传播方式有两种：

(1) 直线传播，即沿地面向四周传播。在 VLF(甚低频)、LF(低频)、MF(中频)波段，无线电波沿着地面传播，在较低频率上可在 1000 km 以外检测到它，较高频率时检测到的距离要近一些。

(2) 靠大气层中电离层的反射传播。在 HF 和 VHF 波段，地表电波会被地球吸收，但是，到达电离层(离地球 100～500 km 高的带电粒子层)的电磁波会被反射回地球。在某些天气情况下，信号可能反射多次。

2) 微波

微波是指频率为 300 MHz～300 GHz 的电磁波，是一种定向传播的电波。在频率大于 1000 MHz 时，微波沿着直线传播，因此可以集中于一点，通过卫星电视接收器把所有的能量集中于一小束，可以获得极高的信噪比，但是发射天线和接收天线必须精确地对准。除此以外，这种方向性使成排的多个发射设备可以和成排的多个接收设备通信而不会发生串扰。

微波数据通信系统主要分为地面系统和卫星系统两种。

(1) 地面微波：采用定向抛物线天线，要求发送与接收方之间的通路没有大障碍物。地面微波系统的频率一般为 4～6 GHz 或 21～23 GHz，其传输速率取决于频率。微波对外界的干扰比较敏感。

(2) 卫星微波：利用地面上的定向抛物天线，将视线指向地球同步卫星；收发双方都必须安装卫星接收及发射设备，且收发双方的天线都必须对准卫星，否则不能收发信息。

3) 红外传输

目前广泛使用的家电遥控器几乎都采用红外线传输技术。红外网络使用红外线通过空气传输数据。红外线局域网采用小于 1 μm 波长的红外线作为传输媒体，有较强的方向性，但受太阳光的干扰大，对非透明物体的透过性极差，这导致传输距离受限制。

红外传输的优点主要表现在以下两个方面：

(1) 作为一种无线局域网的传输方式，红外线传输的最大优点是不受无线电波的干扰。

(2) 如果在室内发射红外电波，室外就收不到，这可避免各个房间的红外电波的相互干扰，并可有效地进行数据的安全性保密控制。

红外传输的缺点是：

传输距离有限，受太阳光的干扰大，一般只限于室内通信，而且不能穿透坚实的物体(如砖墙等)。

4) 激光

激光束也可以用于在空中传输数据。和微波通信相似，一个激光通信系统至少要有两个激光站，每个站点都拥有发送信息和接收信息的能力。激光设备通常安装在固定位置上，如高山的铁塔上，并且天线相互对应。由于激光束能在很长的距离上聚焦，因此激光的传输距离很远，可达几十公里。

激光技术与红外线技术类似，也需要无障碍的直线传播。任何阻挡激光束的人或物都会阻碍正常的传输。激光束不能穿过建筑物和山脉，但可以穿透云层。

4.1.4　任务挑战——双绞线的制作

1．任务目的

掌握双绞线制作方法，熟悉双绞线制作标准。

2．任务内容

制作直通双绞线。

3．任务环境

剥线钳、工具刀、RJ-45 水晶头、5 类双绞线、测线仪。

4．任务步骤

(1) 利用斜口钳剪下所需要的双绞线，长度范围为 0.6～1 m。再用剥线器将双绞线的外皮除去 2～3 cm。如果在剥除双绞线的外皮时裸露出的电缆部分太短而不利于制作 RJ-45 接头，则可以紧握双绞线外皮，再捏住尼龙线向外皮的下方剥开，就可以得到较长的裸露线，如图 4-20 所示。

(2) 剥线完成后的双绞线电缆如图 4-21 所示。

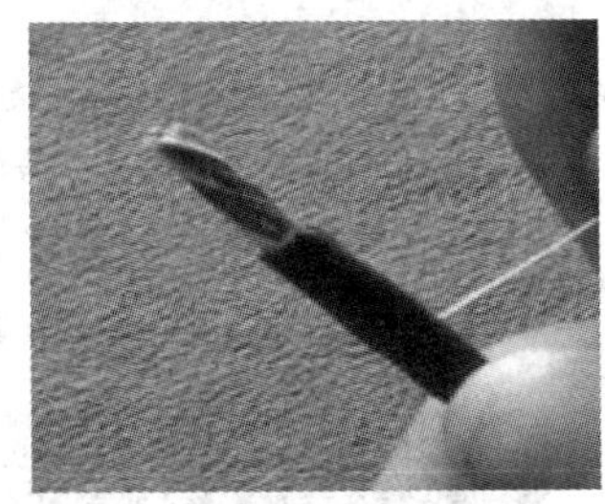

图 4-20　剥线

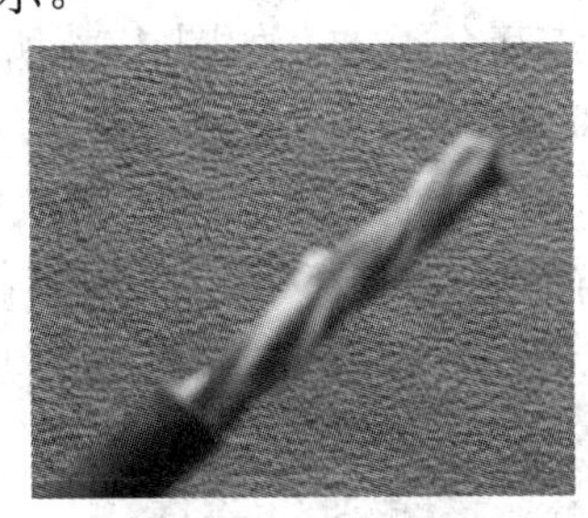

图 4-21　剥掉绝缘层的双绞线

(3) 将裸露的双绞线中的橙色线对(橙线和白橙线)拨向上方，棕色线对(棕线和白棕线)拨向下方，绿色线对(绿线和白绿线)拨向左方，蓝色线对(蓝线和白蓝线)拨向右方，如图 4-22 所示。

(4) 将绿色线对与蓝色线对放在中间位置，橙色线对与棕色线对保持不动，即放在靠外的位置，如图 4-23 所示。

上：橙和白橙
左：绿和白绿
下：棕和白棕
右：蓝和白蓝

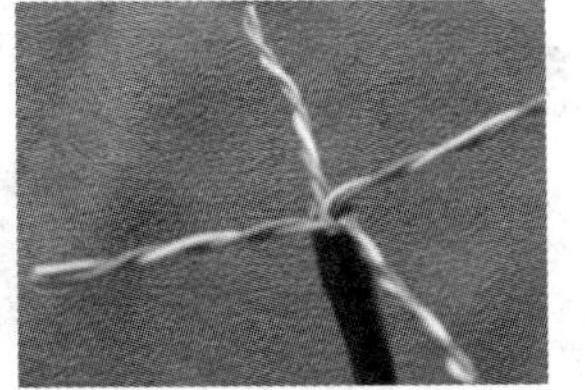

图 4-22　拨线

左一：橙和白橙
左二：绿和白绿
左三：蓝和白蓝
左四：棕和白棕

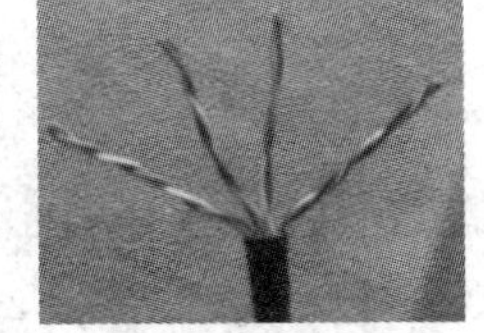

图 4-23　将线对按色排列

(5) 小心地剥开每一线对，遵循 EIA/TIA 568B 的标准来制作接头，如图 4-24 所示。

需要特别注意的是，绿色线应该跨越蓝色线对。这里最容易犯错的地方就是将白绿线与绿线相邻放在一起，这样会造成串扰，使传输效率降低。正确的顺序是(左起)：白橙/橙/白绿/蓝/白蓝/绿/白棕/棕，常见的错误接法是将绿色线放到第 4 只脚的位置(如图 4-25 所示)。

图 4-24　分开线对并按色排列线序

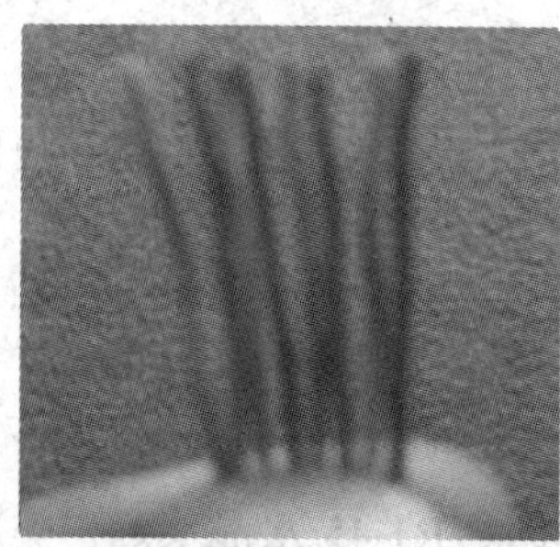

图 4-25　常见的错误接法

正确的做法是将绿色线放在第 6 只脚的位置。因为在 100BaseT 网络中，第 3 只脚与第 6 只脚是同一对的，所以需要使用同一对线(见标准 EIA/TIA 568B)。

(6) 将裸露出的双绞线用剪刀或斜口钳剪下只剩约 14 mm 的长度(之所以留下这个长度是为了符合 EIA/TIA 的标准，可以参考有关用 RJ-45 接头和双绞线制作标准的介绍)。最后再将双绞线的每一根线依序放入 RJ-45 接头的引脚内，第一只引脚内应该放白橙色的花线，其余类推，如图 4-26 所示。

(7) 确定双绞线的每根线已经正确放置之后，用 RJ-45 压线钳压 RJ-45 接头。

(8) 重复步骤(2)到步骤(7)，再制作另一端的 RJ-45 接头。另一端 RJ-45 接头的引脚线序需要遵循 EIA/TIA 568A 的线序排列。

(9) 用测线仪进行测试，如图 4-27 所示。

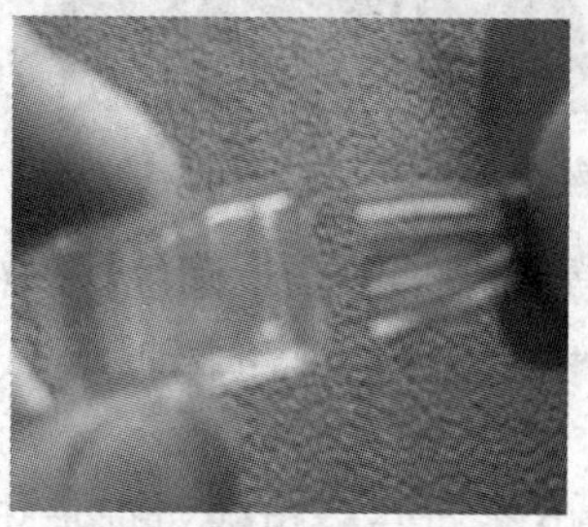

图 4-26　将线插入水晶头内

图 4-27　使用测线仪测试

任务 4.2　熟悉以太网

4.2.1　以太网帧格式

以太网最早来源于美国施乐 Xerox 公司于 1973 年建造的第一个带宽为 2.94 Mb/s 的 CSMA/CD 系统，该系统可以在 14 m 的电缆上连接 100 多个个人工作站。此后，

Xerox、DEC 和 Intel 公司于 1980 年联合起草了以太网标准，并于 1982 年发表了第 2 版本的以太网标准。1985 年，IEEE 802 委员会吸收以太网为 IEEE 802.3 标准，并对其进行了修改。

IEEE 802.3 中规定的 MAC 子层协议包括帧格式和 CSMA/CD 协议两部分，下面我们主要介绍 IEEE 802.3 帧格式。目前，大多数 TCP/IP 应用都是采用 Ethernet V2 帧格式，也就是现在所称的 IEEE 802.3 的以太网帧格式。

以太网帧前段叫前导码，它由 0、1 数字交替组合而成，表示一个以太网帧的开始，也是对端网卡能够确保与其同步的标志。如图 4-28 所示，前导码末尾是 SFD(Start Frame Delimiter 帧首定界符)域，它的值是“11”；这个域之后是以太网帧的本体，前导码与 SFD 合起来占 8 个字节。

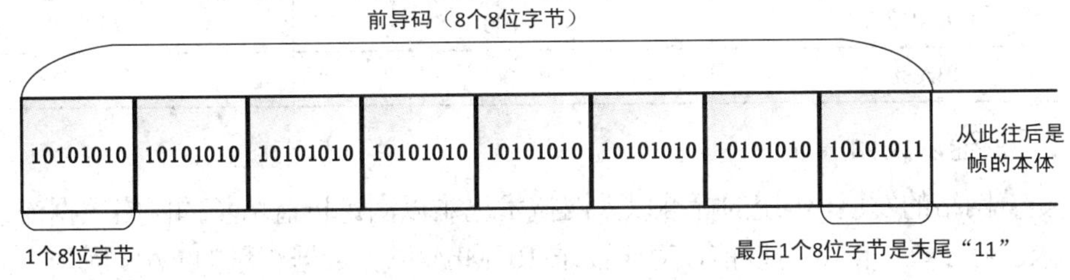

图 4-28　以太网帧

以太网本体的前端是以太网的首部，如图 4-29 所示，它总共占 14 个字节，分别是 6 个字节的目的 MAC 地址、6 个字节的源 MAC 地址以及 2 个字节的上层协议类型。帧头后是数据，一个数据帧所能容纳的最大数据范围是 46～1500 个字节；帧尾是 FCS(Frame Check Sequence，帧校验序列)的 4 个字节。

以太网帧体格式

目标MAC地址（6字节）	源MAC地址（6字节）	类型（2字节）	数据（46～1500字节）	FCS（4字节）

图 4-29　以太网首部

目的 MAC 地址中存放了目的工作站的物理地址。源 MAC 地址中存放了构造以太网帧的发送端工作站的物理地址。类型通常跟数据一起传送，它包含标识协议类型的编号，表明以太网的再上一层网络协议的类型，类型字段则是该类型所标识的协议首部及其数据。帧尾的 FCS 校验位可以检查帧是否有损坏。在通信传输过程中如果出现电子噪声的干扰，可能会影响发送数据，导致乱码的出现。因此，通过检查 FCS 字段的值可以将那些受到噪声干扰的错误帧丢弃。

4.2.2　以太网的分类

以太网可以分为标准以太网、快速以太网和千兆以太网三种。

1. 标准以太网

最开始以太网只有 10 Mb/s 的吞吐量，使用以半双工通信为前提的基于 CSMA/CD (带有冲突检测的载波侦听多路访问)的访问控制方法，通常把这种最早期的、带宽为 10 Mb/s 的以太网称为标准以太网。以太网主要有两种传输介质，即双绞线和同轴电缆。所有的以太网都遵循 IEEE 802.3 标准，表 4-2 列出了 IEEE 802.3 的一些以太网标准。在这些标准中，前面的数字表示传输速度，单位是"Mb/s"；最后一个数字表示单段网线长度，基准单位是 100 m；Base 表示"基带"传输。

表 4-2　标准以太网

以太网种类	电缆最大长度/m	电缆种类
10BASE2	185 (最大节点数为 30)	同轴电缆
10BASE5	500 (最大节点数为 100)	同轴电缆
10BASE-T	100	双绞线
10BASE-F	1000	多模光纤

2. 快速以太网

随着网络的发展，传统的标准以太网技术已难以满足日益增长的网络数据流量对速度的需求。在 1993 年 10 月以前，对于要求 10 Mb/s 以上数据流量的 LAN 应用，只有光纤分布式数据接口(Fiber Distributed Date Interface，FDDI)可供选择，但它是一种价格非常昂贵的、基于 100 Mb/s 光缆的 LAN。1993 年 10 月，Grand Junction 公司推出了世界上第一台快速以太网集线器 FastCH10/100 和网络接口卡 FastNIC100，快速以太网技术正式得以应用。随后，Intel、SynOptics、3COM、BayNetworks 等公司相继推出了自己的快速以太网装置。与此同时，IEEE 802 工程组亦对 100 Mb/s 以太网的各种标准，如 100BASE-TX、100BASE-T4、MII、中继器、全双工等标准进行了研究。1995 年 3 月，IEEE 宣布了 IEEE 802.3u 100BASE-T 快速以太网标准(Fast Ethernet)，自此迈入了快速以太网的时代。

快速以太网与原来在 100 Mb/s 带宽下工作的 FDDI 相比具有许多优点，最主要体现在快速以太网技术可以有效地保障用户在布线基础设施上的投资，它支持 3、4、5 类双绞线以及光纤的连接，能有效地利用现有的设施。

快速以太网的不足其实也是以太网技术的不足，即快速以太网仍是基于载波侦听多路访问和冲突检测(CSMA/CD)技术。当网络负载较重时，会造成效率的降低。

100 Mb/s 快速以太网标准分为 100BASE-TX、100BASE-FX、100BASE-T4 三个子类。

(1) 100BASE-TX。这是一种使用 5 类数据级非屏蔽双绞线或屏蔽双绞线的快速以太网技术。它使用两对双绞线，一对用于发送，一对用于接收数据。传输中使用 4B/5B 编码方式，信号频率为 125 MHz。该类符合 EIA568 的 5 类布线标准和 IBM 的 SPT 1 类布线标准，使用与 10BASE-T 相同的 RJ-45 连接器。它的最大网段长度为 100 m，支持全双工的数据传输。

(2) 100BASE-FX。这是一种使用光缆的快速以太网技术，可使用单模和多模光纤(62.5 μm 和 125 μm)。多模光纤连接的最大距离为 550 m。单模光纤连接的最大距离为 3000 m。该类以太网传输中使用 4B/5B 编码方式，信号频率为 125 MHz。它使用 MIC/FDDI 连接器、ST 连接器或 SC 连接器。它的最大网段长度为 150 m、412 m、2000 m，甚至可达 10 km，这与所使用的光纤类型和工作模式有关，它支持全双工的数据传输，特别适合于有电气干扰、传输距离较大或高保密环境等情况下。

(3) 100BASE-T4。这是一种可使用 3、4、5 类非屏蔽双绞线或屏蔽双绞线的快速以太网技术。它使用 4 对双绞线，其中 3 对用于传送数据，1 对用于检测冲突信号。该类以太网在传输中使用 8B/6T 编码方式，信号频率为 25 MHz，符合 EIA568 结构化布线标准。它使用与 10BASE-T 相同的 RJ-45 连接器，最大网段长度为 100 m。

3. 千兆以太网

千兆以太网技术作为最新的高速以太网技术，给用户带来了提高核心网络的有效解决方案，这种解决方案的最大优点是继承了传统以太网技术价格便宜的优点。

千兆以太网技术仍然是以太网技术，它采用了与 10M 以太网相同的帧格式、帧结构、网络协议、全/半双工工作方式、流控模式以及布线系统。由于该技术不改变传统以太网的应用桌面、操作系统，因此可与 10 Mb/s 或 100 Mb/s 的以太网很好地配合工作。升级到千兆以太网不必改变网络应用程序、网管部件和网络操作系统，能够最大程度地投资保护，因此该技术的市场前景十分看好。

4.2.3　共享式以太网组网

以太网可分为共享式以太网和交换式以太网。共享式以太网的典型代表是使用 10Base2/10Base5 的总线型网络和以集线器为核心的星型网络。在使用集线器的以太网中，集线器将很多以太网设备集中到一台中心设备上，这些设备都连接到集线器中的同一物理总线结构中。从本质上讲，以集线器为核心的以太网同原先的总线型以太网无根本区别。

共享式以太网存在的弊端是：由于所有的节点都接在同一冲突域中，不管一个帧从哪里来或到哪里去，所有的节点都能接收到这个帧；随着节点的增加，大量的冲突将导致网络性能急剧下降；而且集线器同时只能传输一个数据帧，这意味着集线器所有端口都要共享同一带宽。

共享式以太网中比较常用的术语有以下几个：

1. 冲突/冲突域

1) 冲突与冲突域的概念

冲突(Collision)：在以太网中，当两个数据帧同时被发到物理传输介质上，并完全或部分重叠时，就发生了数据冲突。当冲突发生时，物理网段上的数据都不再有效。

冲突域(Collision domain)：连接在同一导线上所有节点的集合称为冲突域，即在同一个冲突域中，每一个节点都能收到所有被发送的帧。

2) 影响冲突产生的因素

冲突是影响以太网性能的重要因素。由于冲突的存在，使得传统的以太网在负载超过 40%时，效率将明显下降。产生冲突的原因有很多，如同一冲突域中节点的数量越多，产生冲突的可能性就越大。此外，诸如数据分组的长度(以太网的最大帧长度为 1518 字节)、网络的直径等因素也会影响冲突的产生。因此，当以太网的规模增大时，

就必须采取措施来控制冲突的扩散。通常的办法是使用网桥和交换机将网络分段，将一个大的冲突域划分为若干小冲突域。

2. 广播/广播域

1) 广播与广播域的概念

广播：在网络传输中，向所有连通的节点发送消息称为广播。

广播域：网络中能接收任何一个设备发出的广播帧的所有设备的集合称为广播域。

2) 广播和广播域的区别

广播网络指网络中所有的节点都可以收到传输的数据帧，不管该帧是否是发给这些节点；非目的节点的主机虽然可以收到该数据帧但不做处理。广播域是指由广播帧构成的数据流量，这些广播帧以广播地址(地址的每一位都为“1”)为目的地址，告之网络中所有的计算机接收此帧并处理它。

随着局域网设备数量的不断增加，用户访问网络也变得更加频繁。为了解决传统以太网的冲突域问题，以太网从共享介质方式发展到交换式以太网。

4.2.4　交换式以太网组网

用交换机连接的以太网叫交换式以太网。在交换式以太网中，交换机根据收到的数据帧中的 MAC 地址决定数据帧应发向交换机的哪个端口。因为端口间的帧传输彼此屏蔽，因此节点就不担心自己发送的帧在通过交换机时是否会与其他节点发送的帧产生冲突。

1. 交换式以太网的优点

为什么要用交换式网络替代共享式网络呢？原因有以下两方面：

(1) 减少冲突。交换机将冲突隔绝在每一个端口(每个端口都是一个冲突域)，避免了冲突的扩散。

(2) 提升带宽。接入交换机的每个节点都可以使用全部带宽，而不是各个节点共享带宽。

2. 交换机的工作原理

(1) 当交换机从某个端口收到一个数据帧时，它先读取帧头中的源 MAC 地址，以了解源 MAC 地址和端口的对应关系。然后查找 MAC 地址表，了解有没有源地址和端口的对应关系，如果没有，则将源地址和端口的对应关系记录到 MAC 地址表中；如果已经存在，则更新该表项。

(2) 再去读取帧头中的目的 MAC 地址，并在地址表中查找相应的端口。

(3) 如表中有与该目的 MAC 地址对应的端口，把数据帧直接复制到该端口上；如果目的 MAC 地址和源 MAC 地址对应同一个端口，则不转发。

(4) 如表中找不到相应的端口，则把数据帧广播到除接收端口外的所有端口上。当目的机器对源机器回应时，交换机可以记录这一目的 MAC 地址与哪个端口对应，在下次传送数据时就不再需要对所有端口进行广播了。

3. MAC地址的构建

下面通过举例来介绍MAC地址的构建。

使用PT6.0软件模拟交换式以太网，分析MAC地址表的构建过程。具体步骤如下：

(1) 启动Packet Tracer 6.0软件，单击“交换机”类型，拖动“2960”交换机到工作区域。

(2) 在右侧工具栏单击“放大镜”，单击“2950-24”交换机，选择“MAC Table”，如图4-30所示。

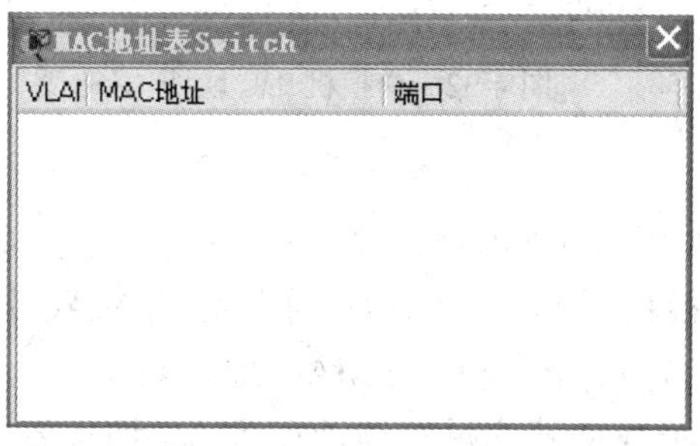

图4-30　交换机初始MAC地址表

提示：在网络初始化时，交换机的MAC地址表是空的。

(3) 单击“终端设备”类型，拖动选择“Generic”主机(4台)到工作区域。

(4) 单击“Connections”类型，然后单击选择“Copper Straight-Through”直通线，单击PC0选择“FastEthernet”端口，将连线指向Swtich交换机；单击选择“FastEthernet0/1”端口，照此方法实现PC1、PC2和PC3到Swtich交换机的连接，如图4-31所示。

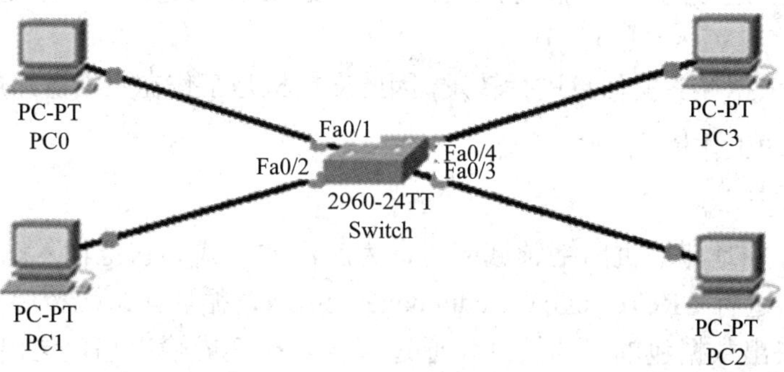

图4-31　交换机原理拓扑图

(5) 单击PC0选择“桌面”选项卡，再单击“IP 配置”，设置IP地址为“192.168.1.1”，子网掩码为“255.255.255.0”。按此方法，将PC1、PC2和PC3的IP地址分别设置为“192.168.1.2”、“192.168.1.3”和“192.168.1.4”，子网掩码同为“255.255.255.0”。

(6) 四台PC机之间互相发送ping命令。

(7) 查看“MAC Table”地址表，也可以进入交换机显示MAC地址表。单击“2960”交换机，选择“命令行”选项卡，进入交换机命令行模式，然后输入命令Switch#show mac-address-table，显示MAC地址表，如图4-32所示。

```
Switch#show mac-address-table
          Mac Address Table
-------------------------------------------

Vlan    Mac Address       Type        Ports
----    -----------       --------    -----

   1    0002.1783.a848    DYNAMIC     Fa0/1
   1    0060.5c91.b790    DYNAMIC     Fa0/2
   1    00e0.f983.089c    DYNAMIC     Fa0/4
   1    00e0.f9c3.6e9b    DYNAMIC     Fa0/3
```

图 4-32　交换机 MAC 地址

4. 交换机的功能

交换机有三个主要功能，如下所述：

(1) 学习。以太网交换机了解每一端口相连设备的 MAC 地址，并可将地址同相应的端口映射起来，存放在交换机缓存中的 MAC 地址表中。

(2) 转发/过滤。当一个数据帧的目的地址在 MAC 地址表中有映射时，它会被转发到连接目的节点的端口，而不是所有端口。如该数据帧为广播/组播帧，则转发至所有端口。

(3) 消除回路。当交换机包括一个冗余回路时，以太网交换机通过生成树协议避免回路的产生，同时允许存在后备路径。

5. 交换机的工作特性

(1) 交换机每一个端口所连接的网段都是一个独立的冲突域。

(2) 交换机所连接的设备仍然在同一个广播域内。也就是说，交换机不隔绝广播(唯一的例外是在配有 VLAN 的环境中)。

(3) 交换机依据帧头的信息进行转发，因此交换机是工作在数据链路层的网络设备。

6. 交换机的工作模式

1) *存储转发方式*

存储转发方式是计算机网络领域应用最为广泛的方式。它把输入端口的数据包先存储起来，然后进行 CRC(Cyclical Redundaney check，循环冗余码校验)检查，在对错误包处理后才取出数据包的目的地址，通过查找表转换成输出端口送出包。采用这种方式，所有的正常帧都可以通过，而残帧和超常帧都被交换机隔离。正因如此，存储转发方式在数据处理时延时大，这是它的不足，但是它可以对进入交换机的数据包进行错误检测，有效地改善网络性能。尤其重要的是它可以支持不同速度的端口间的转换，保持高速端口与低速端口间的协同工作。

2) *直通交换方式*

采用直通交换方式的以太网交换机可以理解为在各端口间是纵横交叉的线路矩阵电话交换机。它在输入端口检测到一个数据包时，先检查该包的包头，获取包的目的地址；通过查询内部 MAC 地址表，找到相应的输出端口，在输入与输出交叉处接通，把数据包直通到相应的端口，实现交换功能。由于它只检查数据包的包头(通常只检查14个字节)，不需要存储，所以切入方式具有延迟小、交换速度快的优点(所谓延迟(Latency，也称时延)，是指数据包进入一个网络设备到离开该设备所花的时间)。

3) 碎片隔离方式

这是介于直通式和存储转发式之间的一种工作模式。它在转发前先检查数据包的长度是否够64个字节(512 bit)，如果小于64字节，说明是假包(或称残帧)，则丢弃该包；如果大于64字节，则发送该包。该方式的数据处理速度比存储转发方式快，但比直通式慢。由于该方式能够避免残帧的转发，所以被广泛应用于低档交换机中。

以交换机为网络中心的网络称为交换式网络。所连网络端口带宽独享，有效地隔离了冲突，但所有端口仍然属于同一个广播域，易产生广播风暴。所以交换机连接的网络有一个广播域和多个冲突域，如图4-33所示。

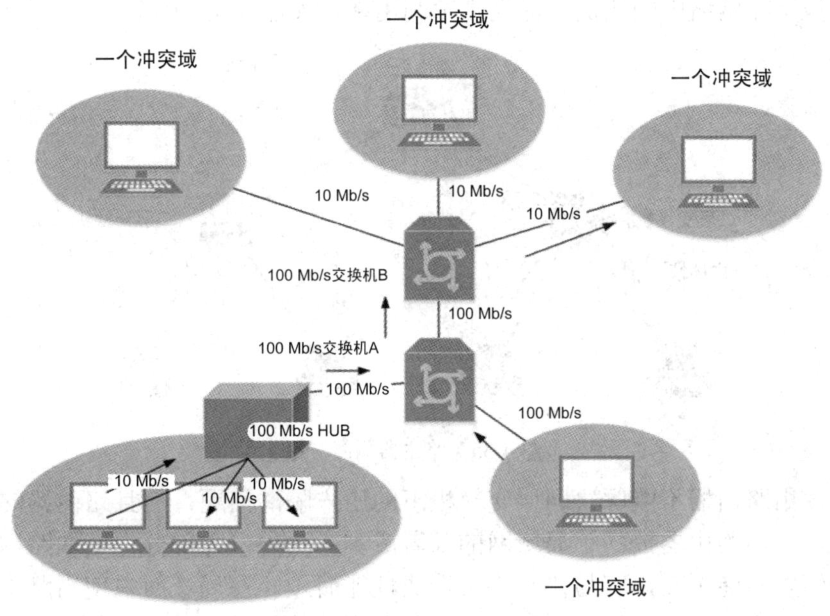

图4-33　广播域和多个冲突域

任务4.3　掌握虚拟局域网

4.3.1　VLAN的基本概念与主要功能

1. VLAN的基本概念

传统局域网处于同一个网段，是一个大的广播域，广播帧占用了大量的带宽。当网络内的计算机数量增加时，广播流量也随之增大。广播流量大到一定程度时，网络效率会急剧下降，如图4-34所示。

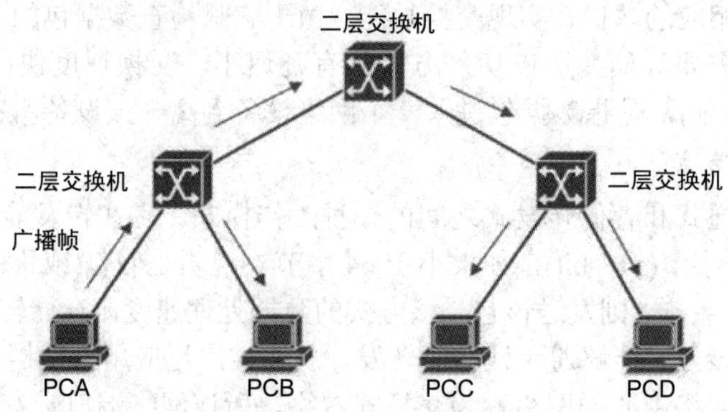

图 4-34　二层交换机无法隔离广播

为了降低广播报文的影响，可以使用路由器来减小以太网上广播域的范围，从而降低广播报文在网络中的比例，提高带宽利用率，如图 4-35 所示。

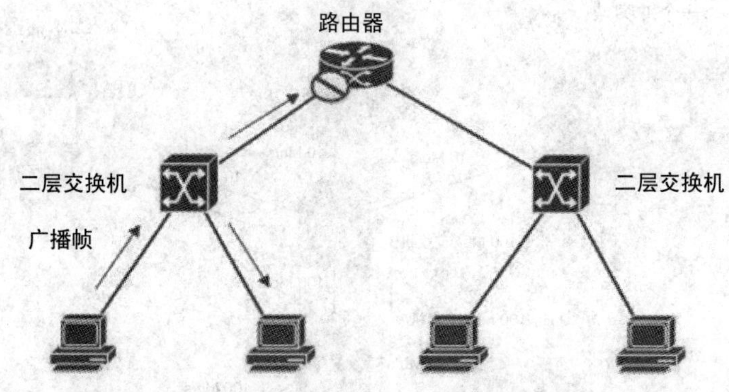

图 4-35　路由器隔离广播

但是使用路由器不能解决同一交换机下的用户隔离问题，而且路由器的价格比交换机要高，使用路由器提高了局域网的部署成本。另外，大部分中低端路由器使用软件转发，转发性能不高，容易在网络中造成性能瓶颈。在局域网中使用路由器来隔离广播是一个高成本、低性能的方案，我们采用给网络分段的方法来提高广播网络效率。网络分段后，不同网段之间的通信优势是一个需要解决的问题，原先属于同一个网段的用户要调整到另一个网段时，需要将计算机搬离原先的网段，接入新的网段，这又出现了重新布线的问题。目前主流的技术是采用 VLAN 隔离广播域。VLAN(Virtual Local Area Network，虚拟局域网)是指逻辑上将不同位置的计算机或设备划分在同一个网络当中，网络中的设备、计算机之间的通信连接如同在同一个物理分区中一样。VLAN 技术的协议标准是 802.1Q。

2. VLAN 的主要功能

如图 4-36 所示。VLAN 的作用主要有：

(1) 提高了网络通信效率。由于缩小了广播域，一个 VLAN 内的单播、广播不会进入另一个 VLAN，减小了整个网络的流量。

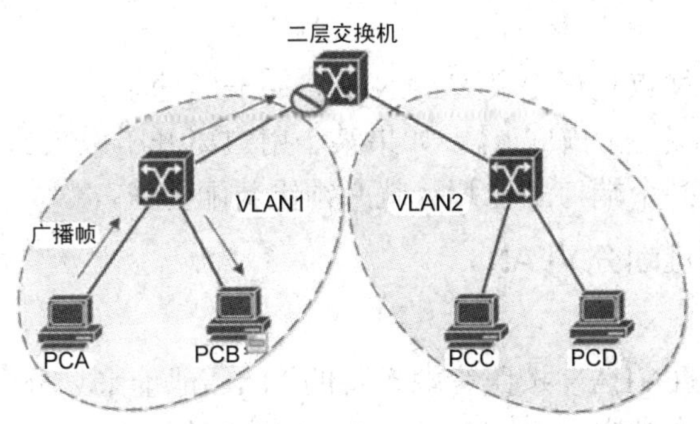

图 4-36　VLAN 隔离广播

(2) 方便了维护和管理。VLAN 是逻辑划分的，不受物理位置的限制，给网络管理带来了方便。

(3) 提高了网络的安全性。不同 VLAN 不能直接通信，杜绝了广播信息的不安全性。要求高安全性的部门可以单独使用一个 VLAN，可有效防止外界的访问。

4.3.2　VLAN 的划分方法

VLAN 的实现方式有多种，比较常见的方式有基于端口、基于 MAC 地址、基于网络层协议和基于子网四种。

1. 基于端口划分 VLAN

基于端口的 VLAN 是划分网络最简单、最有效和最常用的方法。它将交换机端口在逻辑上划分为不同的分组，从而将端口连接的终端设备，由此划分到不同的 VLAN 中，如图 4-37 所示。

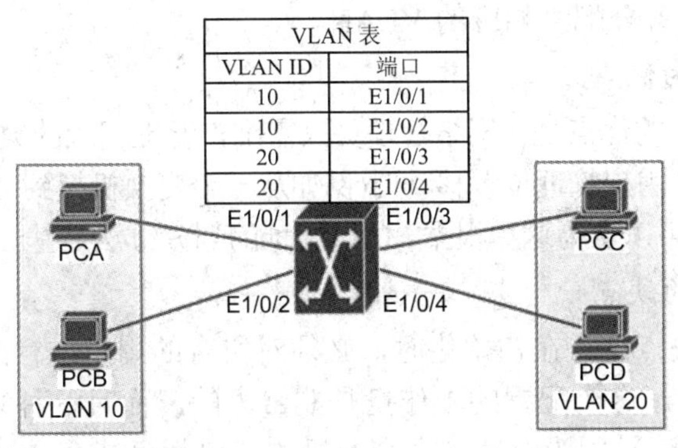
VLAN 表

VLAN ID	端口
10	E1/0/1
10	E1/0/2
20	E1/0/3
20	E1/0/4

图 4-37　基于端口的 VLAN

使用该方法划分网络时，一旦交换机的端口配置完成，端口属于哪个 VLAN 就固定不变了，不用考虑其所连接的终端设备的类型，因此使用该方法创建的 VLAN 也称为静态 VLAN。当交换机的一个端口被指派给某个 VLAN 之后，在没有第三层设备(路由器或者三层交换机)的干涉下，它将不能对另一个 VLAN 中的端口或者设备进行数据的发送或者接收另一个 VLAN 中的信息。在静态 VLAN 中，每个端口只负责传输自己

所属 VLAN 的数据。

这种划分方法的优点是：定义 VLAN 成员时非常简单，只需要将相应的端口划分给所属的 VLAN 即可。它的缺点是：如果某个用户离开了原来的交换机端口，连接到了一个新的交换机的某个端口上，那么就必须重新配置。

2. 基于 MAC 地址划分 VLAN

1) 网络划分

基于 MAC 地址的 VLAN 按照终端设备的 MAC 地址来划分网络，即将不同 MAC 地址的终端设备划分到指定的 VLAN 中。基于 MAC 地址的 VLAN 也称为动态 VLAN，如图 4-38 所示。

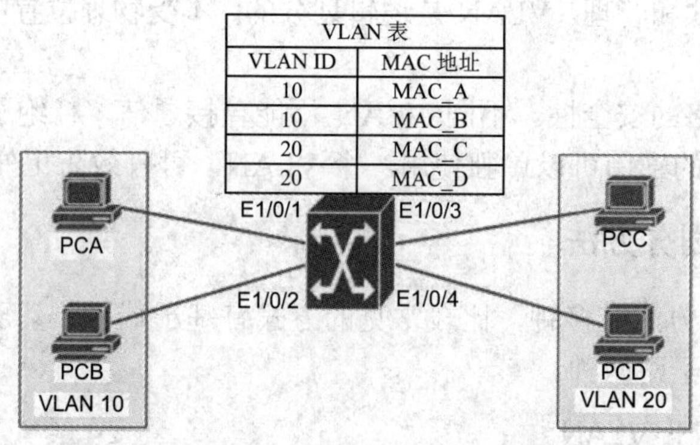

图 4-38　基于 MAC 地址的 VLAN

在这种实现方式中，必须先建立一个较复杂的数据库，数据库中包含要连接的网络设备的 MAC 地址及相应的 VLAN 号。这样当网络设备接到交换机端口时，交换机会自动把这个网络设备分配给相应的 VLAN。

2) 动态 VLAN 的优点

动态 VLAN 最大的优点是：网络管理员只需维护管理相应的数据库，而不用关心用户使用哪一个端口。当用户物理位置移动时(例如从一个交换机换到另一个交换机)，VLAN 不用重新配置，所以可以认为这种根据 MAC 地址的划分方法是基于用户的 VLAN。

3) 动态 VLAN 的缺点

动态 VLAN 的缺点是：在初始化时，必须对所有的用户进行配置，如果有几百个甚至上千个用户的话，这个配置的工作量是非常大的。而且这种划分的方法也导致了交换机执行效率的降低，因为在每一个交换机的端口都可能存在很多个 VLAN 组的成员，这样就无法限制广播包。另外，对于使用笔记本电脑的用户来说，他们的网卡可能经常更换，这样，VLAN 就必须不停地进行配置。

3. 基于网络层协议划分 VLAN

基于网络层协议划分的 VLAN 也是动态 VLAN。它根据终端设备的网络层地址或者上层运行的协议来划分网络，可划分为 IP、IPX、DECnet、AppleTalk、Banyan 等 VLAN 网络。在该方式下，交换机虽然会查看每个数据包的 IP 地址或协议，并根据 IP

地址或协议决定该数据包属于哪个 VLAN，然后进行转发，但并不进行路由，只进行二层转发，如图 4-39 所示。基于网络层的 VLAN 会耗费交换机的资源和时间，导致网络的通信速度下降。

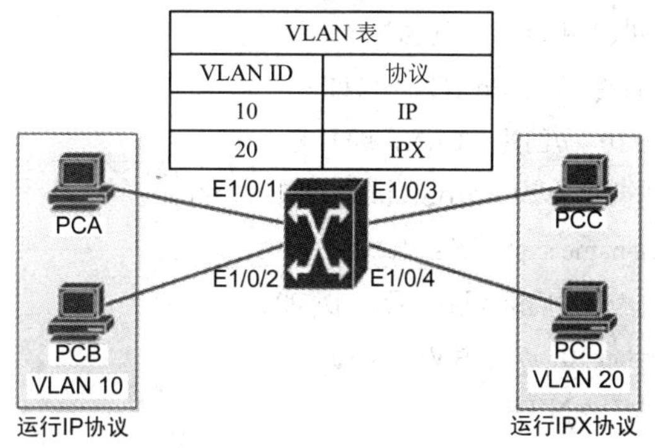

VLAN 表	
VLAN ID	协议
10	IP
20	IPX

图 4-39　基于协议的 VLAN

4. 基于子网的 VLAN

基于子网划分的 VLAN 也是动态 VLAN。例如，192.168.3.0/24 内的主机可以属于一个 VLAN，192.168.4.0/24 内的主机可以属于另一个 VLAN，如图 4-40 所示。

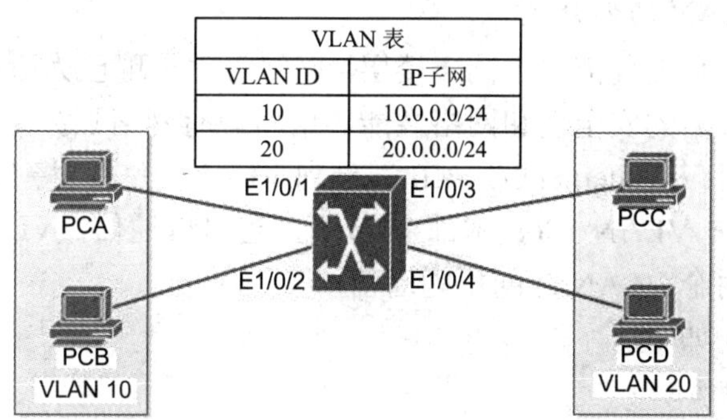

VLAN 表	
VLAN ID	IP子网
10	10.0.0.0/24
20	20.0.0.0/24

图 4-40　基于子网的 VLAN

4.3.3　单交换机划分 VLAN 的步骤

网络技术中最常用的是基于端口的 VLAN 划分，本小节重点介绍此类型。在实际应用中，只在一台交换机上实现 VLAN 是远远不够的，通常需要跨越多台交换机划分 VLAN。当属于同一 VLAN 的成员分布在不同交换机的端口上时，需要进行一定的配置才能实现彼此间的通信。IEEE 组织于 1999 年颁布了 IEEE 802.1Q 协议草案，定义了跨交换机实现 VLAN 内部成员间的通信方法：让交换机之间的互联链路汇集到一条链路上，该链路允许各个 VLAN 的数据通过。IEEE 802.1Q 协议标准的核心是在交换机上定义了两种类型的端口——Access 访问端口和 Trunk 干道端口。Access 端口一般用于接入计算机等终端设备，只属于一个 VLAN；Trunk 干道端口一般用于交换机之间的连接，属于多个 VLAN，可以传输所有 VLAN 之间的数据，实现跨交换机上同一

VLAN 成员间的通信。

1. Access 端口

1) Access 端口配置

(1) 在全局模式下创建和删除 VLAN。

① 创建 VLAN 的命令为 vlan ID，例如：

```
Switch(config)#vlan 10   //创建 VLAN，编号为 10
```

② 给 VLAN 命名的命令为 name vlan-name，例如：

```
Switch(config-vlan)#name sxpi   //给 VLAN 的命名为 sxpi
```

③ 删除 VLAN 的命令为 no vlan ID，例如：

```
Switch(config)#no vlan 10   //删除 VLAN 10
```

(2) 将接口加入到 VLAN 中。

配置 access 接口的命令为 switchport mode access，把指定接口加入到 VLAN 中的命令为 switchport access vlan ID。例如：把接口 fastEthernet 0/1 加入到 VLAN 10 的命令为：

```
Switch(config)#interface fastEthernet 0/1
Switch(config-if)#switchport mode access
Switch(config-if)#switchport access vlan 10
```

2) 单交换机 VLAN 的划分

某企业的技术部和工程部位于同一楼层，网络管理员现已为所有设备分配好 IP 地址，为了提高部门数据的安全性和网络性能，请将现有网络划分为两个 VLAN。

分析：将交换机 fastEthernet 0/1～10 划分到 VLAN 10 中，将 fastEthernet 0/11～20 划分到 VLAN 20 中。VLAN 10(技术部)内部用户也可以通信，VLAN 20(工程部)内部用户也可以通信，两个 VLAN 之间不能通信。

VLAN 配置语句如下所示：

```
Switch(config)#vlan 10
Switch(config-vlan)#name jishu
Switch(config)#vlan 20
Switch(config-vlan)#name gongcheng
Switch(config)# interface range fastEthernet 0/1 - 10 //指定一组端口
Switch(config-if-range)#switchport mode access
Switch(config-if-range)#switchport access vlan 10
Switch(config)# interface range fastEthernet 0/11 - 20 //指定一组端口
Switch(config-if-range)#switchport mode access
Switch(config-if-range)#switchport access vlan 20
```

2. Trunk 端口

Trunk 端口配置方法如下：

(1) 配置 Trunk 接口的命令为 switchport mode trunk。

(2) 在Trunk端口上封装VLAN协议的命令为switchport trunk encapsulation dot1q |ISL。

(3) 在Trunk接口模式下只允许某个VLAN通过的命令为Switchport trunk allowed vlan vlan-list。

(4) vlan-list是指允许通过的VLAN号，多个VLAN号之间用“,”分割。如果设置允许所有的VLAN通过，vlan-list为all。

4.3.4 任务挑战——交换机的VLAN划分

1. 任务目的

理解VLAN的原理及特点，掌握VLAN的基本配置方法。

2. 任务环境

(1) Cisco 2960交换机2台；

(2) console线1根；

(3) 交叉线1根，直通线4根。

3. 任务内容

(1) 交换机access端口配置；

(2) 交换机trunk端口配置；

(3) 实验拓扑，如图4-41所示。

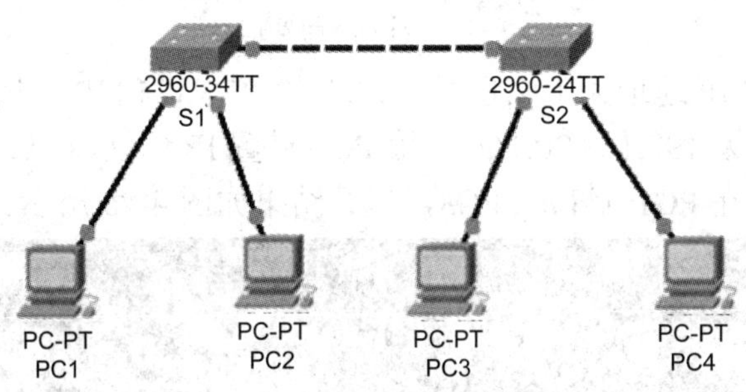

图4-41　VLAN划分拓扑

S1的F0/24口和S2的F0/24口用交叉线相连，PC1和PC2分别用直通线连接S1的F0/1口和F0/2口，PC3和PC4分别用直通线连接S2的F0/1口和F0/2口。

4. 任务步骤

(1) 分别在S1和S2(配置略)交换机上创建VLAN 10(别名为sxpi10)和VLAN 20(别名为sxpi20)，命令如下：

```
S1(config)#vlan 10
S1(config-vlan)#name sxpi10
S1(config-vlan)#vlan 20
S1(config-vlan)#name sxpi20
```

(2) 设置S1和S2(配置略)交换机的f0/1口为Access类型，并加入到VLAN 10；

设置 S1 和 S2(配置略)交换机的 f0/2 口为 Access 类型，并加入到 VLAN 20，命令如下：

```
S1(config)#interface fastEthernet 0/1
S1(config-if)#switchport mode access
S1(config-if)#switchport access vlan 10
S1(config)# interface fastEthernet 0/2
S1(config-if)#switchport mode access
S1(config-if)#switchport access vlan 20
```

(3) 分别在 S1 和 S2(配置略)上查看 VLAN 信息，如图 4-42 所示。

```
S1#show vlan brief

VLAN Name                             Status    Ports
---- -------------------------------- --------- -------------------------------
1    default                          active    Fa0/3, Fa0/4, Fa0/5, Fa0/6
                                                Fa0/7, Fa0/8, Fa0/9, Fa0/10
                                                Fa0/11, Fa0/12, Fa0/13, Fa0/14
                                                Fa0/15, Fa0/16, Fa0/17, Fa0/18
                                                Fa0/19, Fa0/20, Fa0/21, Fa0/22
                                                Fa0/23, Fa0/24, Gig1/1, Gig1/2
10   sxpi10                           active    Fa0/1
20   sxpi20                           active    Fa0/2
1002 fddi-default                     active
1003 token-ring-default               active
1004 fddinet-default                  active
1005 trnet-default                    active
```

图 4-42　VLAN 简要信息

(4) 给 PC1 设置 IP 地址为 192.168.10.1/24，给 PC3 设置 IP 地址为 192.168.10.2/24，给 PC2 设置 IP 地址为 192.168.20.1/24，给 PC4 设置 IP 地址为 192.168.20.2/24。

(5) 进行测试。在 PC1 上 Ping PC3，执行结果如图 4-43 所示。

```
Pinging 192.168.10.2 with 32 bytes of data:

Request timed out.
Request timed out.
Request timed out.
Request timed out.

Ping statistics for 192.168.10.2:
    Packets: Sent = 4, Received = 0, Lost = 4 (100% loss)
```

图 4-43　连通测试

从执行结果可知，PC1 和 PC3 不通(PC2 和 PC4 也不通)，因为连接 S1 和 S2 的 f0/24 配置为 Trunk 端口。

(6) 分别在 S1 和 S2(配置略)交换机上配置 f0/24 为 Trunk 类型，封装 802.1q 协议并允许所有 VLAN 通过，命令如下：

```
S1(config)#interface fastEthernet 0/24
S1(config-if)#switchport mode trunk
S1(config-if)# switchport trunk encapsolation dotlq
S1(config-if)#switchport trunk allowed vlan all
```

(7) 在 S1 上执行命令 show interfaces fastEthernet 0/24 switchport，如图 4-44 所示。

```
S1#show interfaces fastEthernet 0/24 switchport
Name: Fa0/24
Switchport: Enabled
Administrative Mode: trunk
Operational Mode: trunk
Administrative Trunking Encapsulation: dot1q
Operational Trunking Encapsulation: dot1q
Negotiation of Trunking: On
Access Mode VLAN: 1 (default)
Trunking Native Mode VLAN: 1 (default)
```

图 4-44　端口信息查看

通过执行结果可知，f0/24 口被封装为 Trunk 模式，封装协议为 dot1q(802.1q)。

(8) 进行测试。在 PC1 上 Ping PC3，执行结果如图 4-45 所示。

```
PC>ping 192.168.10.2

Pinging 192.168.10.2 with 32 bytes of data:

Reply from 192.168.10.2: bytes=32 time=94ms TTL=128
Reply from 192.168.10.2: bytes=32 time=93ms TTL=128
Reply from 192.168.10.2: bytes=32 time=94ms TTL=128
Reply from 192.168.10.2: bytes=32 time=94ms TTL=128

Ping statistics for 192.168.10.2:
    Packets: Sent = 4, Received = 4, Lost = 0 (0% loss),
Approximate round trip times in milli-seconds:
    Minimum = 93ms, Maximum = 94ms, Average = 93ms
```

图 4-45　连通测试

任务 4.4　理解无线局域网

无线通信是利用电磁波信号可以在自由空间中传播的特性，进行信息交换的一种通信方式，是近年来信息通信领域中发展最快、应用最广的一种通信技术，已深入到人们生活的各个方面。

4.4.1　无线技术概述

无线网络是指将地理位置上分散的计算机通过无线技术连接起来，并实现数据通信和资源共享的网络。常见的无线技术有无线局域网技术、红外线技术、微波通信技术和蓝牙技术。

1. 无线局域网技术

WLAN(Wireless Local Area Network，无线局域网)是指以无线信道作传输媒介的计算机局域网络，是计算机网络与无线通信技术相结合的产物。它以无线多址信道作为传输媒介，提供传统有线局域网的功能，能够使用户真正实现随时、随地、随意的宽带网络接入。应用无线通信技术将计算机设备或者其他终端互联起来，构成可以互相

通信和实现资源共享的网络体系。

2. 红外通信技术

红外通信技术不需要实体连线，简单易用且实现成本较低，因而广泛应用于小型移动设备互换数据和电器设备的控制中，例如笔记本电脑、个人数码助理、移动电话之间或与电脑之间进行数据交换(个人网)，以及电视机、空调的遥控器等。红外通信技术受外界干扰大，适于近距离通信。

3. 微波通信技术

微波扩频通信技术覆盖范围大，具有较强的抗干扰、抗噪声和抗衰减能力，隐蔽性、保密性强，不干扰同频系统，具有较强的实用性。无线局域网主要采用微波扩频通信技术。扩频技术即扩展频谱技术，简称 SS(Spread Spectrum)技术。它通过对传送数据进行特殊编码，使其扩展为频带很宽的信号，其带宽远大于传输信号所需的带宽(约数千倍)，并将待传信号与扩频编码信号一起调制载波。

4. 蓝牙技术

蓝牙技术是一种支持设备短距离通信(一般 10 m 内)的无线电技术，能在包括移动电话、PDA、无线耳机、笔记本电脑等之间进行无线信息交换。利用蓝牙技术，能够有效地简化移动通信终端设备之间的通信，也能够简化设备与因特网之间的通信，从而数据传输变得更加迅速高效。

4.4.2 WLAN 技术概述

无线技术中使用最普遍的是无线局域网技术。WLAN 使用的协议标准是 IEEE 802.11 系列标准，它定义了 WLAN 所使用的无线频段及调制方式。

1. 802.11b 标准

1999年9月，IEEE 802.11b标准被正式批准。该标准规定WLAN工作频段为2.4 GHz～2.4835 GHz，数据传输速率为 11 Mb/s，使用范围在室外最长为 300 m，在办公环境中最长为 100 m。如今，IEEE 802.11b 已被大多数厂商所采用，所推出的产品广泛应用于办公室、家庭、宾馆、车站等众多场合，但是由于许多 WLAN 新标准的出现，IEEE 802.11a/g/n 更受业界关注。

2. 802.11a 标准

1999 年，IEEE 802.11a 标准制定完成。该标准规定 WLAN 工作频段为 5.15 GHz～5.825 GHz，数据传输速率为 54 Mb/s，传输距离控制在 10 m～100 m。IEEE 802.11a 标准是 IEEE 802.11b 的后续标准，其设计初衷是取代 802.11b 标准。然而，在 2.4 GHz 频带工作是不需要执照的，该频段属于工业、教育、医疗等专用频段，是公开的；在 5.15 GHz～5.825 GHz 频带工作则需要执照，因此一些公司更加看好最新混合标准——802.11g。

3. 802.11g 标准

2003 年 6 月，IEEE 推出 IEEE 802.11g 认证标准。该标准提出拥有 IEEE 802.11a

的传输速率，安全性较 IEEE 802.11b 好，采用两种调制方式，含 802.11a 中采用的 OFDM(Orthogonal Frequency Division Multiplexing，正交频分复用技术)与 IEEE 802.11b 中采用的 CCK(Complementary Code Keying，补码键控)，可与 802.11a 和 802.11b 兼容。虽然 802.11a 较适合用于企业，但 WLAN 运营商为了兼顾 802.11b 设备投资，选用 802.11g 的可能性比较大。

4. 802.11n 标准

IEEE 802.11n 标准于 2009 年 9 月正式批准。该标准传输速率理论值为 300 Mb/s，甚至高达 600 Mb/s，比 802.11b 快 50 倍，比 802.11g 快 10 倍左右，比 802.11b 传送距离更远。将 MIMO(Multiple input Multiple output，多入多出)与 OFDM 技术相结合的 MIMO OFDM 技术，提高了无线传输质量，也使传输速率得到极大提升。802.11n 可工作在 2.4 GHz 和 5 GHz 两个频段。

4.4.3　WLAN 基本结构

1. WLAN 的组成

WLAN 由以下四个组件组成：

1) Station

Station 意为工作站，是支持 802.11 的终端设备，比如安装无线网卡的 PC、支持 WLAN 的手机、支持 WLAN 的 PDA 等，都属于 Station 范畴，简称 STA。

2) Access Point

Access Point(AP，接入点)可为 STA 提供基于 802.11 的无线接入服务，同时将无线的 802.11 mac 帧格式转换为有线网络的帧，相当于有线网络的无线延伸。

3) Wireless Medium

IEEE 802.11 负责在站点使用的无线媒介(Wireless Medium，WM)上进行寻址。

4) Distribution System

Distribution System(分布式系统，DS)即将各个接入点连接起来的骨干网络，通常是以太网。

2. WLAN 基本结构

WLAN 基本结构分为三类，分别是自组网拓扑(AdHoc)、基础结构拓扑(Infrastructure)、中继(Relay)或桥接(Bridging)型网络拓扑。

1) AdHoc

AdHoc 构成特殊无线网络模式，STA 间直接互相连接，资源共享，而无需通过 AP，如图 4-46 所示。网络中所有结点的地位平等，无需设置任何的中心控制结点。

2) Infrastructure

如图 4-47 所示，无线客户端通过 AP 接入网络，任意站点之间的通信需 AP 转接。AP 扮演中继器的角色，扩展独立无线局域网的工作范围。访问外部以及 STA 之间交

互的数据均由 AP 负责转发。

图 4-46　无中心网络结构　　　图 4-47　有中心网络结构

3) Bridge

如图 4-48 所示，无线桥接也就是 WDS(Wireless Distribution System，无线分布式系统)，以无线网络相互连接的方式构成一个整体无线网络。WDS 以无线网络为中继架构来传送有线网络的资料，将网络资料传送给另外一个无线网络环境或者另外一个有线网络。

图 4-48　无线桥接网络

桥模式分为点对点、点对多点、中继三种。典型的为点对多点桥模式，它将周围多个分散的网络连在一起。

3. WLAN 主要设备

1) 无线网卡

无线网卡的作用和以太网中的网卡的作用基本相同。它作为无线局域网的接口，能够实现无线局域网中各客户机间的连接与通信。

2) 无线 AP

AP 是 Access Point 的简称，无线 AP 就是无线局域网的接入点、无线网关，它的作用类似于有线网络中的集线器。它是有线局域网络与无线局域网络的桥梁，用于 IEEE 802.11 系列无线网络设备组网或接入有线局域网。

3) 无线天线

当无线网络中各网络设备相距较远时，随着信号的减弱，传输速率会明显下降，导致无法实现无线网络的正常通信。此时就要借助于无线天线对所接收或发送的信号进行增强。

传统无线局域网采用胖 AP 的网络架构，各个 AP 独立工作。采用这种架构时，一方面需要对网络中每个 AP 进行独立的配置与管理，增加了无线网络管理的复杂度与运维工作量；另一方面由于 AP 间难以进行有效的协作，导致 AP 间的射频干扰、无线用户漫游等问题难以得到有效解决。针对这些问题，由 AC(Access Control)与瘦 AP 组成的集中管理型无线网络架构(也称为瘦 AP 网络架构)应运而生。在这种架构中，AP 通过 CAPWAP(Control And Provisioning of wireless Access Point，无线接入点控制和配置协议)隧道与 AC 建立连接，由 AC 对 AP 进行集中管理控制。

4.4.4　任务挑战——小型无线局域网的组建

1．有中心结构无线局域网的组建

1) 任务目的

组建有中心结构(Infrastructure)的无线局域网时，需要无线接入点提供接入服务，所有终端关联到无线接入点上，访问外部以及终端之间交互的数据均由无线接入点负责转发。

2) 任务环境

Windows 10 操作系统，Cisco Packet Tracer 软件。

3) 任务步骤

(1) 实验拓扑。打开 PT 6.0 软件，选择 Cisco1841 路由器一台，Cisco WRT300N 一台，终端设备三台，按图 4-49 所示进行连接。

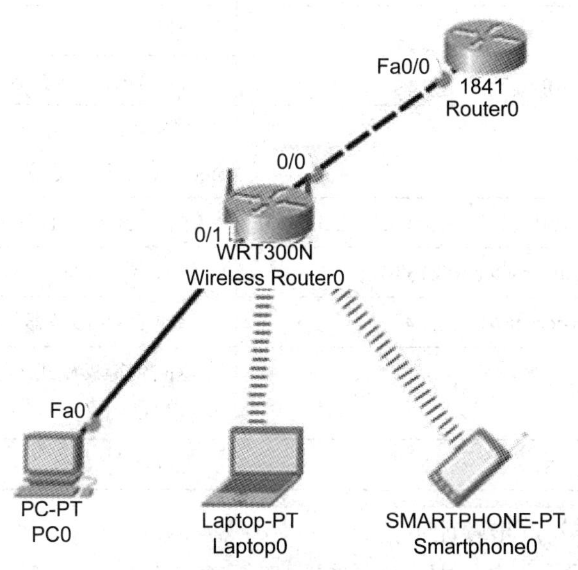

图 4-49　有中心结构网络拓扑

(2) 根据表 4-3 中的表项，配置相应设备的 IP 地址。

表 4-3　IP 地址规划表

设备名	端口	IP 地址
Router0	Fa0/0	192.168.10.1/24
Wireless Router0	Fa0/0(外网)	DHCP(自动获取 IP 地址，默认开启)
Wireless Router0	Fa0/1(内网)	192.168.0.1/24
PC0	Fa0	DHCP
Laptop0	无线网卡	DHCP
Smartphone0	无线网卡	DHCP

(3) Router0 配置。打开 Router0 CLI 选项卡会出现如下提示：

Continue with configuration dialog? [yes/no]:

输入 no 然后按下回车键，会出现 Router>。命令行配置如表 4-4 所示。

表 4-4　配 置 详 解

命　令	说　明
Router>enable	进入特权模式(简写：ena)
Router#configure terminal	进入全局模式(简写：conf t)
Router(config)#no ip domain-lo	关闭域名解析(可忽略此步骤)
Router(config)#interface fastEthernet 0/0	进入 Fa0/0 接口(简写 int fa 0/0)
Router(config-if)#ip address 192.168.10.1 255.255.255.0	配置 IP 地址
Router(config-if)#no shutdown	激活端口
Router(config-if)#exit	返回上一级
Router(config)#service dhcp	开启 DHCP 服务器
Router(config)#ip dhcp pool wifi	配置名称为 wifi 的 DHCP 地址池，ip dhcp pool xx(xx 可自定义)
Router(dhcp-config)#network 192.168.10.0 255.255.255.0	激活 Fa0/0 口 DHCP 服务
Router(dhcp-config)#default-router 192.168.10.1	配置网关地址
Router(dhcp-config)#dns-server 61.134.1.4	指定 DNS 服务器
Router(dhcp-config)#end	返回到特权模式(任意模式下输入都可返回到特权模式)
Router#write	保存配置

(4) 配置无线接入点步骤如下：

① 如图 4-50 所示，在终端上命令提示符下输入 ipconfig，查看网关和 IP 地址。

② 如图 4-51 所示，打开浏览器地址行，输入 192.168.0.1，然后进入 Web 界面配置。默认用户密码为 admin。

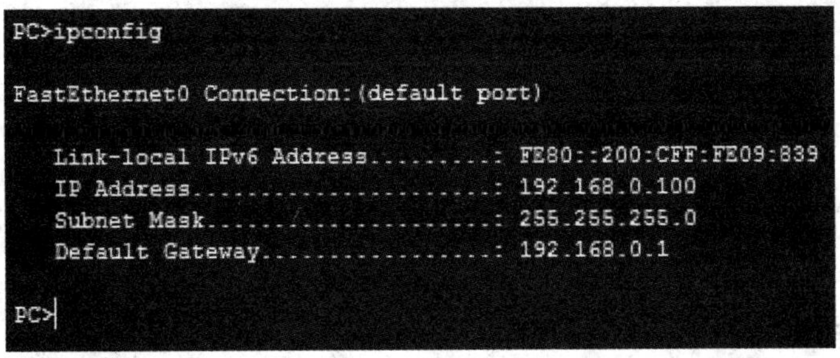

```
PC>ipconfig

FastEthernet0 Connection:(default port)

   Link-local IPv6 Address.........: FE80::200:CFF:FE09:839
   IP Address......................: 192.168.0.100
   Subnet Mask.....................: 255.255.255.0
   Default Gateway.................: 192.168.0.1

PC>
```

图 4-50　查看 IP 地址

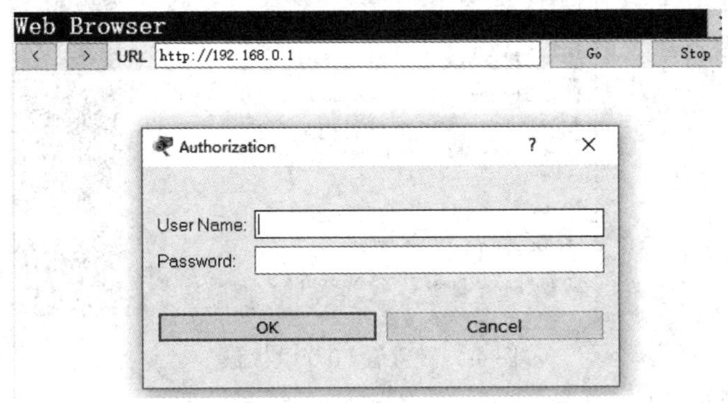

图 4-51　登录 Web 调试页面

③ 如图 4-52 所示，在 Setup 选项卡中查看 DHCP 服务设置和状态。

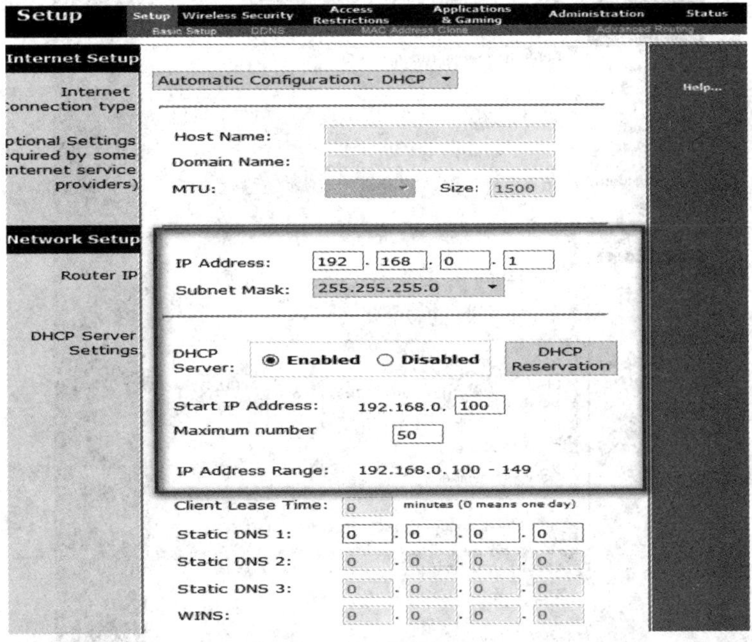

图 4-52　查看 DHCP 状态

④ 在选项卡 Status(状态)页面上通过 Router0 路由器 DHCP 获得 IP 地址，如图 4-53 所示。

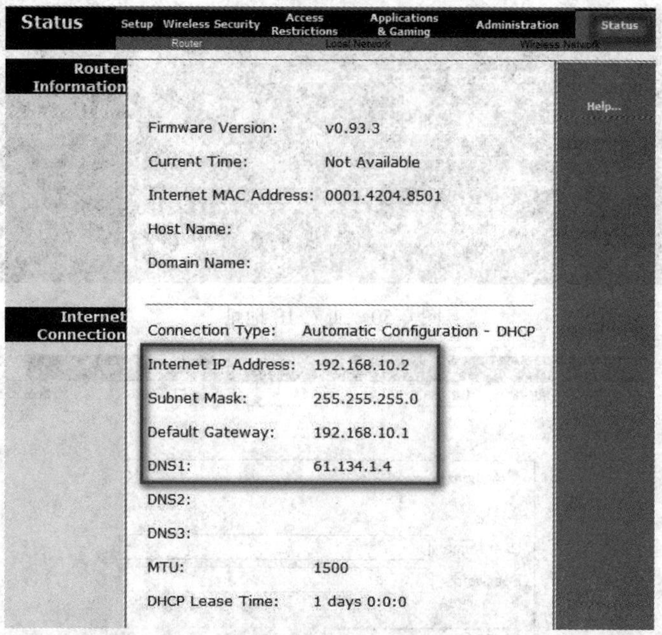

图 4-53　查看 F0/0 口状态

⑤ 在 Setup 选项卡中开启 DHCP 服务，设置相应的 IP 地址，无线接入点 DHCP 默认开启，如图 4-54 所示。

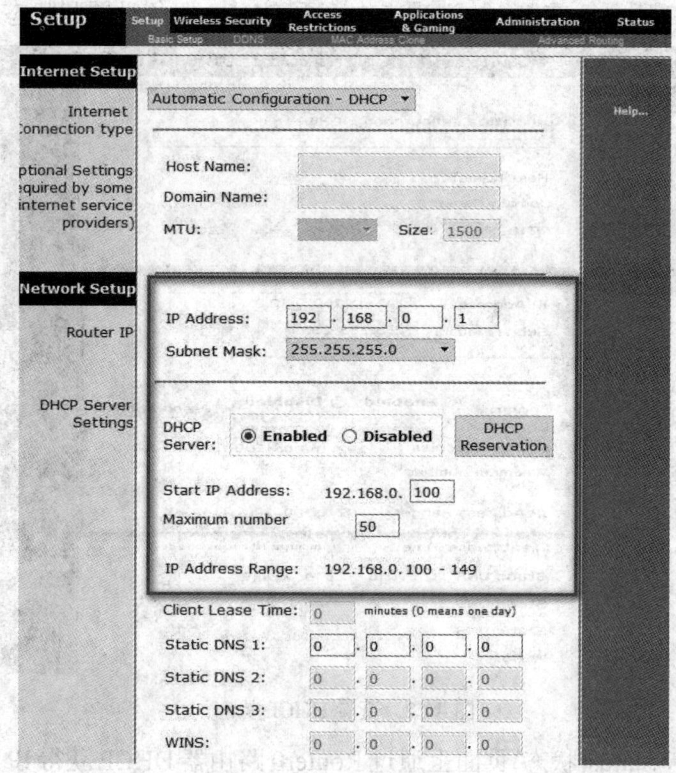

图 4-54　配置 DHCP 服务

⑥ 在 Wireless→Basic Wireless Setting 选项卡中将 SSID 设置为 cisco，如图 4-55 所示。

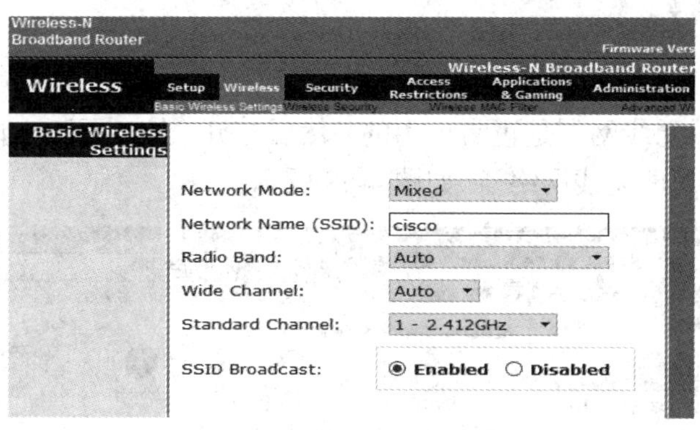

图 4-55　配置无线名称

⑦ 在 Wireless→Wireless Security 中设置无线密码，安全模式设置为 WPA2，加密方式设置为 AES，密码设置为 123456789，如图 4-56 所示。

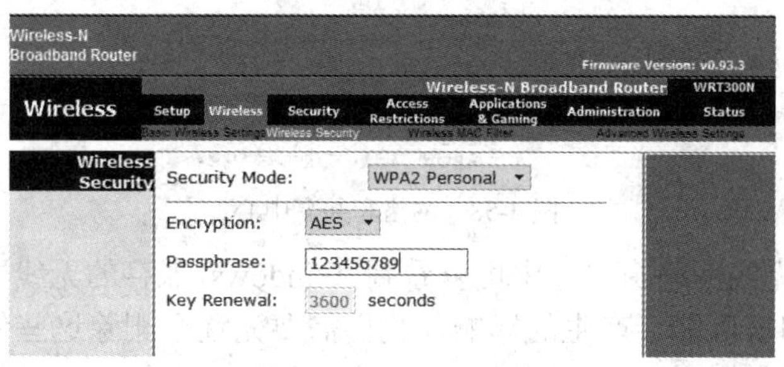

图 4-56　设置无线密码

2．无中心网络(AdHoc)的组建

AdHoc 是一种特殊的无线网络模式。在 AdHoc 中，STA 间直接互相连接，资源共享，而无需通过 AP。网络中所有结点的地位平等，无需设置任何的中心控制结点。在 AdHoc 模式里，客户机是点对点通信，在信号可达的范围内，都可以进入其他客户机获取资源，不需要接 Access Point，如图 4-57 所示。下面，我们以 Windows 7 为例，说明如何搭建 AdHoc 点对点无线网络，实现共享上网。

图 4-57　无中心结构网络

1) 任务环境

两台装有 Windows7 系统的电脑，每台电脑上装有无线网卡。

2) 任务步骤

(1) 准备工作。

① 首先请确保无线网卡是正常可用的，然后打开“控制面板→网络和共享中心”，单击左侧菜单的“管理无线网络”，如图 4-58 所示。

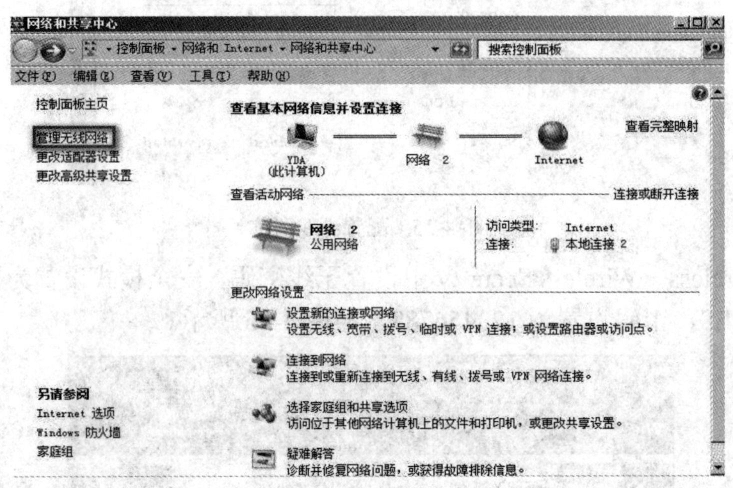

图 4-58　网络和共享中心

② 在“管理无线网络窗口”中可以看到 Windows 保存的无线网络设置列表。为了避免无线信号切换可能会产生的影响，我们需要先逐个删除这些保存的无线网络，如图 4-59 所示。

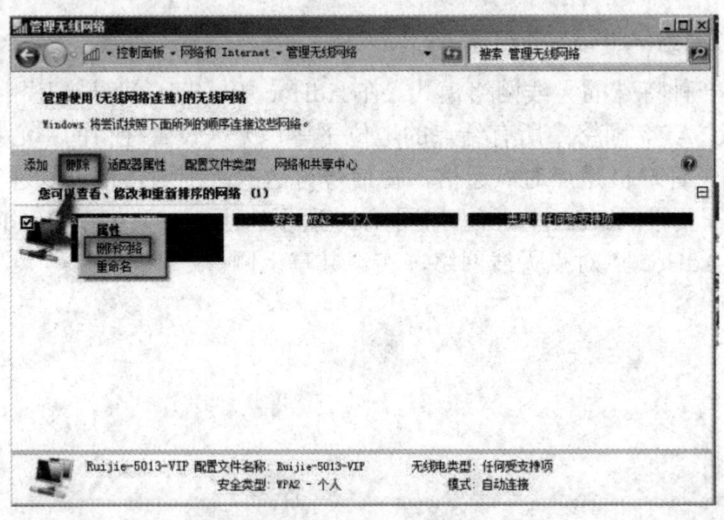

图 4-59　管理无线网络

选择列表中的无线网络，然后单击列表上方的“删除”或者右键菜单选择“删除网络”就可以删除选中的无线网络了。

(2) 创建 Adhoc。

① 接下来就要开始创建共享网络了。我们这里的实验环境是由计算机连接到路由器上网，然后通过 Adhoc 点对点无线连接分享有线网络连接的情况。对于不存在网络分享、仅仅是临时组建一个 Adhoc 点对点无线网络连接的情况，我们会在后续的步骤中给出提示。

打开“控制面板”，进入“网络和共享中心”，然后选择左侧菜单的“更改适配器设置”，如图 4-60 所示。

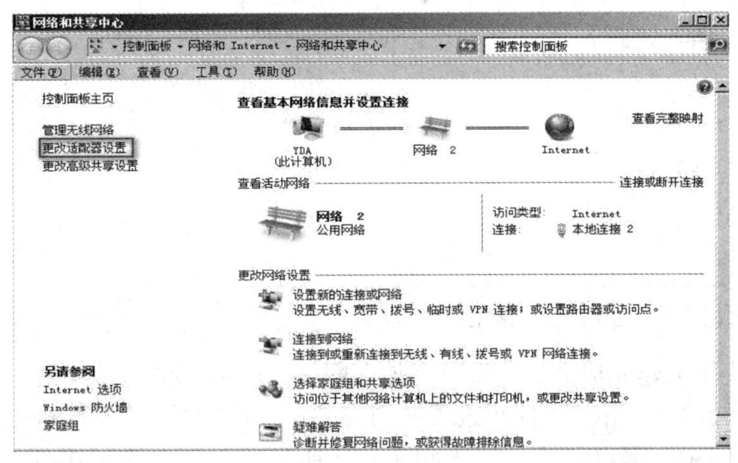

图 4-60　网络和共享中心

② 在“网络连接”窗口可以看到计算机的两个网络连接，一个是有线的“本地连接”，一个是“无线网络连接”。按住“Ctrl”键，将两个连接逐个单击选中；然后在任意一个网络连接上单击鼠标右键，可以看到菜单中有“桥接”选项，选择“桥接”就可以创建我们后面将要用到的“网桥”连接。

需要注意的是，如果不是共享网络连接，仅仅是临时搭建点对点的无线连接，本步骤及后续与“网桥”相关的步骤可以省略，请直接跳转到“添加无线网络”，并继续接下来的设置，如图 4-61 所示。

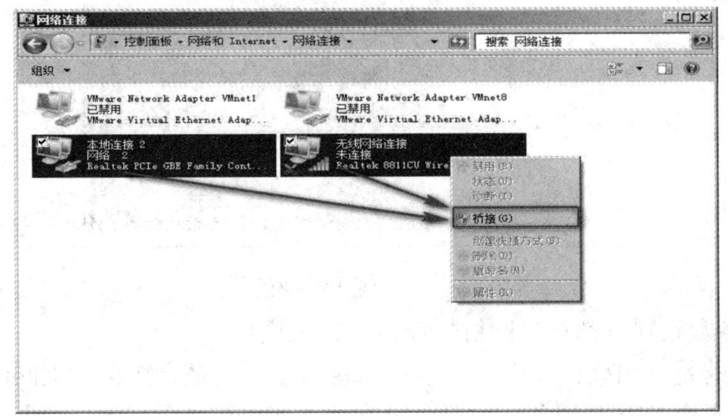

图 4-61　桥接网卡

③ 创建完成之后，在“网络连接”里面就会多出一个称为“Mac Bridge Miniport”的“网桥”连接，如图 4-62 所示。

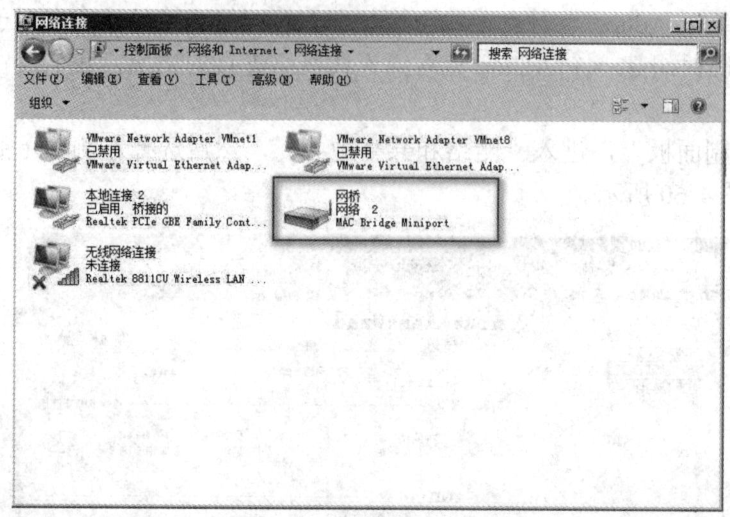

图 4-62　查看网桥是否桥接

④ 网桥连接创建完成之后，查看已加入网桥的网络连接的“属性”时会发现，其属性会变得比较单一，并且不能再设置任何有关 TCP/IP 网络连接的参数，因为它们的设置已经与“网桥”绑定到了一起，如图 4-63 所示。

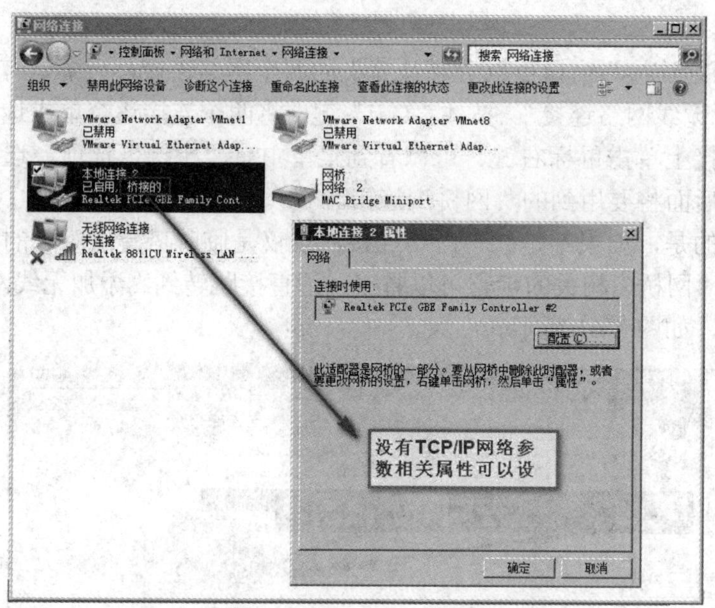

图 4-63　查看本地连接属性

⑤ 网络参数设置，都在“网桥”连接接口上进行。

需要注意的是，如果计算机没有连接到路由器，而是直接拨号上网的；或者连接的路由器没有开启 DHCP 服务，设置会很麻烦。使用拨号上网的，可能需要将拨号创建的“宽带连接”添加到“网桥”上才能实现网络共享。另外，因为拨号网络不能为网络共享分配 IP 地址，因此，同没有开启 DHCP 服务的情况一样，还需要为“网桥”设置 IP 地址之类的网络连接参数，如图 4-64 所示。

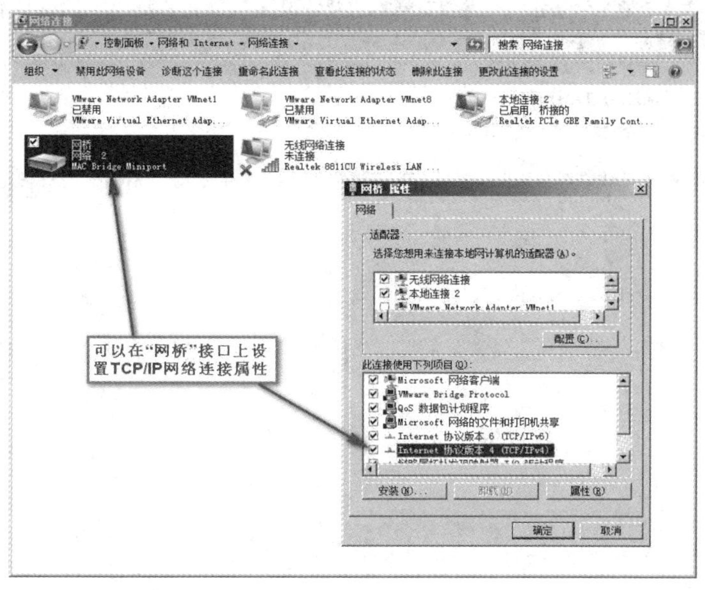

图 4-64　查看网桥属性

⑥ 在“网桥”的“Internet 协议”属性窗口，可以设置网桥的 IP 地址信息，如图 4-65 所示。一般情况下保持默认的即可。但是，如果在建的网络共享不支持 DHCP 服务，就需要在这里为“网桥”连接设置有效的 IP 地址信息。如果需要上网，可能还要设置正确的 DNS 服务器地址等。

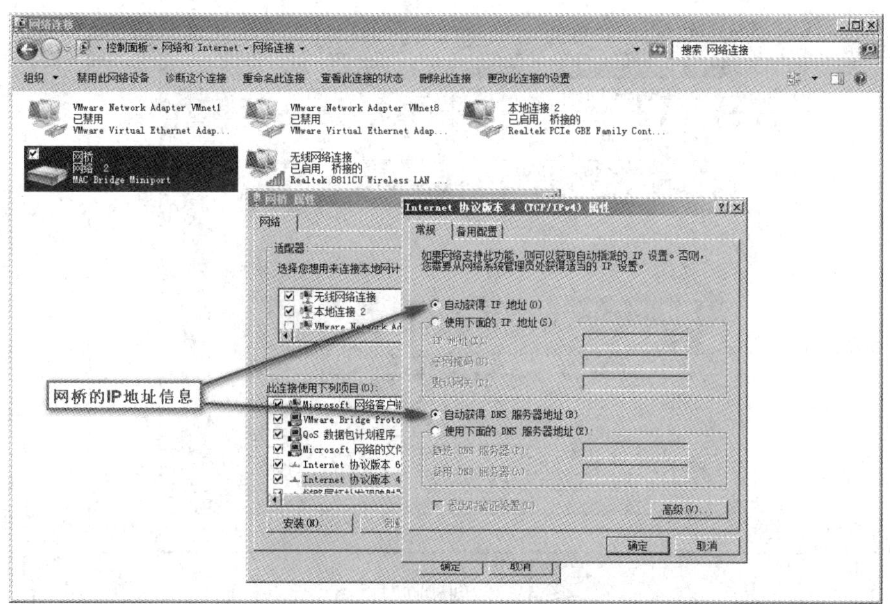

图 4-65　网桥设置 IP 信息

⑦ 共享准备已经完成，接下来就可以创建 Adhoc 共享无线连接了。返回到控制面

板，切换到“管理无线网络”窗口，目前无线网络连接列表应该是空的。单击“添加”，开始创建无线连接，如图 4-66 所示。

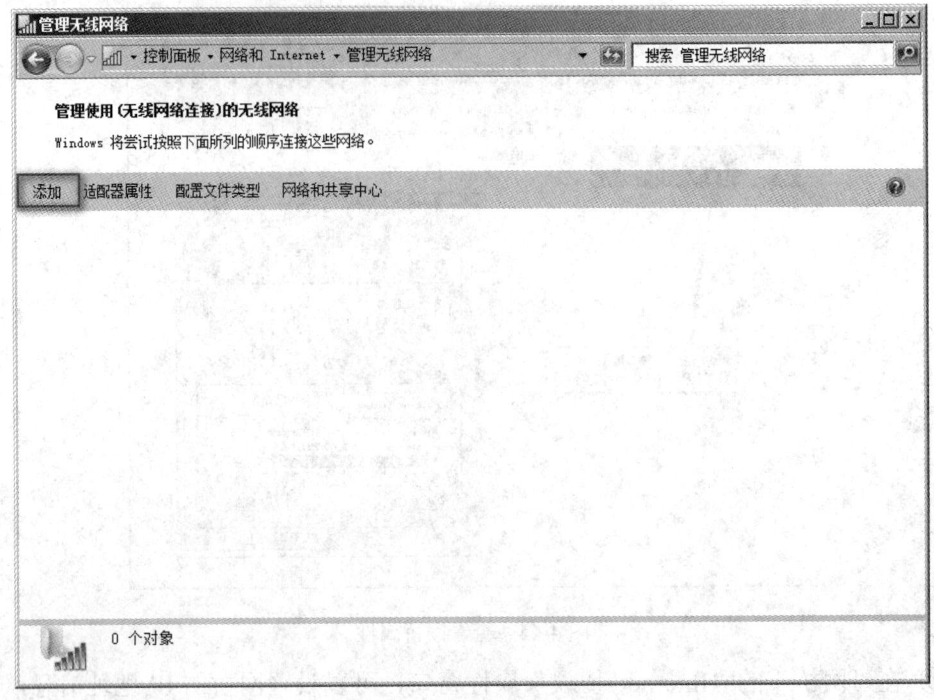

图 4-66　管理无线网络

⑧ 进入无线网络添加向导，在“你想如何添加网络？”中选择第二个——“创建临时网络”。如图 4-67 所示，在下一个对话框中单击下一步。

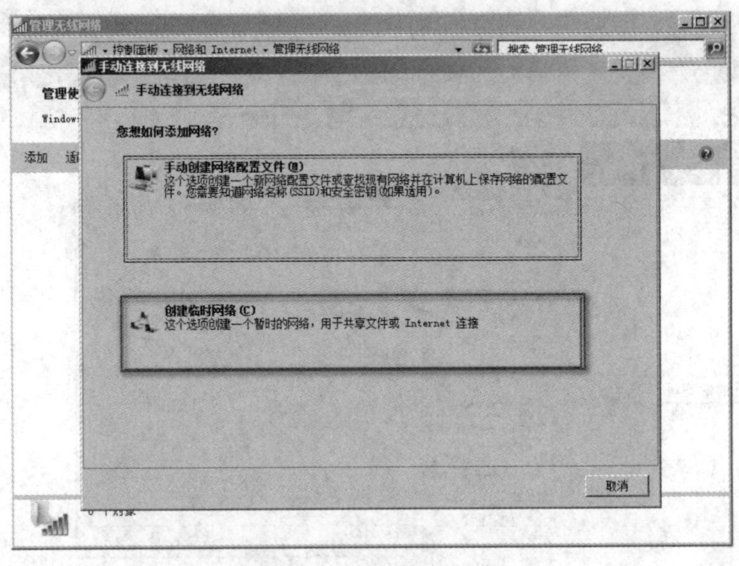

图 4-67　创建临时网络

⑨ 如图 4-68 所示，为即将创建的无线网络设置一个名称，并为其设置合理的安全选项。Windows 7 本身默认的安全是“WPA2 个人”，但基于兼容性方面的考虑，选

择 WEP 比较好。

注意：WEP 的密钥格式，有效的 WEP 密钥是 5 位(64 位 WEP)/13 位(128 位 WEP)任意字符，或者 10 位/26 位十六进制字符。如果打算在计算机重启之后还允许连接共享的话，需要勾选“保存这个网络”，否则重启之后，临时无线网络会自动消失。

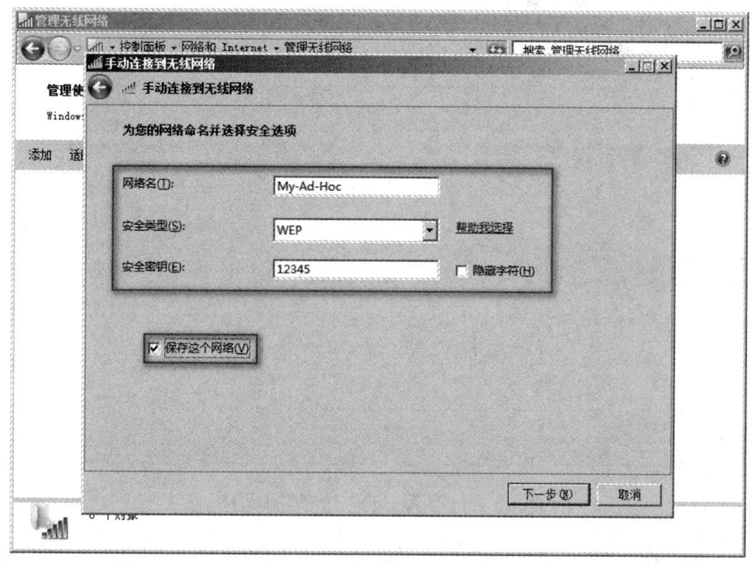

图 4-68　设置网络信息

⑩ Adhoc 点对点无线连接已经创建完成，如图 4-69 所示，单击“关闭”退出无线网络添加向导。

注意：记住前面设置的“无线网络名称”和“网络安全密钥”。

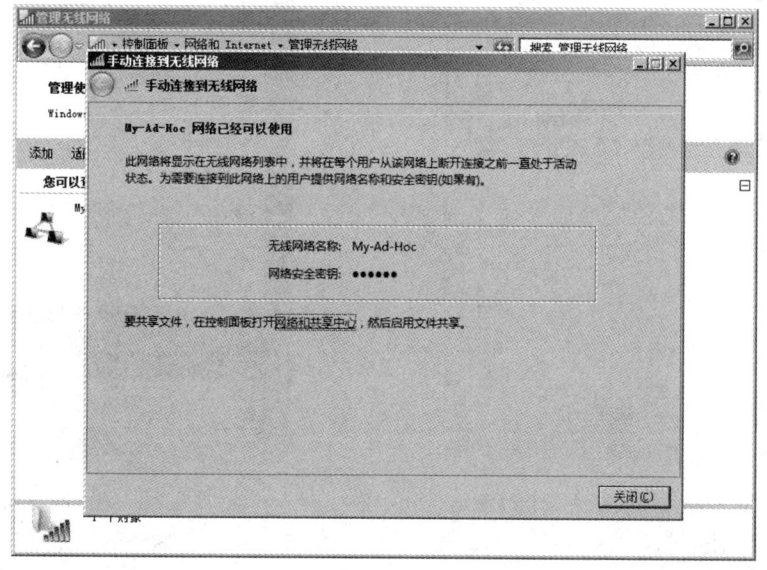

图 4-69　临时网络创建说明

⑪ 如图 4-70 所示，返回到“管理无线网络设置”窗口，可以看到创建的无线网络连接已经添加到无线网络列表中了。注意观察，标识该无线网络的图标是三个互连

的小窗口，与常见的无线网络有一点点不同，表示这个无线网络连接为 Adhoc 模式。

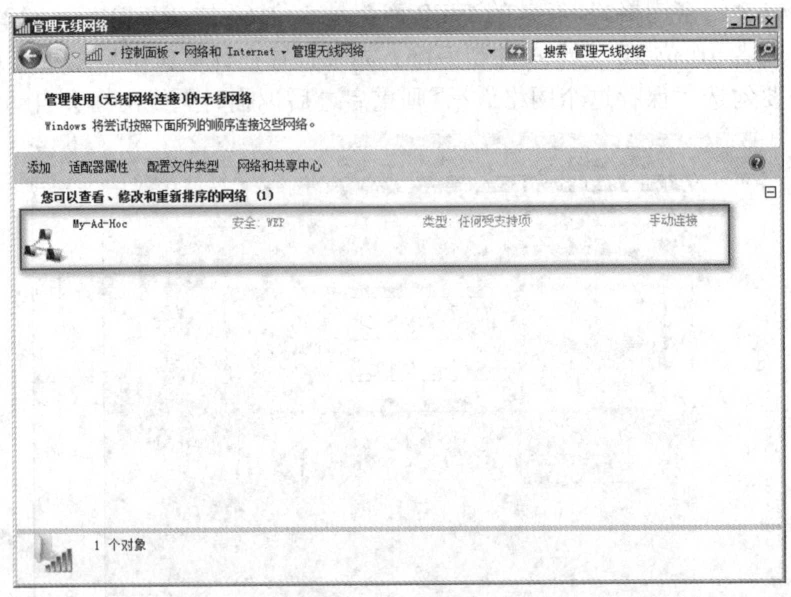

图 4-70　查看已创建的临时网络

⑫ 创建了 Adhoc 点对点无线连接之后，可以看到，无线网络已经处于“等待连接”状态了，也就是已经准备好可以接收对端的 Adhoc 点对点连接了，如图 4-71 和图 4-72 所示。

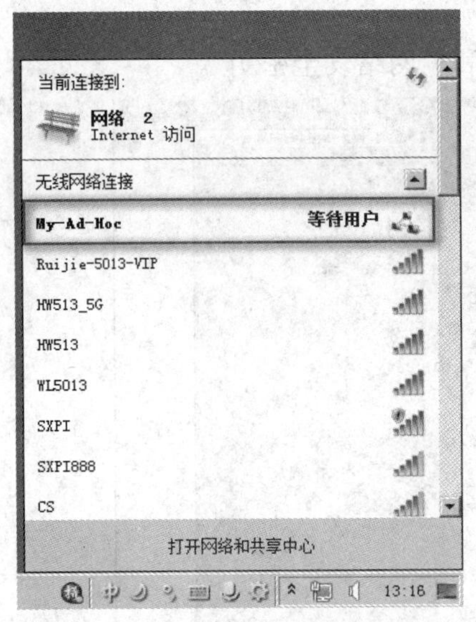

图 4-71　无线网络列表中查看临时网络

图 4-72　无线网络列表

3) 测试与验证

① 打开 Windows 7 的无线网络列表，可以正常地扫描到创建的无线网络“My-Ad-Hoc”，单击就可以连接该无线网络了。

注意：该网络信号右侧的小图标与其他网络信号的不同。

② 接下来 Windows 会提示输入连接密码。输入之前设置的无线网络密钥之后，就可以正常地连接到该点对点 Adhoc 无线连接共享上网了。连接成功之后，就可以上网聊天、打开浏览器正常地浏览网页、互相传输和分享文件，或者使用“ping”程序测试其联通性了，如图 4-73 所示。

```
管理员: C:\Windows\system32\cmd.exe
Microsoft Windows [版本 6.1.7601]
版权所有 (c) 2009 Microsoft Corporation。保留所有权利。

C:\Users\Administrator>ping baidu.com

正在 Ping baidu.com [123.125.115.110] 具有 32 字节的数据:
来自 123.125.115.110 的回复: 字节=32 时间=20ms TTL=50
来自 123.125.115.110 的回复: 字节=32 时间=23ms TTL=50
来自 123.125.115.110 的回复: 字节=32 时间=20ms TTL=50
来自 123.125.115.110 的回复: 字节=32 时间=21ms TTL=50

123.125.115.110 的 Ping 统计信息:
    数据包: 已发送 = 4，已接收 = 4，丢失 = 0 (0% 丢失)，
往返行程的估计时间(以毫秒为单位):
    最短 = 20ms，最长 = 23ms，平均 = 21ms

C:\Users\Administrator>
```

图 4-73　测试连通性

③ 点对点无线连接连上之后，分享连接的无线网络状态也会从“等待连接”切换为“已连接”状态，如图 4-74 所示。

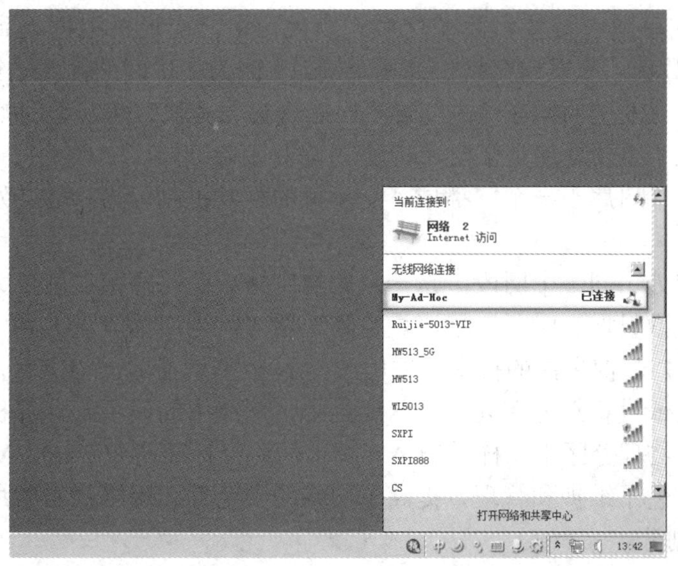

图 4-74　无线网络列表

④ 创建“网桥”的步骤是可选的。如果只是两个设备互连，是不需要“网桥”的

支持的。Adhoc 对 WEP 安全支持较好，但 WEP 已不再安全，因此 Adhoc 仅适用于临时无线连接，建议不要长期使用。在 Adhoc 点对点无线网络不再使用时，应及时删除，以免干扰正常的上网。

本项目小结

局域网是指有限区域内的网络，一般是分散在数公里范围的网络。局域网网络覆盖范围有限，传输速率高，传输质量好，误码率低，具有良好的兼容性和互操作性，并且支持多种同轴电缆、双绞线、光纤和无线等多种传输介质。局域网体系结构由物理层和数据链路层组成，其中数据链路层由 MAC 子层和 LLC 子层组成。局域网的工作模式分为点对点网络、C/S 网络和 B/S 网络。国际标准化组织将 802 标准定为局域网国际标准。

局域网的传输介质有双绞线、同轴电缆、光缆和无线介质。双绞线分为非屏蔽式和屏蔽式两种；同轴电缆有基带同轴电缆和宽带同轴电缆两种基本类型，它们的线间特性阻抗分别为 50 Ω 和 75 Ω；光缆可分成单模式和多模式两大类，无线传输介质是指利用各种波长的电磁波充当传输媒体的传输介质。无线传输所使用的频段很广，目前多采用无线电波、微波、红外线和激光等。

以太网是局域网的典型代表，分为标准以太网、快速以太网和千兆以太网。在使用集线器的以太网中，集线器将很多以太网设备集中到一台中心设备上，这些设备都连接到集线器中的同一物理总线结构中。由于所有的节点都接在同一冲突域中，不管一个帧从哪里来或到哪里去，所有的节点都能接收到这个帧。随着节点的增加，大量的冲突将导致网络性能急剧下降；集线器同时只能传输一个数据帧，这意味着集线器所有端口都要共享同一带宽。而在交换式以太网中，交换机根据收到的数据帧中的 MAC 地址决定数据帧应发向交换机的哪个端口。因为端口间的帧传输彼此屏蔽，因此节点就不担心自己发送的帧在通过交换机时是否会与其他节点发送的帧产生冲突。

交换机的三个主要功能是学习、转发/过滤和消除回路。交换机每一个端口属于一个冲突域，所有端口属于一个广播域。交换机的转发机制分为存储转发、直通交换和碎片隔离。

传统局域网处于同一个网段，是一个大的广播域。广播帧占用了大量的带宽，当网络内的计算机数量增加时，广播流量也随之增大。当广播流量大到一定程度时，网络效率急剧下降。目前主流的技术是采用 VLAN 隔离广播域。VLAN 是指逻辑上将不同位置的计算机或设备划分在同一个网络当中，网络中的设备、计算机之间的通信连接如同在同一个物理分区中一样。VLAN 技术的协议标准是 802.1Q。VLAN 提高了网络通信效率，方便了维护和管理，提高了网络的安全性。网络技术中最常用的是基于端口的 VLAN 划分。

无线通信是利用电磁波信号可以在自由空间中传播的特性进行信息交换的一种通信方式，是近年来信息通信领域中发展最快、应用最广的一种通信技术，已深入到人们生活的各个方面。大家需掌握 WLAN 的基本结构以及小型局域网组建的方法和步骤。

练　习　题

一、选择题

1. 局域网具有的几种典型的拓扑结构中，一般不含(　　)。

A. 星型　B 环型　C. 总线型　D. 全连接网型

2. 常用的传输介质中，带宽最宽、信号传输衰减最小、抗干扰能力最强的一类传输介质是(　　)。

A. 光纤　B. 双绞线　C. 同轴电缆　D. 无线信道

3. 若网络形状是由站点和连接站点的链路组成的一个闭合环，则称这种拓扑结构为(　　)。

A. 星形拓扑　B. 总线拓扑　C. 环形拓扑　D. 树形拓扑

4. 决定局域网特性的几个主要技术中，最重要的是(　　)。

A. 传输介质　B. 媒体访问控制方法

C. 拓扑结构　D. LAN 协议

5. VLAN 技术的优点不包括(　　)。

A. 强通讯的安全性　B. 对数据进行加密

C. 划分虚拟工作组　D. 限制广播域范围

6. 下列哪项是局域网的特征(　　)。

A. 传输速率低　B. 信息误码率高

C. 分布在一个宽广的地理范围之内　D. 提供给用户一个带宽高的访问环境

7. 有关 VLAN 的概念，下面说法正确的是(　　)。

A. VLAN 是建立在路由器上、以软件方式实现的逻辑分组

B. 可以使用交换机的端口划分 VLAN，也可以根据主机的 MAC 地址划分 VLAN

C. 使用 IP 地址定义的 VLAN 比使用端口定义的 VLAN 安全性更高

D. 同一个 VLAN 中的计算机不能分布在不同的物理网段上

8. 无线网局域网 WLAN 使用的标准是(　　)。

A. 802.11　B. 802.3　C. 802.5　D. 802.1

9. 一座大楼内的一个计算机网络系统属于(　　)。

A. PAN　B. WAN　C. LAN　D. MAN

10. 局域网技术不包括(　　)。

A. 令牌环网　B. 以太网　C. FDDI　D. 帧中继

二、填空题

1. 局域网中所使用的双绞线分成两类，即____________和____________。

2. 以太网的核心技术是____________________通信控制技术。

3. 以太网发送的数据使用____________编码的信号，所占的频带宽度比原始基带信号增加了一倍。

4. 分布在一个建筑群中的网络称为____________。

三、简答题

1. 简述局域网的特点。
2. 简述 VLAN 的划分方法与特点。
3. 简述 WLAN 技术。

项目五　网络操作系统及基本应用

本项目概述

某公司的局域网已经初具规模。由于公司业务的发展，需要安装配置各种网络服务、共享资源，实施信息化建设，以便能更好地为公司服务。为此，公司采购了一批服务器，员工桌面办公电脑操作系统是 Win 7，网络管理员具备 Windows Server 2008 R2 的管理维护能力，公司希望通过 Windows Server 环境的搭建，来实现各种公司业务的需求。

学习目标

1. 了解网络操作系统的基本概念；
2. 掌握 Windows Server 2008 R2 的安装；
3. 掌握 Windows Server 2008 R2 本地用户和组的管理；
4. 掌握 DHCP 技术概念和 DHCP 服务的安装和配置。

任务 5.1　安装 Windows 网络操作系统

5.1.1　网络操作系统概述

1. 网络操作系统的概念

操作系统是计算机系统中用来管理各种软硬件资源，提供人机交互使用的软件。网络操作系统可实现操作系统的所有功能，并且能够对网络中的资源进行管理和共享。

网络操作系统的基本任务是屏蔽本地资源和网络资源的差异性，为用户提供各种基本网络服务功能，完成网络共享系统资源的管理，并提供网络系统安全性的管理和维护。

2. 网络操作系统的功能

网络操作系统的功能包括处理器管理、存储器管理、设备管理、文件系统管理以及为了方便用户使用操作系统而向用户提供的用户接口，网络环境下的通信、网络资源管理及网络应用等特定功能。概括来讲，网络操作系统的功能主要包括以下几个方面：

1) 网络通信

网络通信是网络最基本的功能，其任务是在源主机和目标主机之间实现无差错的数据传输。

2) 资源管理

资源管理是指对网络中的共享资源(硬件和软件)实施有效的管理，协调用户对共享资源的使用，保证数据的安全性和一致性。

3) 网络服务

网络服务是指在网络中提供各种类型的服务，如电子邮件服务、文件服务、共享打印服务和共享硬盘服务。

4) 网络管理

网络管理最主要的任务是安全管理，一般通过存取控制来确保存储数据的安全性以及通过容错技术来保证系统发生故障时数据的安全性。

5) 互操作能力

互操作能力是指在客户/服务器模式的 LAN 环境下，连接在服务器上的多种客户机和主机不仅能与服务器通信，而且还能以透明的方式访问服务器上的文件系统。

3. 典型的网络操作系统

目前典型的网络操作系统主要有 UNIX、Linux 和 Windows 系列三种。

1) UNIX

UNIX 系统由 AT&T 和 SCO 公司推出，支持网络文件系统服务并提供数据，功能强大。目前常用的 UNIX 系统版本主要有 UNIX SUR 4.0、HP-UX 11.0 和 SUN 的 Solaris8.0 等。这种网络操作系统历史悠久，稳定性能和安全性能非常好，其良好的网络管理功能已为广大网络用户所接受，拥有丰富的应用软件的支持。但由于它多数是以命令行方式来进行操作的，不容易掌握，特别是对于初级用户来说。正因如此，小型局域网基本不使用 UNIX，UNIX 一般用于大型网站或大型企事业局域网中。目前，UNIX 系统因其体系结构不够合理，市场占有率呈下降趋势。

2) Linux

Linux 是在 UNIX 的基础上发展起来的，是一种新型的网络操作系统，是所有服务器中最年轻且功能强大的网络操作系统。它最大的特点就是源代码开放，可以免费得到许多应用程序。目前也有中文版本的 Linux，如 Redhat(红帽子)、红旗 Linux 等。Linux 在国内得到了用户的充分肯定，安全性和稳定性非常好。它与 UNIX 有许多相似之处，目前主要应用于中、高档服务器中。

Linux 适用于需要运行各种网络应用程序并提供各种网络服务的场合。正是因为 Linux 的源代码开放，使得它可以根据自身需要进行专门的开发，因此它更适合于需要自行开发应用程序的用户和那些需要学习 UNIX 命令工具的用户。

3) Windows

Windows 操作系统由全球最大的软件开发商——微软公司——开发。微软公司的

Windows 系统不仅在个人操作系统中占有绝对优势，在网络操作系统中也具有非常强劲的力量。Windows 操作系统在整个局域网配置中是最常见的，但由于它对服务器的硬件要求较高，且稳定性不是很强，所以微软的网络操作系统一般只用在中低档服务器中，高端服务器通常采用 UNIX、Linux 或 Solaris 等非 Windows 操作系统。在局域网中，微软的网络操作系统主要有 Windows Server 2003/2008/2012 等。

总的来说，对特定计算环境的支持使得每一个操作系统都有适合于自己的工作场合，这就是系统对特定计算环境的支持。对于不同的网络应用，需要有目的地选择合适的网络操作系统。

5.1.2　Windows Server 2008 R2

1．Windows Server 2008 R2

网络服务器是用来给客户机提供服务的，计算机网络的运行离不开网络操作系统。网络服务器与一般的计算机操作系统不同的是，它在计算机操作系统下工作，使计算机操作系统增加了网络操作所需要的能力。网络操作系统安装在网络服务器上，负责管理网络资源和网络应用，控制网络上的计算机和网络用户的访问。它首先具有普通操作系统的功能，同时还必须具备网络通信功能，提供计算机之间资源共享的能力，包括统一的全网存取方法、全网范围的文件系统、文件传送、资源管理、网络的安全性、可靠性等，是管理整个网络资源和方便网络用户的软件的集合。

2．Windows Server 2008 R2 的分类

Windows Server 2008 R2 是当前应用广泛的网络操作系统，它是在 Windows Server 2008 的可靠性、可伸缩性、可管理性的基础上构建的，是第一个只提供 64 位版本的网络操作系统。Windows Server 2008 R2 有 6 个不同的版本，分别为基础版(Foundation)、标准版(Standard)、企业版(Enterprise)、网络版(Web)、数据中心版(Datacenter)和安腾版(for Itanium-Based Systems)。企业可根据业务需求决定到底选择安装哪个版本的 Windows Server 2008 R2 操作系统，但安装之前需要先了解各个版本的不同特点。下面简要介绍 Windows Server 2008 R2 的各个不同版本的特点。

1) 基础版

Windows Server 2008 R2 基础版是一种性价比较高的项目级技术基础，面向的是小型企业主和 IT 多面手，用于支撑小型的业务。Foundation 是一种成本低廉、容易部署、经过实践证实的可靠技术，为组织提供了一个基础平台，可以运行最常见的业务应用，共享信息和资源。

2) 标准版

Windows Server 2008 R2 标准版是目前最健壮的操作系统。它自带了改进的 Web 和虚拟化功能，这些功能可以提高服务器架构的可靠性和灵活性，同时还能节省时间和成本。Windows Server 2008 R2 标准版利用其中强大的工具保护数据和网络，为计算机操作系统提供一个更好的控制服务器，提高配置和管理任务的效率。

3) 企业版

Windows Server 2008 R2 企业版是一个高级服务器平台，为重要应用提供了一种成本较低的高可靠性支持。它还在虚拟化、节电以及管理方面增加了新功能，使流动办公的员工可以更方便地访问公司的资源。

4) 网络版

Windows Server 2008 R2 网络版是一个强大的 Web 应用程序和服务平台。它拥有多功能的 IIS7.5，是一个专门面向 Internet 应用而设计的服务器。它改进了管理和诊断工具，在各种常用开发平台中使用它们，可以帮助用户降低架构的成本。在加入 Web 服务器和 DNS 服务器角色后，平台的可靠性和可测量性会得到提升，可以管理最复杂的环境——从专用的 Web 服务器到整个 Web 服务器群。

5) 数据中心版

Windows Server 2008 R2 数据中心版是一个企业级平台，可以用于部署关键业务应用程序，以及在各种服务器上部署大规模的虚拟化方案。它改进了可用性电源管理并集成了移动和分支位置解决方案。Windows Server 2008 R2 数据中心版通过不受限的虚拟化许可权限合并应用程序，降低了基础架构的成本。它可以支持 2～64 个处理器。Windows Server R2 2008 数据中心版提供了一个基础平台，在此基础上可以构建企业级虚拟化和按比例增加的解决方案。

6) 安腾版

Windows Server 2008 R2 安腾版是一个企业级的平台，可以用于部署关键业务应用程序，其可量测的数据库、与业务相关的定制应用程序可以满足不断增长的业务需求，故障转移集群和动态硬件分区功能可以提高可用性。恰当地使用虚拟化部署，可以运行不限数量的 Windows Server 虚拟机。Windows Server 2008 R2 安腾版可以为高度动态变化的 IT 架构提供基础。

3. Windows Server 2008 R2 的硬件需求

操作系统需要安装到计算机上才能发挥其作用，不同操作系统安装的步骤和硬件配置需要有所不同。用户在安装 Windows Server 2008 R2 操作系统的时候应根据自己应用的实际需求，选择合适的硬件设备和安装流程。微软公布了 Windows Server 2008 R2 的硬件需求，具体如表 5-1 所示。

表 5-1 Windows Server 2008 R2 的硬件需求

要　求	最　小	推荐
CPU 速度	1.4 GHz(x64)	> 2 GHz
RAM 容量	512 MB	> 2 GB
可用磁盘空间	32 GB	> 40 GB
显示器	VGA(800 x 600)或更高	
光驱	DVD-ROM	
其他	键盘、鼠标	

5.1.3 虚拟机简介及使用

1. 虚拟机简介

虚拟机(Virtual Machine)是指通过软件模拟的具有完整硬件系统功能的、运行在一个完全隔离环境中的完整计算机系统。而虚拟系统可生成现有操作系统的全新虚拟镜像，它具有与真实 Windows 系统完全一样的功能。进入虚拟系统后，所有操作都是在这个全新的、独立的虚拟系统里面进行的。它可以独立安装运行软件，保存数据，拥有自己的独立桌面，不会对真正的系统产生任何影响，而且具有能够在现有系统与虚拟镜像之间灵活切换的功能。虚拟系统和传统虚拟机的不同在于：虚拟系统不会降低电脑的性能，启动虚拟系统不需要像启动 Windows 系统那样耗费时间，运行程序更加方便快捷；虚拟系统只能模拟和现有操作系统相同的环境，而虚拟机则可以模拟出其他种类的操作系统；虚拟机需要模拟底层的硬件指令，所以在应用程序运行速度上比虚拟系统慢得多。

流行的虚拟机软件有 VMware(VMWare ACE)、Virtual Box 和 Virtual PC，它们都能在 Windows 系统上虚拟出多个计算机。虚拟机软件可在一台电脑上模拟出来若干个可以单独运行的操作系统，彼此之间互不干扰，实现一台电脑“同时”运行几个操作系统的目的。此外，能将这几个拥有独立操作系统的 PC 连成一个网络做网络测试实验。

2. 虚拟机的三种工作模式

VMware 提供了桥接模式(Bridge)、主机模式(host-only)和网络地址转换模式(Network Address Translation，NAT)三种工作模式。

1) 桥接模式

在桥接模式中，VMWare 虚拟出来的操作系统就像是局域网中的一台独立主机，它可以访问网内任何一台机器。在这种模式下，需要手工为虚拟系统配置 IP 地址、子网掩码，而且还要和宿主机器处于同一网段，这样虚拟系统才能和宿主机器进行通信。同时，由于这个虚拟系统是局域网中的一个独立的主机系统，因此可以手工配置它的 TCP/IP 配置信息，以通过局域网的网关或路由器访问互联网。使用桥接模式的虚拟系统和宿主机器的关系就像连接在同一个交换机上的两台电脑。想让它们相互通讯，就需要为虚拟系统配置 IP 地址和子网掩码，否则就无法通信。如果想利用 VMWare 在局域网内新建一个虚拟服务器，为局域网用户提供网络服务，就应该选择桥接模式。

2) 主机模式

在某些特殊的网络调试环境中，要求将真实环境和虚拟环境隔离开，可采用主机模式。在主机模式中，所有的虚拟系统都是可以相互通信的，但虚拟系统和真实的网络是被隔离开的。在主机模式下，虚拟系统的 TCP/IP 配置信息(如 IP 地址、网关地址、DNS 服务器等)都是由 VMnet1(host-only)虚拟网络的 DHCP 服务器来动态分配的。如果想利用 VMWare 创建一个与网内其他机器相隔离的虚拟系统，进行某些特殊的网络调试工作，可以选择主机模式。

3) 网络地址转换模式

使用网络地址转换模式可让虚拟系统借助网络地址转换功能，通过宿主机器所在的网络来访问公网。也就是说，使用网络地址转换模式可以实现在虚拟系统里访问互联网的功能。网络地址转换模式下的虚拟系统的 TCP/IP 配置信息是由 VMnet8(网络地址转换)虚拟网络的 DHCP 服务器提供的，无法进行手工修改，因此虚拟系统也就无法和本局域网中的其他真实主机进行通讯。采用网络地址转换模式最大的优势是虚拟系统接入互联网非常简单，不需要进行任何其他的配置，只需要宿主机器能访问互联网即可。如果想利用 VMWare 安装一个新的虚拟系统，在虚拟系统中不用进行任何手工配置就能直接访问互联网，建议采用网络地址转换模式。

扩展阅读

在虚拟机中安装完操作系统之后，接下来需要安装 VMware Tools。VMware Tools 相当于 VMware 虚拟机的主板芯片组驱动和显卡驱动、鼠标驱动。安装 VMware Tools，可以极大提高虚拟机的性能，并且可以让虚拟机的分辨率以任意大小进行设置，还可以使用鼠标直接从虚拟机窗口中切换到主机中来。

5.1.4 任务挑战——完全安装 Windows Server 2008 R2 系统

1．任务环境

(1) 一台 Windows 7 的计算机；

(2) VMware Workstation 虚拟机环境；

(3) Windows Server 2008 R2 企业版的 ISO 文件。

2．任务步骤

(1) 将计算机的 BIOS 设置为从 CD-ROM 启动。如图 5-1 所示，启动安装过程后，显示如图 5-2 所示的对话框。窗口左下角有“安装 Windows 须知”，可以查看安装的相关要求。

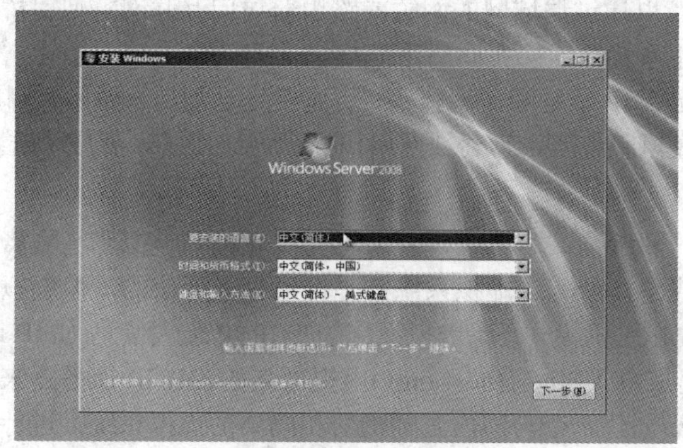

图 5-1　选择安装语言和输入选项

图 5-2　开始安装

(2) 点击“现在安装”，显示如图 5-3 所示的对话框，选择“Windows Server 2008 R2 Enterprise(完全安装)”，安装 Windows Server 2008 R2 企业版，然后单击下一步。

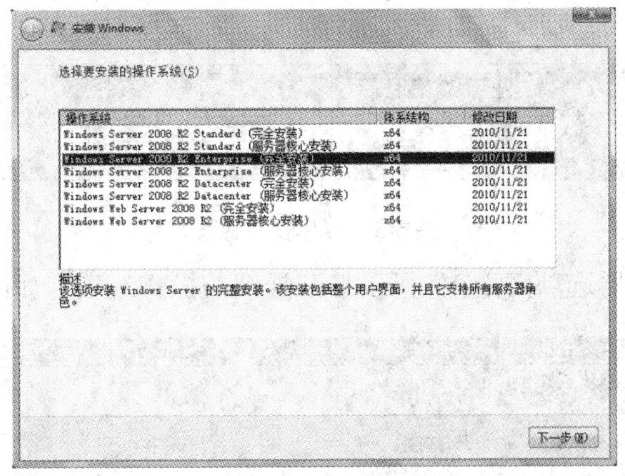

图 5-3　选择安装版本

(3) 选择“我接受”，单击下一步显示“你想进行何种类型的安装”对话框，选择“自定义”选项，如图 5-4 所示。

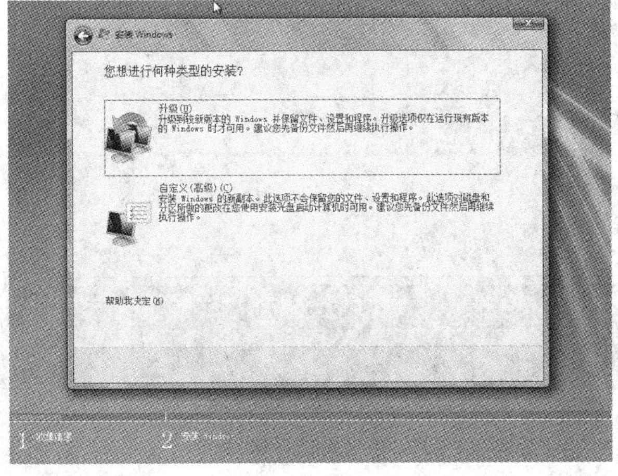

图 5-4　选择安装类型

(4) 如图 5-5 所示，在“你想将 Windows 安装在何处”对话框中选择分区来安装操作系统。

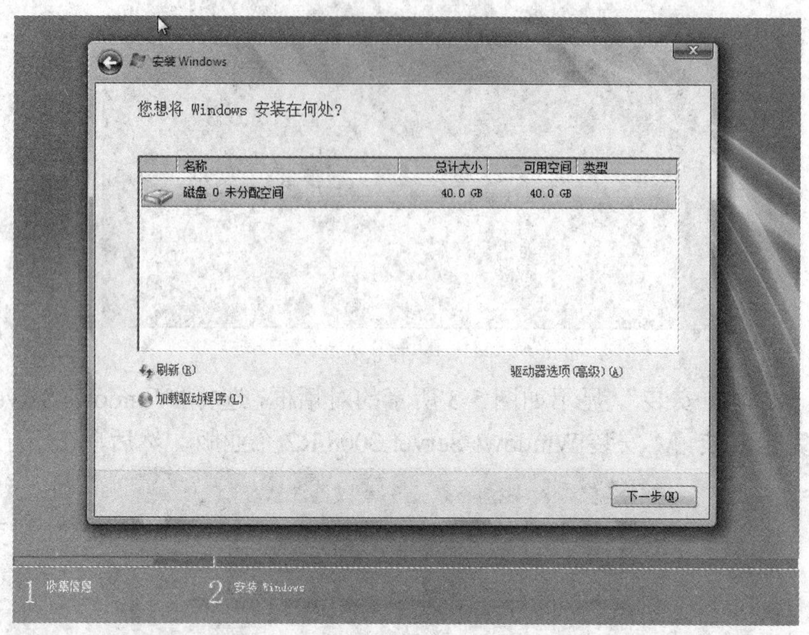

图 5-5　选择安装磁盘

(5) 点击“驱动器选项(高级)”可以打开详细的操作选项，如图 5-6 所示。

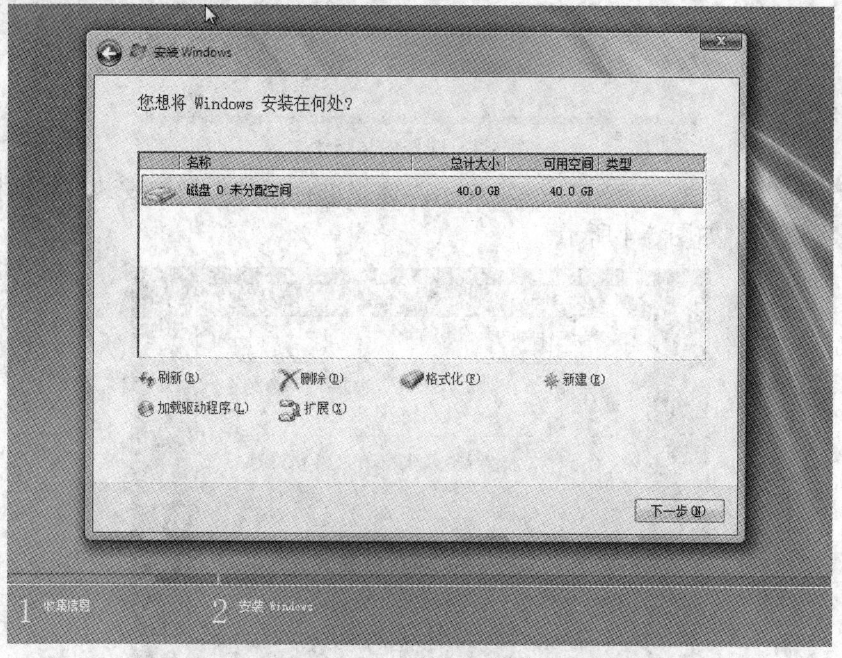

图 5-6　磁盘高级选项

(6) 开始文件复制，安装 Windows，如图 5-7 所示。

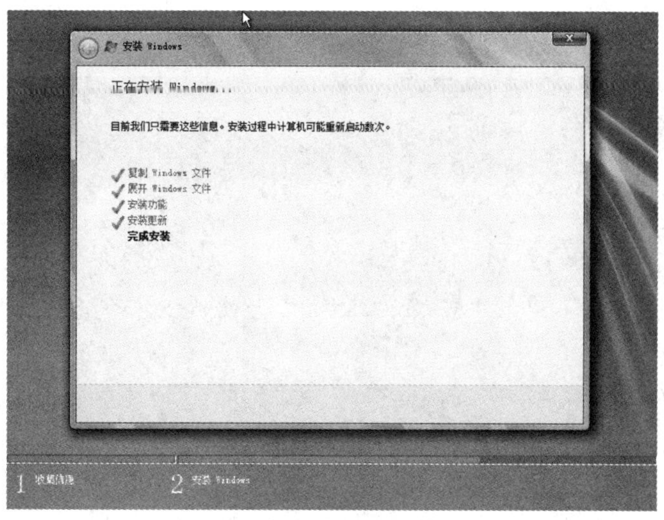

图 5-7　系统安装的第一阶段

(7) 安装程序开始复制文件到磁盘上，重新启动计算机，安装完成，如图 5-8 所示。第一次登录时需要更改密码，如图 5-9 所示。

图 5-8　系统安装的第二阶段

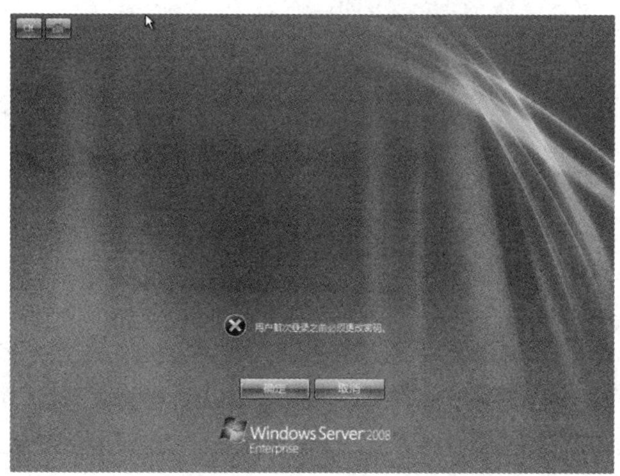

图 5-9　修改管理员密码

(8) 修改密码，完成登录，如图 5-10 和图 5-11 所示。

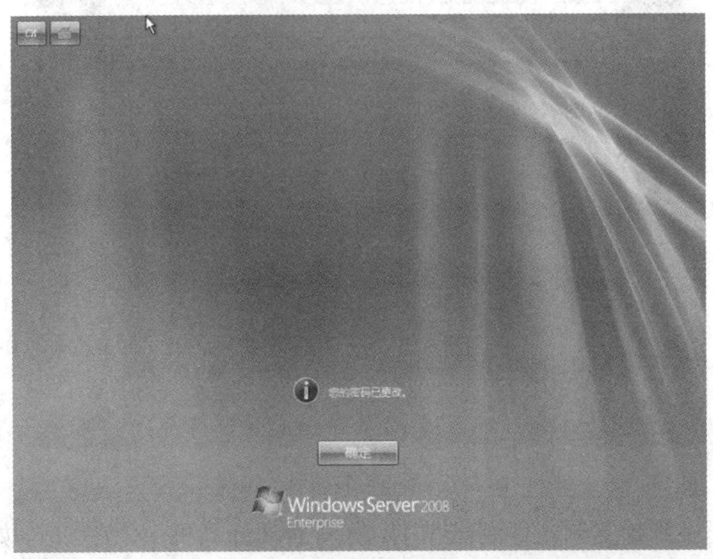

图 5-10　密码修改成功

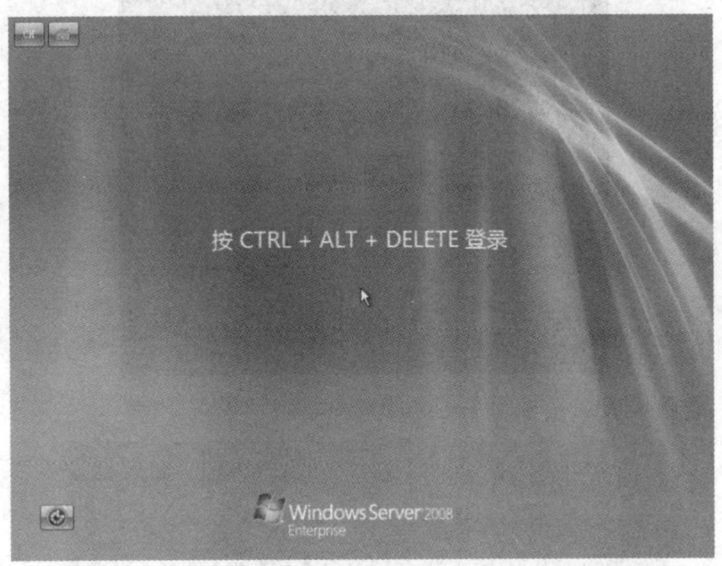

图 5-11　按热启组合键登录

扩展阅读

对于密码设置，Windows Server 2008 R2 有非常严格的要求。普通账户和管理员账户都要求必须设置强密码，即至少有六位字符长，且不能包含用户的用户名或屏幕名称；同时至少包含下列三种字符的组合：大写字母、小写字母、数字和符号(标点符号)。

(9) 登录成功，默认启动“初始配置任务”窗口，如图 5-12 所示。

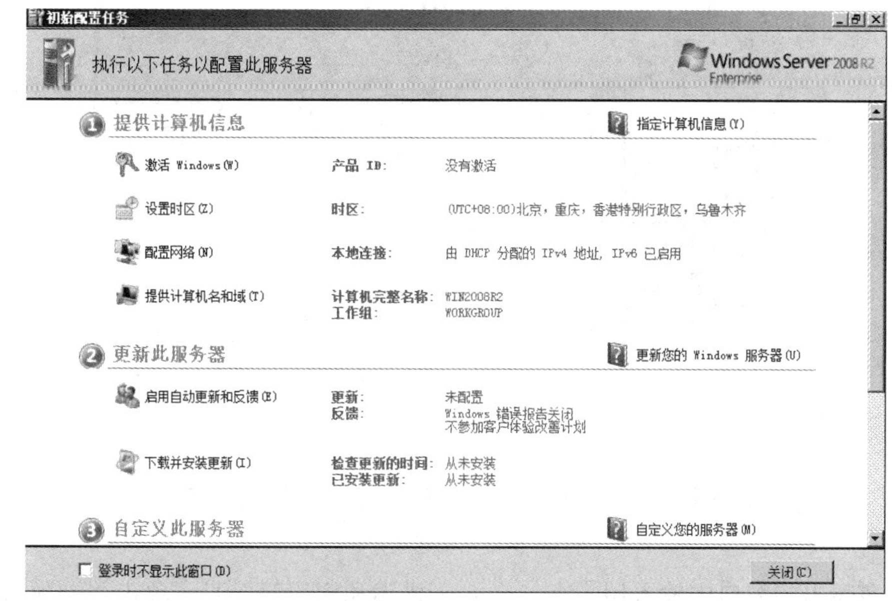

图 5-12　系统初始配置任务

至此，一个完整的 Windows Server 2008 R2 全新完全安装过程完成。

任务 5.2　管理 Windows Server 2008 R2

5.2.1　创建用户账户与组

当安装好 Windows Server 2008 R2 后，就可以保证计算机与其他主机进行正常的通信了。在计算机网络中，计算机是被用户访问的客体，用户是访问计算机的主体，两者缺一不可。用户必须拥有计算机的账号才能访问计算机(通常也称用户账号为用户)，用户账号是用户登录某台计算机、访问该机上的资源的标识。Windows Server 2008 R2 是一个多用户的网络操作系统，可以实现对用户角色的合理划分和管理。

Windows Server 2008 R2 的用户账户有本地账户、域账户和内置账户三种类型。

1. 本地账户

本地账户建立在本地，且只能在本地计算机上登录。所有本地用户账户信息都存储在本地计算机上管理本地账户的数据库中，该数据库称为 SAM(Security Accounts Managers，安全账户管理器)。每个用户账户创建完成后，系统都会自动产生一个唯一的 SID(Security Identifier，安全标识符)。系统验证用户访问、指派权利、授权资源访问权限等都需要使用 SID。

创建本地用户账户的过程如下：

(1) 选择“开始”→“管理工具”→“计算机管理”，如图 5-13 所示，选择“本地用户和组”，右键“用户”，选择“新用户”。

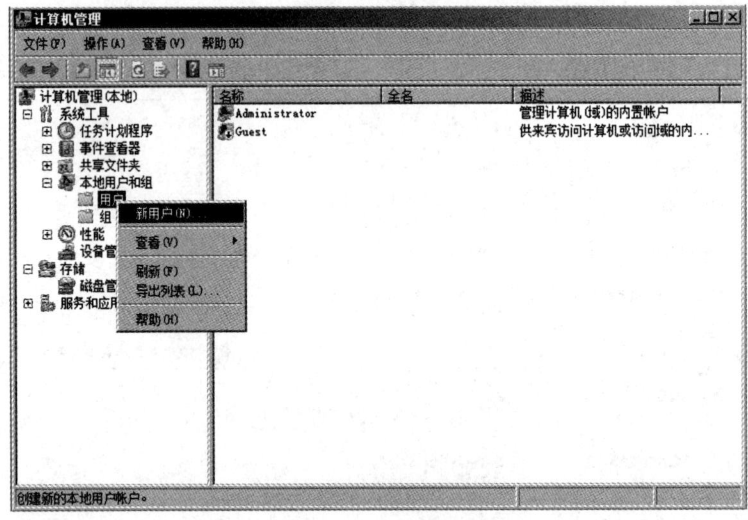

图 5-13　新建用户

(2) 在弹出的窗口中输入用户名、全名、描述和密码等信息，单击“创建”，如图 5-14 所示。

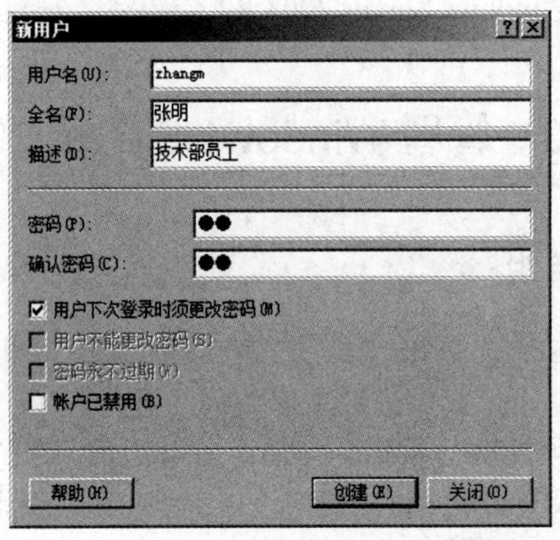

图 5-14　用户选项

扩展阅读

在设置用户账号和密码时，需要遵循以下规则：

(1) 账户名必须唯一，而且不区分大小写，最多可以包含 20 个大小写字符和数字，不能使用" / \ [ ] : ; | = , + * ? <>@等字符作为本地用户账户名，不能只由句点(.)和空格组成，不能与组名相同。

(2) Administrator 账号必须设置口令防止使用空白密码的账号被非法使用。在密码属性中可以设置用户账号登录是否需要每次更改密码。

(3) 应使用难以猜测的密码组合，尽量使用大小写字母、数字和合法的非数字字母组合的强密码，增加破译难度。

(3) 完成用户账户创建工作。

2. 域账户

域账户建立在域控制器上，用户可以利用域账户登录到域来访问域内资源。只要用户拥有一个域用户，用户就不需要一台台登录到域中某台服务器上访问资源。只要使用域用户账号通过域中任何一台计算机登录到域上，就可以共享该域的各项资源。

3. 内置账户

Windows Server 2008 R2 安装完毕后，系统会在服务器上自动创建一些内置账户，常用的有 Administrator(系统管理员)和 Guest(客户)。Administrator 具有最高权限，可以更改其名字，不能被删除，但可以被禁用。Guest 是为临时访问计算机的用户提供的。该账户默认情况下是被禁用的，只具有很少的权限，可以更改其名字，但不能被删除。

系统管理员为每位员工创建了本地用户账户后，还需要为每一个部门创建一个组，以便分组管理。组是具有相同权限的用户账户的集合，通过组可以管理用户和计算机对共享资源的访问，如图 5-15 所示。

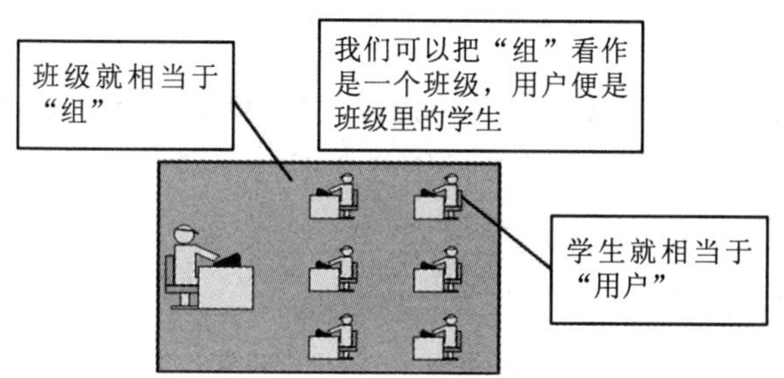

图 5-15　用户和组的关系

本地组的创建过程如下：

(1) 选择“开始”→“管理工具”→“计算机管理”，在左侧“本地用户和组”，右键单击“组”，然后点击“新建组”，如图 5-16 所示。

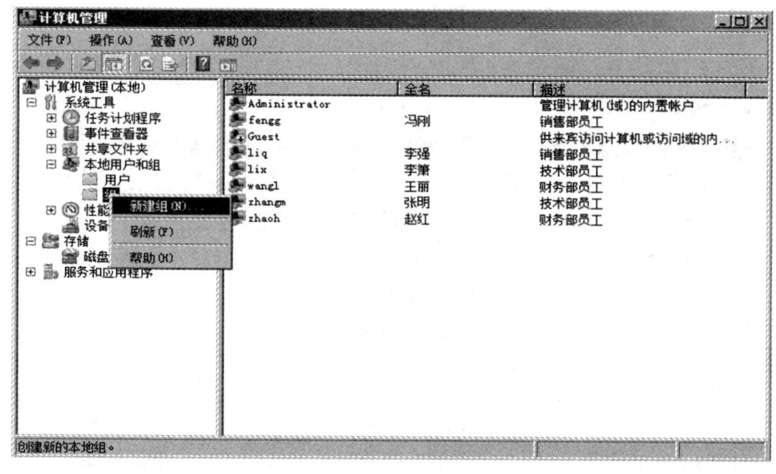

图 5-16　新建组

(2) 在弹出的对话框中，输入组名、描述，并单击“添加”，如图 5-17 所示。

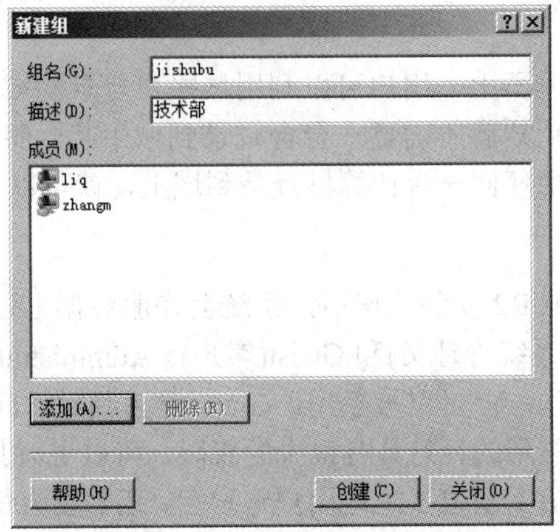

图 5-17　在组中添加用户

扩展阅读

本地组名不能与被管理的本地计算机上任何其他组名或用户名相同。用户名最多可以包含 256 个大写或小写字符，但不能包含下列字符：

“ /\[ ]:;|=,+* ? <>

组名不能只由句点 (.) 和空格组成。

(3) 单击“创建”，完成组的创建工作。

5.2.2　配置密码策略

1. 配置密码

系统管理员根据企业各部门及其员工信息创建了用户账户和组之后，就需要配置密码策略。下面介绍配置密码策略的具体操作过程。

(1) 点击“开始→管理工具→本地安全策略”，在弹出的“本地安全设置”窗口中选择“账户策略→密码策略”，如图 5-18 所示。

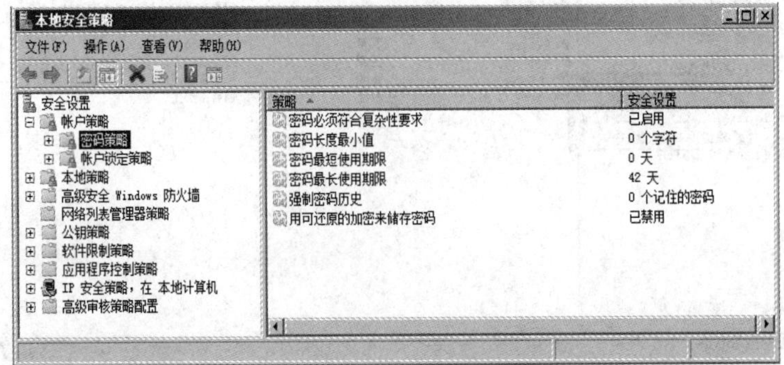

图 5-18　密码策略设置

(2) 双击“本地安全策略”右侧策略列表中的“密码必须符合复杂性要求”，在弹出的对话框中选择“已启用”，单击确定；之后点击右侧“密码长度最小值”，在弹出的对话框中将密码长度最小值设置为 8，单击确定，配置生效，如图 5-19 所示。

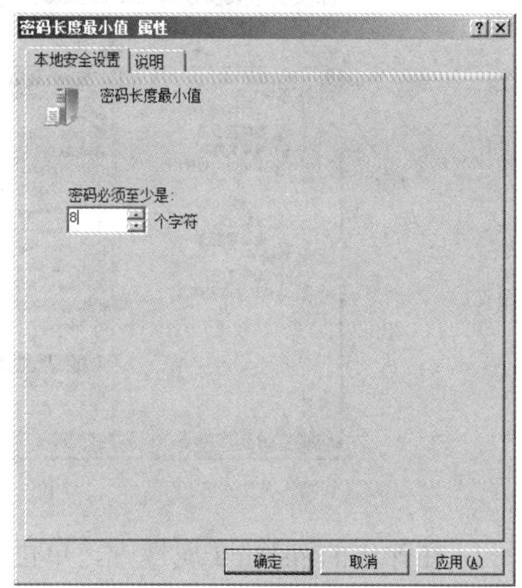

图 5-19　设置密码长度策略

2. 密码要求

启用密码策略后，密码必须符合最低要求：

(1) 不能包含用户的账户名，不能包含用户姓名中超过两个连续字符的部分；

(2) 至少有 6 个字符长；

(3) 包含英文大小写字母、10 个基本数字以及非字母字符；

(4) 在更改或创建密码时执行复杂性要求。

如果配置过程中不符合以上要求，系统会提示错误，从而保证系统安全性。

5.2.3 修改用户账户与组

当需要人事调动时，就需要修改其账户所属组。选择“开始”→“管理工具”→“计算机管理”选项，单击窗口左侧的“本地用户和组”，然后在右侧窗口点击要修改的账户名 lix，选择“属性”，如图 5-20 所示。在“lix 属性”对话框的“常规”选项卡中修改员工描述信息，单击确定，配置生效。

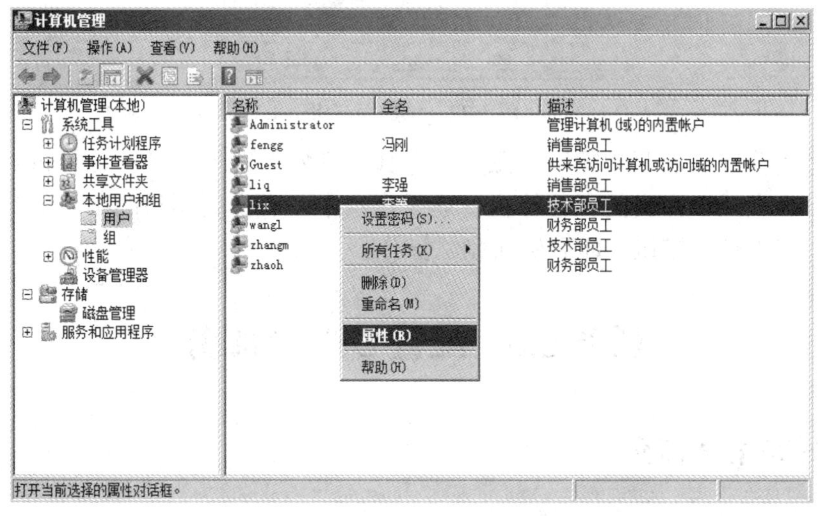

图 5-20　修改用户属性

例如，技术部来了一个新员工刘明，系统管理员为其创建了用户账户后，需要将其用户账户添加到相应所在技术部门组 jishubu。在“计算机管理”窗口右侧菜单中右击要加入的部门组 jishubu，单击“添加到组”选项，如图 5-21 所示。

图 5-21　将用户添加到组

在弹出的 jishubu 属性中，单击“添加”按钮，将新员工账户 lium 添加到 jishubu 组成员列表中，如图 5-22 所示。

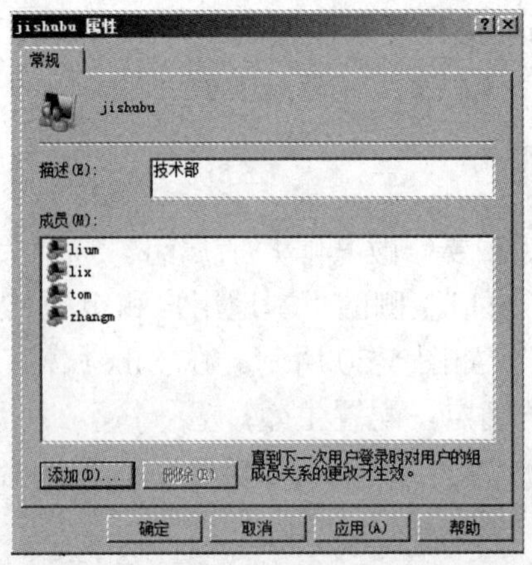

图 5-22　添加用户组

如果系统管理员需要删除用户账户，选择“开始→管理工具→计算机管理→本地用户和组”选项，在弹出的“计算机管理”窗口中，右击要删除的用户账户，然后单击“删除”和“是”按钮，即可确认删除操作。

任务 5.3　配置 DHCP 服务

5.3.1　DHCP 技术简介

1. DHCP 协议

动态主机配置协议(Dynamic Host Configuration Protocol，DHCP)为网络管理员提供了一种自动为工作站分配 IP 地址并设置 IP 相关信息的方法，通常被应用在大型的局域网络环境中，主要作用是集中管理和分配 IP 地址，使网络环境中的主机能动态地获得 IP 地址、Gateway 地址、DNS 服务器地址等信息，并能够提高地址的使用率。DHCP 是简化 IP 配置和管理的一种方法，可以极大地减轻网络管理人员的工作负担。

DHCP 协议采用客户端/服务器模型，主机地址的动态分配任务由网络主机驱动。当 DHCP 服务器接收到来自网络主机申请地址的信息时，才会向网络主机发送相关的地址配置等信息，实现网络主机地址信息的动态配置。

2. DHCP 分配 IP 地址的机制

DHCP 分配 IP 地址的机制有以下三种：

(1) 自动分配方式(Automatic Allocation)：DHCP 服务器为主机指定一个永久性的 IP 地址。一旦 DHCP 客户端第一次成功从 DHCP 服务器端租用到 IP 地址后，就可以永久性地使用该地址。

(2) 动态分配方式(Dynamic Allocation)：DHCP 服务器给主机指定一个具有时间限制的 IP 地址，时间到期或主机明确表示放弃该地址时，该地址可以被其他主机使用。

(3) 手工分配方式(Manual Allocation)：客户端的 IP 地址是由网络管理员指定的，DHCP 服务器只是将指定的 IP 地址告诉客户端主机。

3. DHCP 分配*IP 地址的过程

要想使用 DHCP 为客户端分配 IP 地址，除了要求网络中有一台 DHCP 服务器外，还要求客户端应该具备自动向 DHCP 服务器获取 IP 地址的能力，这些客户端就被称作 DHCP 客户端。DHCP 客户端向 DHCP 服务器申请获得动态 IP 地址的过程分为四个阶段，如图 5-23 所示。

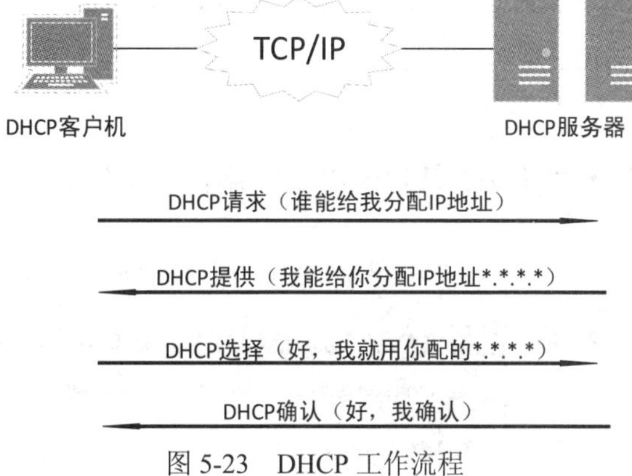

图 5-23　DHCP 工作流程

1) DHCP 请求

DHCP 请求是 DHCP 客户端寻找 DHCP 服务器的阶段。客户端以广播方式发送 DHCP DISCOVER 包，只有 DHCP 服务器才会响应。

2) DHCP 提供

DHCP 提供是 DHCP 服务器提供 IP 地址的阶段。DHCP 服务器接收到客户端的 DHCP DISCOVER 报文后，从 IP 地址池中选择一个尚未分配的 IP 地址分配给客户端，向该客户端发送包含租借的 IP 地址和其他配置信息的 DHCP OFFER 包。

3) DHCP 选择

DHCP 选择是 DHCP 客户端选择 IP 地址的阶段。如果有多台 DHCP 服务器向该客户端发送 DHCP OFFER 包，客户端会从中挑选回复最快的 DHCP 服务器提供的 IP 地址，然后以广播形式向各 DHCP 服务器回应 DHCP REQUEST 包，宣告使用它挑中的 DHCP 服务器提供的地址，并正式请求该 DHCP 服务器分配地址。其他所有发送 DHCP OFFER 包的 DHCP 服务器接收到该数据包后，将释放已经 OFFER 给客户端的 IP 地址。如果发送给 DHCP 客户端的 DHCP OFFER 包中包含无效的配置参数，客户端会向服务器发送 DHCP CLINET 包，拒绝接受已经分配的配置信息。

4) DHCP 确认

DHCP 确认是 DHCP 服务器确认所提供 IP 地址的阶段。当 DHCP 服务器收到 DHCP 客户端回应的 DHCP REQUEST 包后，便向客户端发送包含它所提供的 IP 地址及其他配置信息的 DHCP ACK 确认包，然后 DHCP 客户端将接收并使用 IP 地址及其他 TCP/IP 配置参数。

5.3.2 任务挑战——DHCP 服务的安装和配置

1. 任务目的

对公司而言，如果使用手动配置 IP，既麻烦又有可能因为忘记 IP 地址而配错地址，引起 IP 地址冲突。为了公司内部 IP 管理的便捷，可使用 1 台服务器负责分配 IP，来完成 DHCP 服务，使客户能够以透明的方式获得 IP，从而达到访问网络的目标。通过本节任务，最终完成 DHCP 服务的搭建和配置。Windows Server 2008 R2 安装完成后，系统中默认没有安装 DHCP 服务，需要管理员在服务器管理器中添加 DHCP 服务器角色。

2. 任务步骤

(1) 选择“开始”→“管理工具”→“服务器管理器”选项，显示如图 5-24 所示的窗口。

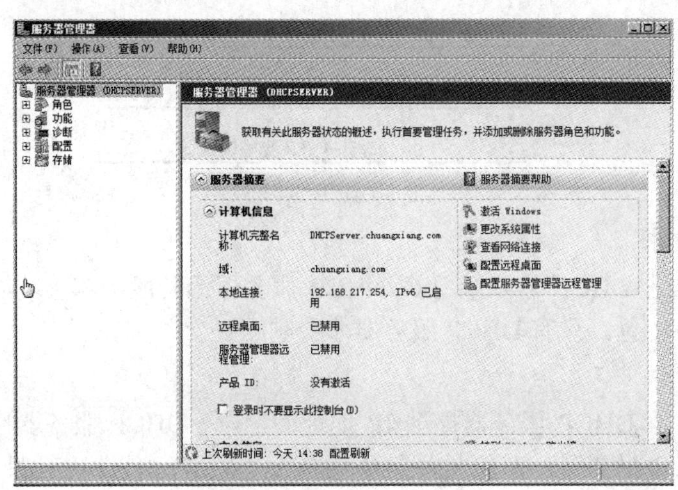

图 5-24　服务器管理器

(2) 选择"角色"，单击右侧的"添加角色"，在角色列表中选择"DHCP 服务器"角色，如图 5-25 所示，然后单击下一步。

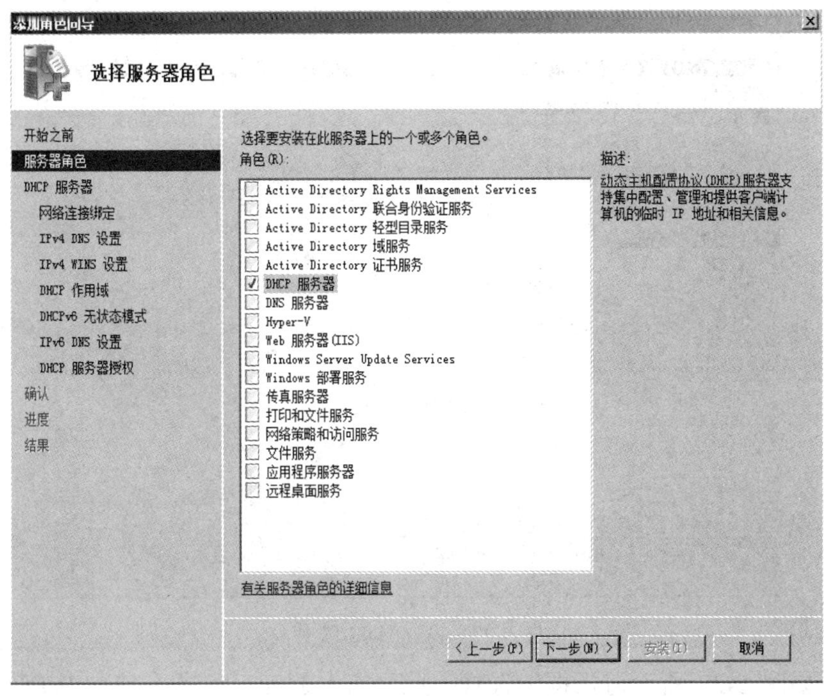

图 5-25　选择 DHCP 组件

(3) 在"DHCP 服务器"对话框中查看 DHCP 完成的功能及安装 DHCP 服务需要注意的问题，单击下一步，显示如图 5-26 所示的"选择网络连接绑定"对话框。

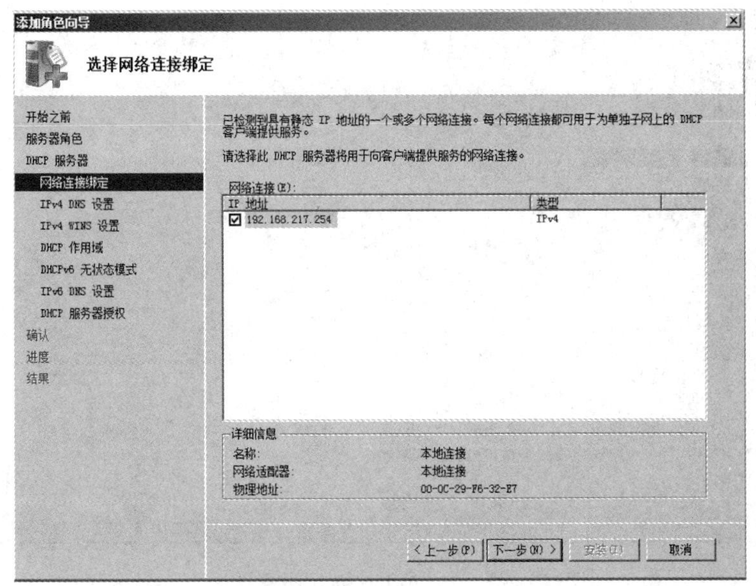

图 5-26　选择网络连接绑定

(4) 单击下一步，显示如图 5-27 所示的"指定 IPV4 DNS 服务器设置"对话框，

在“父域”文本框中输入有效的 DNS 名称，在首选 DNS 服务器 IPV4 地址文本框中输入 DNS 服务器的 IP 地址，然后单击“验证”按钮。如果检测通过，在文本框下显示“有效”。单击下一步。

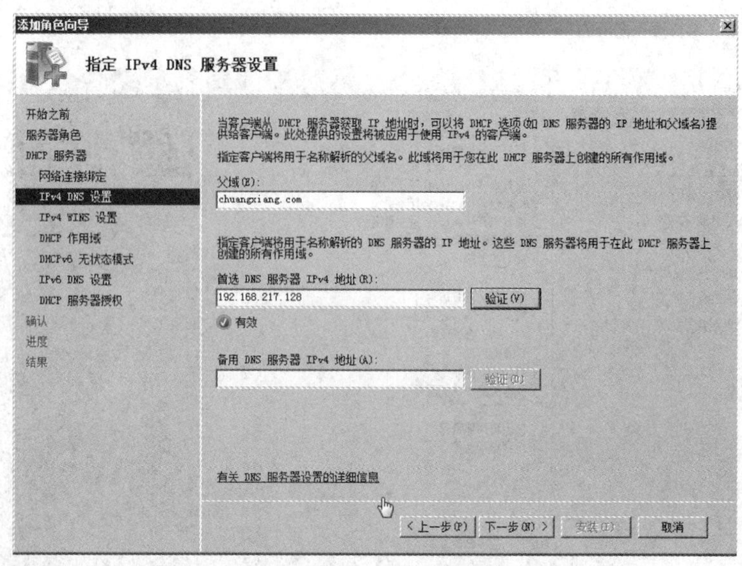

图 5-27　设置 DNS 选项

(5) 在如图 5-28 所示对话框中选择“此网络上的应用程序不需要 WINS”选项，然后单击下一步。

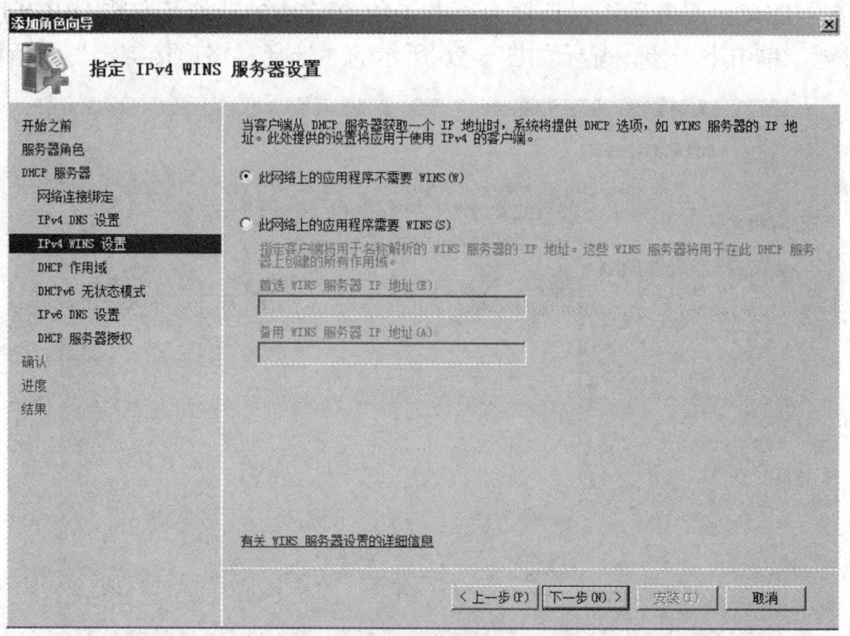

图 5-28　WINS 选项设置

(6) 在如图 5-29 所示的对话框中，可以添加或编辑作用域。作用域也可以在 DHCP 服务器角色安装完毕之后添加。在此不需要添加作用域，单击下一步。

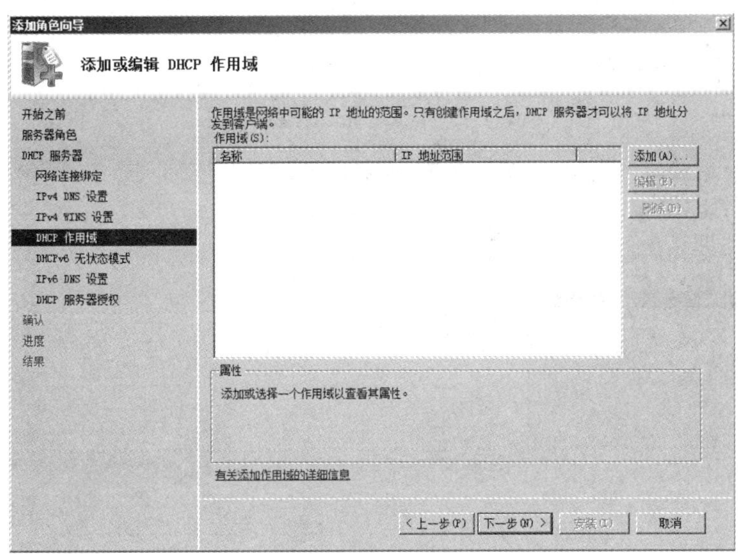

图 5-29　作用域设置

(7) 在如图 5-30 所示的“配置 DHCPv6 无状态模式”对话框中单击“对此服务器禁用 DHCPv6 无状态模式”按钮禁用该功能，然后单击下一步。

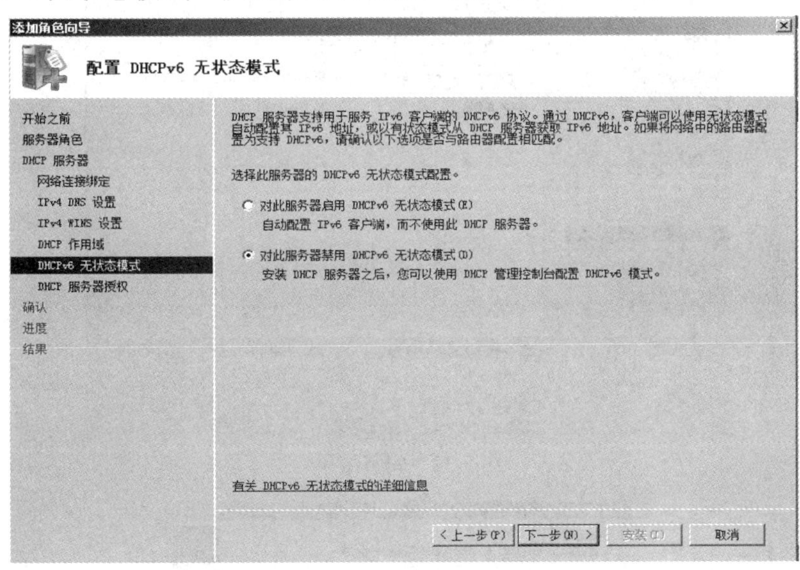

图 5-30　DHCPv6 无状态模式

(8) 在如图 5-31 所示的“确认安装选择”对话框中单击“完成”按钮，开始安装 DHCP 服务器角色。安装完毕后会显示如图 5-32 所示的“安装结果”对话框，最后单击“关闭”即可完成 DHCP 服务器角色的安装。

(9) 现在为 DHCP 服务器建立作用域，选择“开始”→“管理工具”→“DHCP”，打开 DHCP 控制台；选择“IPV4”，在弹出的快捷菜单中选择“新建作用域”，在打开的“作用域名称”中，为作用域输入名称及描述，然后单击下一步。如图 5-33 所示，在“IP 地址范围”内编辑起始和结束 IP 地址，并设好子网掩码和长度。单击下一步。

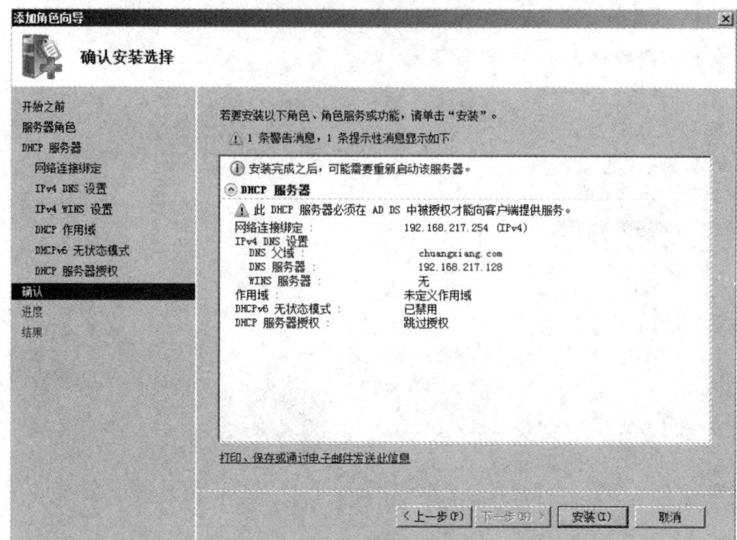

图 5-31　确认安装信息

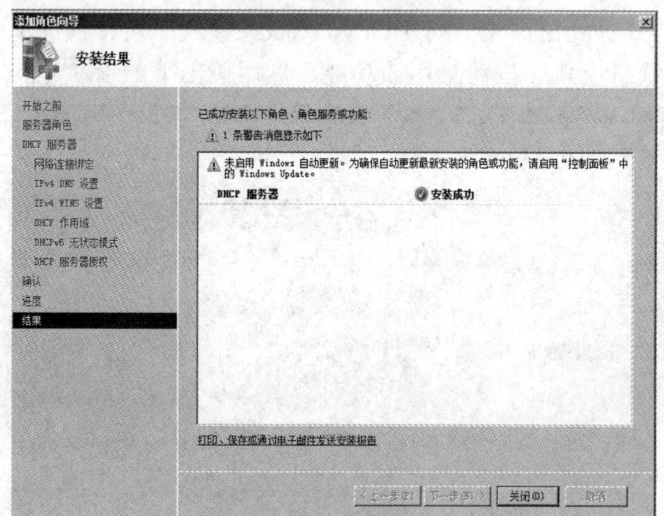

图 5-32　安装结果

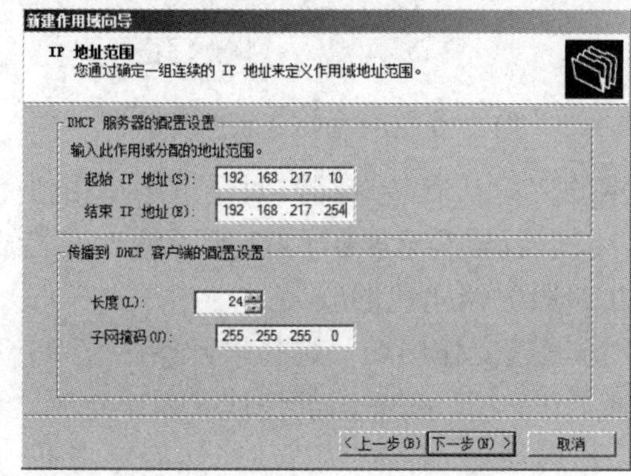

图 5-33　设置作用域地址范围

(10) 在“添加排除和延迟”对话框中指定排除的 IP 地址范围和 IP 地址，如图 5-34 所示，单击下一步。

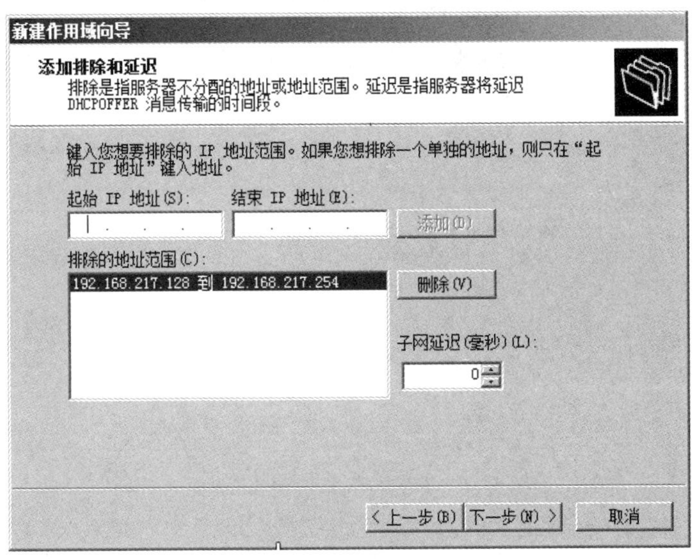

图 5-34　设置作用域排除地址

(11) 如图 5-35 所示，在“租用期限”中，输入期限的时间，然后单击下一步。

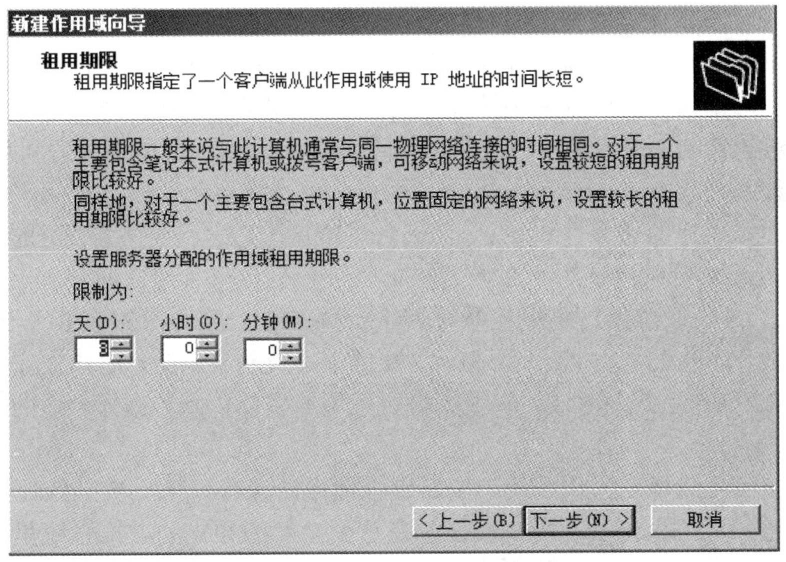

图 5-35　设置租约期限

(12) 在“配置 DHCP 选项”中选择“否，我想稍后配置这些选项”，单击下一步，返回到 DHCP 控制台，右键点击所配置的作用域，将其激活。

(13) 如图 5-36 所示，在需要使用 DHCP 服务器获取 IP 地址的客户端桌面上，设置网络属性，选择“自动获取 IP 地址”和“自动获取 DNS 服务器地址”。

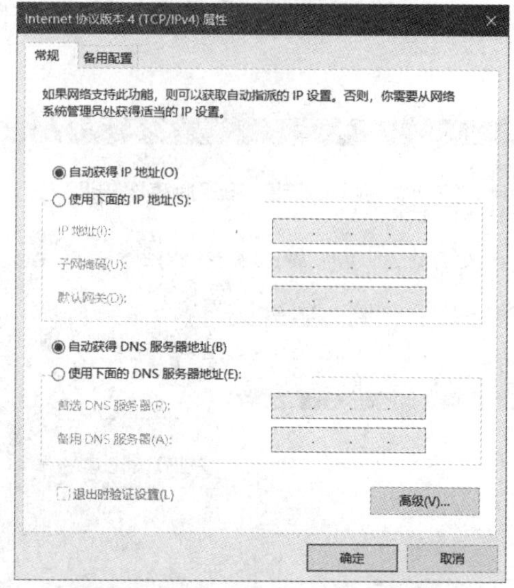

图 5-36　客户端设置自动获取地址

本项目小结

操作系统是计算机系统中用来管理各种软硬件资源，提供人机交互使用的软件。网络操作系统可实现操作系统的所有功能，并且能够对网络中的资源进行管理和共享。网络操作系统的基本任务是屏蔽本地资源和网络资源的差异性，为用户提供各种基本网络服务功能，完成网络共享系统资源的管理，并提供网络系统安全性的管理和维护。网络操作系统的功能主要包括网络通信、资源管理、网络服务、网络管理和互操作能力。

网络操作系统安装在网络服务器上，用于管理网络资源和网络应用，控制网络上的计算机和网络用户的访问。Windows Server 2008 R2 是当前应用广泛的网络操作系统，它是在 Windows Server 2008 的可靠性、可伸缩性、可管理性的基础上构建的，是第一个只提供 64 位版本的网络操作系统。Windows Server 2008 R2 有 6 个不同的版本，分别为基础版、标准版、企业版、网络版、数据中心版和安腾版。用户在安装 Windows Server 2008 R2 操作系统的时候，应根据自己应用的实际需求，选择合适的硬件设备和安装流程。

虚拟系统可生成现有操作系统的全新虚拟镜像，具有和真实 Windows 系统完全一样的功能。进入虚拟系统后，所有操作都在这个全新的独立的虚拟系统里面进行，如可以独立安装运行软件、保存数据等。虚拟系统拥有自己的独立桌面，不会对真正的系统产生任何影响，而且具有能够在现有系统与虚拟镜像之间灵活切换的功能。流行的虚拟机软件有 VMware(VMWare ACE)、Virtual Box 和 Virtual PC，它们都能在 Windows 系统上虚拟出多个计算机。如何在虚拟机上安装 Windows Server 2008 R2 操作系统是我们要掌握的重点。

当安装好 Windows Server 2008 R2 后，就可以使计算机与其他主机进行正常的通信了。在计算机网络中，计算机是被用户访问的客体，用户是访问计算机的主体，两者缺一不可。Windows Server 2008 R2 是一个多用户的网络操作系统，可以实现对用户角色的合理划分和管理。

Windows Server 2008 R2 安装完成后，系统中默认没有安装 DHCP 服务，需要管理员在服务器管理器中添加 DHCP 服务器角色，DHCP 为网络管理员提供了一种自动为工作站分配 IP 地址并设置 IP 相关信息的方法，使客户能够以透明的方式获得 IP，从而达到访问网络的目标。因此我们要掌握 DHCP 服务的搭建和配置过程。

练 习 题

一、选择题

1．网络操作系统是(　　)。

A. 系统软件　　B. 系统硬件　　C. 应用软件　　D. 工具软件

2．(　　)全部是网络操作系统。

A. Windows Server 2008、Windows 7、Linux

B. Windows Server 2008、Windows Server 2003、DOS

C. Windows Server 2008、UNIX 、Netware、Linux

D. Active Directory、Windows Server 2008、Windows Server 2012

3. 使用 DHCP 服务器的好处是(　　)。

A. 降低 TCP/IP 网络的配置工作量　　B. 增加系统安全性

C. 对经常变动位置的工作，DHCP 能迅速更新位置信息

D. 以上都是

4. (　　)可以手工更新 DHCP 客户机的 IP 地址。

A. ipconfig　　B. ipconfig/all　　C. ipconfig/renew　　D. ipconfig/release

二、简答题

1．什么是网络操作系统？目前常用的网络操作系统有哪些？

2．简述 DHCP 的工作过程。

3．简述安装 Windows Server 2008 R2 的硬件最低配置要求。

项目六　与世界相连

☛ 本项目概述

某银行在全国各省都设有分行。那么，在数量众多的银行中，通过什么方式才能实现分行和总行的数据通信呢？随着网络的发展，网络间互连的需求越来越强烈，广域网是进行网络互连的媒介。在使用互联网服务时，DNS 服务和 WWW 服务为我们带来了很大的便利。本章我们就针对广域网技术的相关基础理论以及 DNS 和 WWW 技术进行学习。

☛ 学习目标

1. 掌握广域网的定义；
2. 掌握各种广域网的接入技术及特点；
3. 理解 DNS 域名系统和 WWW 服务的概念和原理；
4. 掌握 DNS 服务和 WWW 服务的安装和配置。

任务 6.1　认识广域网

6.1.1　广域网概述

广域网(Wide Area Network，WAN)又称外网、公网，是连接不同地区局域网或城域网计算机通信的远程网，通常跨接很大的物理范围，所覆盖的范围从几十公里到几千公里。它能连接多个地区、城市和国家，或横跨几个洲，并能提供远距离通信，形成国际性的远程网络。

广域网并不等同于互联网。广域网的发送介质主要是电话线或光缆，由互联网服务提供商(Internet Service Provider，ISP)为企业间做连线。这些线是 ISP 预先埋在马路下的线路，因为工程浩大，维修不易，而且带宽是可以被保证的，所以在成本上比较高昂。而一般所指的互联网是属于一种公共型的广域网。公共型的广域网成本较低，可提供一种较便宜的上网方式。但跟广域网相比较，互联网的缺点是没办法管理带宽。走公共型网上系统，任何一段的带宽都无法被保证。

6.1.2　广域网接入技术

随着通信的飞速发展和电话普及率的日益提高，无论是在人口密集的城市还是在地形复杂的山区、海岛，用户接入广域网的需求都日益增加。那么不同地理位置的用户接入广域网的方式都有哪些？

1. ISDN 接入

1) ISDN 简介

综合业务数字网(Integrated Service Digital Network, ISDN)俗称一线通，起源于 1967 年。国际电报电话咨询委员会(Consultiue Committee For International Telegraph Anel Telephone，CCITT)对 ISDN 是这样定义的：ISDN 是以综合数字电话网(Integrated Digital Network，IDN)为基础发展演变而成的通信网，能够提供端到端的数字连接，用来支持包括语音在内的多种电信业务；用户能够通过有限的一组标准化的多用途用户网络接口接入网内，利用一条 ISDN 用户线路，就可以在上网的同时拨打电话、收发传真，就像两条电话线一样。实际上，ISDN 理论上可以提供 8 个终端同时通信，但因为目前的设备限制，所以暂提供两个终端同时通信。

2) ISDN 的组成

ISDN 包括网络终端、终端设备、终端适配器，如图 6-1 所示。

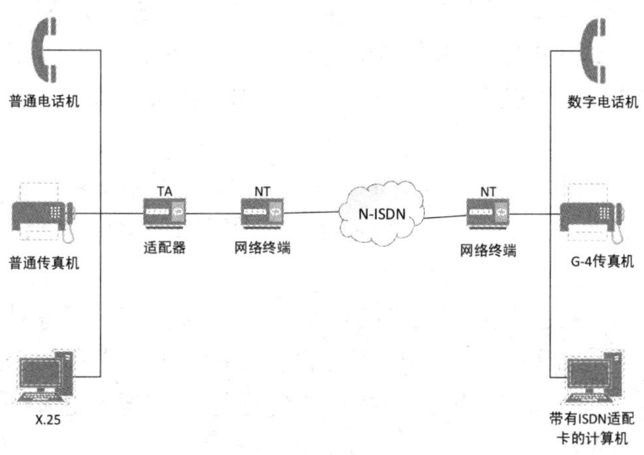

图 6-1　ISDN 的构成

网络终端分为网络终端 1(NTI)和网络终端 2(NT2)，终端设备分为终端设备 1(TE1)和终端设备 2 (TE2)，其特点见表 6-1。

表 6-1　ISDN 组成

类　型	特　　点
网络终端 1(NT1)	用户端网络设备，工作在物理层，可支持连接 8 台 ISDN 终端设备
网络终端 2(NT2)	位于用户端执行交换和集中功能的一种智能化设备，可提供 OSI/RM 的第二、第三层服务，适合于大型用户终端数量的场合
终端设备 2(TE1)	与 ISDN 网络兼容的数字用户设备，可直接连接 NT1 或 NT2，通过两对数字线路连接到 ISDN 网络
终端设备(TE2)	与 ISDN 网络不兼容的设备
终端适配器(TA)	将从 TE2 中所接受到的非 ISDN 格式的信息转换为符合 ISDN 标准的信息

3) ISDN 的信道类型

为了实现灵活性，ISDN 标准定义了载体信道(B 信道)数据信道(D 信道)和混合信道(H 信道) 3 种信道类型。每种信道都有一个不同的数据传输速率，本节重点讨论 B 信道和 D 信道。

(1) B 信道。B 信道的传输速率为 64 Kb/s，它是基本的用户信道，以端到端的方式传输数据。只要所要求的数据传输速率不超过 64 Kb/s，就可以用全双工的方式传送任何数字信息。例如，B 信道可以用来传输数字数据、数字化语音或其他低速率的信息。

(2) D 信道。根据用户的需要不同，D 信道的数据传输速率可以是 16 Kb/s 或者是 64 Kb/s。ISDN 可将控制信息单独划分为一个信道，即 D 信道，主要用于传输控制信息，也可用于低速率的数据传输和告警及遥感传输等。

4) ISDN 数字用户接口类型

ISDN 数字用户接口目前可分为基本速率接口(Basic Rate Interface，BRI)和主速率接口(Prinuary Rate Interface，PRI)两种类型适用于不同的用户需求。每个类型都包括一个 D 信道和若干个 B 信道。

(1) 基本速率接口。基本速率接口规范了包含两个 B 信道和一个速率为 I6 Kb/s 的信道的数字管道，即 2B+D。两个 B 信道的速率都是 64 Kb/s，总共是 14 Kb/s。另外，BRI 服务本身需要 48 Kb/s 的开销。因此，BRI 需要一个速率为 192 Kb/s 的数字管道。

注意：两个 B 信道和一个 D 信道是一个 BRI 接口所能支持的最大信道数。然而，这 3 个信道并不一定要分开使用，一个 BRI 接口所有 192 Kb/s 的数字管道可以全部用来传送一个信号。

(2) 主速率接口。主速率接口提供的信道情况要根据不同国家或地区采用的 PCM 基群格式而定。在北美洲和日本，PRI 可提供由 23 个 B 信道和 1 个速率为 64 Kb/s 的 D 信道组成的数字管道，即 23B+D。23 个 B 信道每个信道的速率都是 64 Kb/s，加上 1 个速率为 64 Kb/s 的 D 信道。另外，PRI 服务本身使用了 8 Kb/s 的开销，因此 PRI 总的数据传输速率是 1.544 Mb/s。在欧洲、澳大利亚、中国和其他国家，PRI 可提供由 30 个 B 信道和 1 个 D 信道组成的数字管道，即 30B+D，总的数据传输速率是 2.048 Mb/s。由于 ISDN 提供了更高速率的数据传输，因此，它可实现可视电话、视频会议或 LAN 间的高速网络互连。

扩展阅读

ISDN 在家庭个人用户和中小型企业的典型应用

家庭个人用户通过一台 ISDN 终端适配器连接个人计算机、电话机等。个人计算机以 64/128 b/s 的速率连接 Internet，同时可以打电话。中小型企业则将企业的局域网、电话机、传真机通过一台 ISDN 路由器连接到一条或多条 ISDN 线路，以 64/128 Kb/s 或更高速率接入 Internet。

2. xDSL 接入

1) xDSL 简介

数字用户环路(Digital Subscriber Line, DSL)是以铜质电话线为传输介质的点到点传输技术。DSL 利用软件与电子技术的结合，使用在电话系统中没有被利用的高频信号传输数据，弥补铜线传输的一些缺陷。

xDSL 是各种类型 DSL 的总称，主要包括 HDSL、SDSL、VDSL、ADSL 和 RADSL 等。它们的主要区别体现在信号传输速度和有效距离的不同，以及上行速率和下行速率对称性不同这两个方面。

采用 xDSL 技术需要在原有语音线路上叠加传输，并在电信局和用户端分别进行合成与分解，为此需要配置相应的局端设备。不过，传输距离越长，信号衰减就越大，也就越不适合高速传输。因此，xDSL 只能工作在用户环路上，传输距离有限。

目前，xDSL 的发展非常迅速，其主要原因在于：① xDSL 可以充分利用现有已经铺设好的电话线路，而无需重新布线、构建基础设施；② xDSL 的高速带宽可以为服务提供商增加新的业务，而宽带服务主要应用于高速数据传输业务，如高速 Internet 接入、小型家庭办公室局域网访问、异地多点协作、远程教学等。

2) xDSL 的特点

xDSL 的主要特点如下：

(1) xDSL 支持工业标准，支持任意数据格式或字节流数据业务，且可以同时打电话；

(2) xDSL 是一种 Modem，也进行调制与解调；

(3) xDSL 有对称与非对称之分，可满足不同的用户需求。

3) xDSL 的分类

xDSL 分为对称的 DSL 和非对称的 DSL。对称的 DSL 有 HDSL、SDSL、IDSL，非对称的 DSL 有 ADSL、RADSL、VDSL。

(1) HDSL 接入。

高速数字用户线路(High-bit-rate Digital Subscriber Line，HDSL)是高速对称 4 线 DSL。它采用 2 对或 3 对铜线提供全双工的数据传输，其中在 2 对电话线进行全双工通信时，发送和接收的数据传输速率最高为 1.544 Mb/s，传输距离最大为 3.6 km (2.25 英里)；在 3 对电话线上进行全双工通信时，可提供 2.048 Mb/s 的速率。

(2) SDSL 接入。

单线对数字用户线路(Single-pair Digital Subscriber Line，SDSL)是 HDSL 的单对线版本，也被称为 S-HDSL。S-HDSL 是高速对称二线 DSL，可以提供双向高速可变比特率连接，数据传输速率范围从 160 Kb/s 到 2.048 Mb/s。它支持多种速率，用户可以根据数据流量选择最经济合适的速率，最高可达 2.048 Mb/s。它比 HDSL 节省一对铜线，在 0.4 mm 双绞线上的最大传输距离为 3 km。由于只使用一对线，S-HDSL 技术可以直接应用在家庭或办公室里，而无需进行任何线路的申请或更改，同时实现 POTS 和高速通信。SDSL 对于视频会议和交互式教学尤为有用。

(3) IDSL 接入。

IDSL 是 ISDN 数字用户线，这种技术在用户端使用 ISDN 终端适配器及 ISDN 接口卡，可以提供 128 Kb/s 速率的服务。

(4) ADSL 接入。

① ADSL 简介。

ADSL (Asymmetrical Digital Subscriber Line)为非对称数字用户环路，是一种能够通过普通电话线提供宽带数据业务的技术，是目前极具发展前景的一种接入技术。

ADSL 在两个方向上的速率是不相同的，它使用单对电话线，为网络用户提供很高的数据传输速率。ADSL 刚开始建立的时候，使用的上行传输速度为 64 Kb/s，下行传输速度为 1.544 Mb/s。现在上行传输速度可以达到 576～640 Kb/s，下行传输速度可以达到 6 Mb/s。ADSL 还可以使用第三个通信信道，在进行数据传输的同时进行 4 kHz 的语音传输。

② ADSL 设备的安装。

ADSL 设备的安装包括局端线路的调整和用户端设备的安装两个方面。局端线路的调整是指将用户原有的电话线路接入 ADSL 局端设备，用户端设备的安装是指 ADSL 调制解调器的安装。

③ ADSL 的接入结构及软件设置。

ADSL 设备安装好后需进行如下设置：

- 将电话外线接到滤波器上。滤波器的作用是分离语音和数字信号。
- 用一根 ADSL 电缆(两芯电话线)连接滤波器和 ADSL 调制解调器。
- 用一根两头接有 RJ-45 水晶头的 UTP 直通双绞线连接 ADSL 调制解调器和计算机上的网卡。
- 设置好 TCP/IP 协议中的 IP 地址、DNS 和网关等参数。

使用 ADSL 接入 lnternet 的结构如图 6-2 (单机接入)和图 6-3(局域网接入)所示。

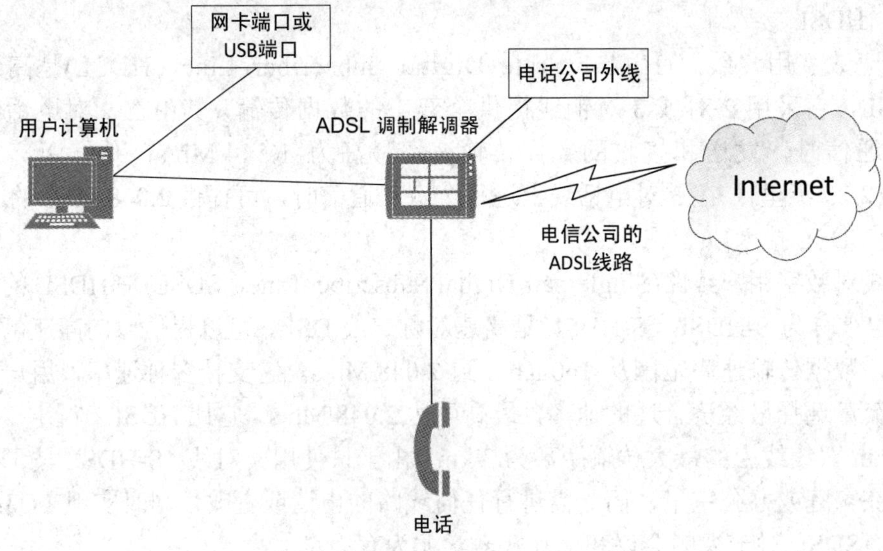

图 6-2　单机使用 ADSL 接入 Internet

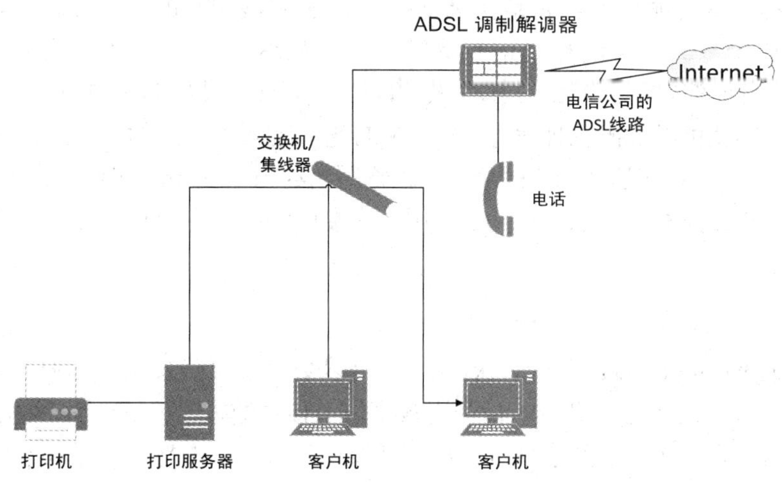

图 6-3 局域网使用 ADSL 接入 Internet

④ ADSL 的特点。

ADSL 不但具有 HDSL 的所有优点，而且还具有下面几个方面的特点：

• 只使用一对电话线，可减轻分散的住宅居民用户的压力，也可以扩展至企业集团用户。

• 具有普通电话信道。即使 ADSL 设备出现故障，也不影响普通电话业务。

• 下行速率大，可以满足将来广播电视、视频点播及多媒体接入业务的需要。

• 线路具有良好的抗干扰性能。在受到干扰的地方，它可以动态地调整通道的数据面 3 流传输速率；在未受到干扰的地方或干扰小的地方，它可以保持较高的数据传输速率。它还可以把受干扰较大的子通道内的数据流转移到其他通道上，这样既保证了数据的高速传输，又保证了传输的质量。

⑤ ADSL 的应用。

ADSL 通常用于高速数据接入、视频点播、网络互连业务、家庭办公、远程教学、远程医疗等方面。

(5) RADSL 接入。

速率自适应数字用户环路(Rate Adaptive Digital Subscriber Line，RADSL)是 ADSL 的一种扩充，它允许服务提供者调整 xDSL 连接的带宽，以适应实际需要，并且解决线长和质量问题。它利用一对双绞线传输，支持同步与异步的传输方式，速率自适应。RADSL 可建立传输特殊的速率，能根据线路上的实际需求自动地调整传输速率。RADSL 对用户十分有利，因为只需为他们需要的带宽付费，电话公司可以将没有使用的带宽分配给其他用户。RADSL 另外的一个优点是当带宽没有被全部使用时，线路的长度可以很长，因此可以满足那些距电话公司 5.5 km 之外的用户。RADSL 的下行传输速率可以达到 12 Mb/s，而上行传输速率可以达到 1 Mb/s。

(6) VDSL 接入。

甚高速数字用户环路(Very High-bit-rate Digial Subcriber Line，VDSL)，是一种极

高速非对称的数据传输技术。它是在 ADSL 基础上发展起来的 xDSL 技术，可以将传输速率提高到 25～52 Mb/s，应用前景更广。它与 ADSL 有很多相似之处，也采用频分复用技术，将普通的电话 POTS、ISDN 及 VDSL 上下行信号放在不同的频带内，接收时采用无源滤波器就可以滤出各种信号。VDSL 的速率比 ADSL 高约 10 倍，但传输距离比 ADSL 短得多。VDSL 在速率为 13 Mb/s 时传输距离约为 1500 m，在速率为 52 Mb/s 时传输距离只有 300 m 左右。所以，VDSL 适用于光缆网络中与用户相连的最后一段线路。

3. DDN 接入

1) DDN 接入简介

数字数据网(Digital Data Network，DDN)是以数字交叉连接为核心技术，集合数据通信、数字通信、光纤通信等技术，利用数字信道传输数据信号的一种数据接入业务网络。它的传输媒介有光缆、数字微波卫星信道及用户端可用的普通电缆和双绞线。

2) DDN 的特点

(1) DDN 接入为半永久性电路连接方式，采用同步时分复用技术，不具备交换功能。

(2) DDN 接入为用户提供点到点的数字专用线路，可利用光缆、数字微波、卫星信道以及用户端可用的普通电缆和双绞线作为传输介质。

(3) 网络对用户透明，支持任何协议，不受约束。只要通信双方自行约定了通信协议，就能在 DDN 上进行数据通信。

(4) DDN 接入适合于频繁的大数据量通信，速率可达 155 Mb/s。

3) DDN 的组成

DDN 以硬件为主，对应 OSI 模型的低 3 层，主要由以下 4 部分组成：

(1) 本地传输系统：由用户设备和用户环路组成。

(2) DDN 节点：DDN 节点的功能主要由复用和交叉连接组成。

(3) 局间传输及同步系统：由局间传输和同步时钟组成。

(4) 网络管理系统：包括用户接入管理、网络资源的调度和路由管理、网络状态的监控、网络故障的诊断、报警与处理，网络运行数据的收集与统计，计费信息的收集与报告等。

DDN 提供的网络业务分为专业电路、帧中继和压缩话音/G3 传真、虚拟专用网等。DDN 的主要业务是向用户提供中、高速率，高质量的点到点和点到多点数字专用电路(简称专用电路)；在专用电路的基础上，通过引入帧中继服务模块(Frame Relay Module，FRM)提供永久性虚电路(Permanet Virtual Circuit，PVC)连接方式的帧中继业务；通过在用户入网处引入语音服务模块(Voice Service Module，VSM)，提供压缩语音/G3 传真业务，可看作是在专用电路业务基础上的增值业务。压缩语音/G3 传真业务可由网络增值，也可由用户增值。

4. Cable Modem 接入

1) Cable Modem 接入简介

电缆调制解调器(Cable Modem, CM)是一种允许用户通过有线电视网进行高速数据接入(如接入 Internet)的设备。它具备有线电视同轴电缆的带宽优势，可利用一条电视信道高速传送数据。

2) Cable Modem 的特点

Cable Modem 接入的特点主要有以下几点：

(1) 速度快。下行速率可高达 36 Mb/s，上行速率也可高达 10 Mb/s。

(2) Cable Modem 只占用有线电视系统可用频谱中的一小部分，因而上网时不影响收看电视和使用电话。

(3) 接入 Internet 的过程可在一瞬间完成，不需要拨号和登录过程。计算机可以每天 24 小时停留在网上，用户可以随意发送和接收数据。不发送或接收数据时不占用任何网络和系统资源。

3) Cable Modem 的作用

Cable Modem 不仅具有调制解调功能，以及射频信号接收调谐、加密解密和协议适配等功能，它还可作为桥接器、路由器、网络控制器或集线器来使用。使用 Cable Modem 无需拨号上网，也不占用电话线，便可永久连接。通过 Cable Modem 系统，用户可利用有线电视网络访问国际互联网、拨打 IP 电话、举行视频会议、点播视频、接受远程教育、玩网络游戏等。Cable Modem 可在两个不同的方向上接收和发送数据，在上行 Cable Modem 把数字信号转换成模拟射频信号，类似电视信号在有线电视网上的传送；在下行方向上，Cable Modem 把射频信号转换为数字信号，以便计算机处理。

4) Cable Modem 接发数据的原理

有线电视网属于共享资源，因而 Cable Modem 在进行发送和接收数据时，除了要对数据进行调制和解调外，还需要对数据进行加密和解密。通过 Internet 发送数据时，本地 Cable Modem 会对数据进行加密，使黑客难以盗取数据；电视网服务器端的 Cable Modem 端接系统(Cable Modem Termination Systems，CMTS)对数据解密，然后送给 Internet。接收数据时则相反，有线电视网服务器端的 CMTS 对数据进行加密后发送给有线网，然后本地计算机上的 Cable Modem 再对数据进行解密。

5) Cable Modem 的接入方式

Cable Modem 有两种接入方式，第一种是多用户共享 Cable Modem 的 HFC+Cable Modem+HUB 以太网入户方式。用户通过下连集线器支持多台 PC 上网，PC 的 IP 地址通过 DHCP 服务器动态获得。第二种是同轴电缆入户。用户独享 Cable Modem 的双向网络方式，用户可通过计算机以太网卡或 USB 口连接到 Cable Modem，PC 的 IP 地址可通过 DHCP 服务器动态获得。

5. 光纤接入

1) 光纤接入的优点

光纤接入是指局端与用户之间完全以光纤作为传输媒体，采用的具体接入技术可以不同。与其他接入技术相比，光纤接入网的优点如下：

(1) 能满足用户对各种业务的需求；

(2) 可以克服铜线电缆无法克服的一些限制因素；

(3) 性能不断提高，价格不断下降；

(4) 提供数据业务，有完善的监控和管理系统，能适应将来宽带综合业务数字网的需要。

2) 光纤接入的分类及其特点

光纤接入可以分为有源光接入和无源光接入。通过有源光接入设备将局端设备(Control Equopment，CE)和远端设备(Remote Equipment，RE)相连的网络称为有源光网络(Actiue Optical Network，AON)，其骨干部分采用的传输技术是同步数字系列(Synchronous Digital Hierarchy, SDH)和准同步数字系列(Plesiochronous Digital Hierarchy，PDH)技术，其中以 SDH 技术为主。远端设备主要完成业务的收集、接口适配、复用和传输功能，局端设备主要完成接口适配、复用和传输功能及提供网管接口。在实际接入网建设中，有源光网络的拓扑结构通常是星状或环状。

以无源光接入的一种纯介质网络称为无源光网络(Passive Optical Network，PON)。

有源光网络和无源光网络的特点见表 6-2。

表 6-2 有源光网络和无源光网络的特点

分 类	特 点
有源光网络	(1) 传输容量大，一般提供 155 Mb/s 或 622 Mb/s 的接口；
	(2) 传输距离远，在不加中继设备的情况下，传输距离可达 70～80 km；
	(3) 用户信息隔离度好；
	(4) 技术成熟
无源光网络	(1) 运行、维护成本较低；
	(2) 业务透明性较好，带宽高；
	(3) 端设备和光纤由用户共享；
	(4) 标准化程度好

3) 光纤的三种接入方式

光纤接入有 FTTB(Fiber To The Buiding，光纤到大楼)、FTTC(Fiber To The Curb，光纤到路边)、FTTH(Fiber To The Customer，光纤到用户)3 种形式。

(1) FTTB：光网络单元(Optical Network Unit，ONU)设置在大楼内的配线箱处，用于为大中型企事业单位及商业用户服务，可提供高速数据、电子商务、可视图文等宽带业务。

(2) FTTC：为住宅用户提供服务。光网络单元设置在路边，从 ONU 出来的电信号再传送给各个用户。一般用同轴电缆传送视频业务，用双绞线传送电话业务。

(3) FTTH：光网络单元设置在用户住宅内，为家庭用户提供各种综合宽带业务。

6. 无线接入

1) 无线接入简介

所谓“无线接入”，是指从交换节点到用户终端之间，部分或全部采用无线手段的一种接入方式。在遇到洪水、地震、台风等自然灾害时，无线接入系统还可作为有线通信网的临时应急系统，快速提供基本业务服务。

2) 无线接入的分类

无线接入在结构上大致可分为两种类型，一种是局端设备之间通过无线方式互连，用户终端通过用户单元设备与远程局端设备连接，用户单元的作用相当于中继器，如图 6-4 所示；另一种是用户终端采用无线接入方式直接与局端设备连接，不使用其他设备，如图 6-5 所示。

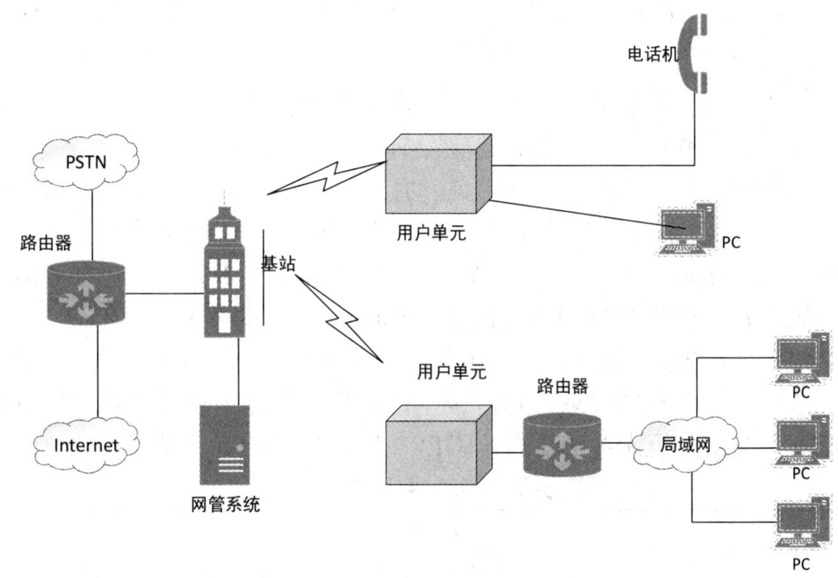

图 6-4　局端设备接入

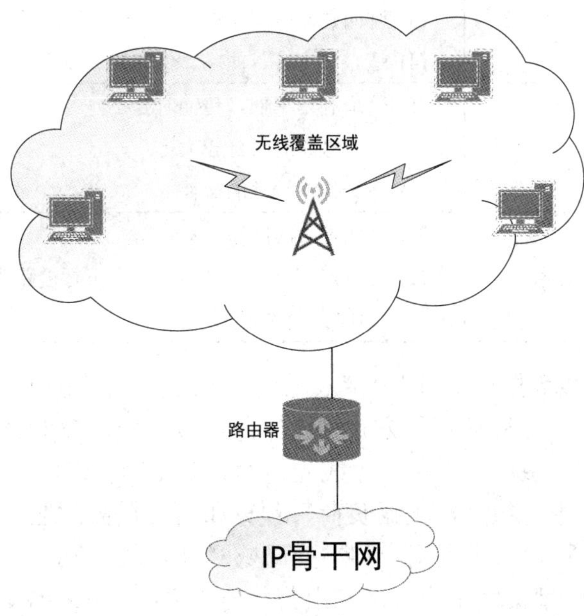

图 6-5　终端到局端设备接入

3) 无线接入的特点

无线接入有以下特点。

(1) 无线接入不需要专门进行管道线路的铺设， 为一些光缆或电缆无法铺设的区域提供了业务接入的可能，同时缩短了工程项目的工期，节约了管道线路的投资。

(2) 随着接入技术的发展，无线接入设备可以同时解决数据及语音等多种业务的接入。

(3) 可根据区域的业务量的增减灵活调整带宽。

(4) 可方便地进行业务迁移、扩容，在临时搭建的业务点的应用中优势更加明显。

4) 无线接入技术

无线接入 Internet 所采用的技术，是在向用户提供传统电信业务的无线本地环路(Wireless Local Loop，WLL)技术基础上发展、建立起来的。

无线接入技术可分为两种：一种为移动接入方式，包括 CDPD (Cellular Digital Packet Data，蜂窝数字分组数据)、电路交换蜂窝、分组无线传输 PCS (Personal Conmunication Service，个人通信业务)；另一种为固定接入方式，包括微波、扩频微波、卫星、无线光传输和 UHF (Ultra High Frequency，特高频)。

(1) 移动接入无线数据通信。移动接入无线数据通信比较注重时效性，要求在移动的过程中完成对数据信息的存取。这种类型的数据通信技术包括蜂窝数字分组数据、电路交换蜂窝、通用分组无线传输技术(GPRS)等，各自的特点见表 6-3。

表 6-3　移动接入技术特点

类　型	特　点
蜂窝数字分组数据	(1) 采用公共随机接入，信道利用率高； (2) 传输时效较大； (3) 呼叫建立时间短； (4) 适合于点多、面广、信息短、量大而频次较密的突发性业务
电路交换蜂窝	(1) 信道利用率低，传输时延小； (2) 建立链路时时延较大； (3) 适合传输较长的文件
通用分组无线传输技术	(1) 呼叫建立时间短； (2) 支持点到点、点到多点、上下行链路非对称传送，适合于突发性、面向大众的业务

(2) 固定接入无线数据通信。固定接入无线数据通信系统是用户上网浏览及传输大量数据时的必然选择。与移动接入方式相比，固定接入成本较低。这种类型的数据通信技术包括微波、扩频微波、卫星、无线光传输和 UHF(特高频)，其特点见表 6-4。

广域网的接入技术有很多，根据负荷、预算和需要覆盖的地理范围等的不同，采用的接入技术也不一样，如个人用户和小型局域网可以通过 ISDN 或 ADSL 技术等方式接入广域网；大、中型集团用户可以利用公共传输系统采用 DDN 数据专线方式互相连接或通过光纤接入等方式接入广域网；在地形复杂的山区、海岛或用户稀少、分散的农村地区，则可采用无线接入方式。

表 6-4　固定接入技术特点

类　型	特　点
微波	(1) 用于宽带固定无线接入； (2) 开通快，维护简单； (3) 用户较密时成本低
扩频微波	(1) 高速率； (2) 可实现点到点、点到多点的通信及联网； (3) 可传送图形、文字、话音、动态图像等信息； (4) 信号弱，隐蔽保密性好，误码率低； (5) 可实现局域网互连或远程接入
卫星	(1) 受气候影响较大； (2) 安全性低
无线光传输	(1) 以红外光或激光为传输媒介； (2) 适合于不便安装有线电路且申请无线频率困难的区域
UHF(特高频)	(1) 本身并不具备安全性能； (2) 速率在 128 Kb/s～10 Mb/s

6.1.3　虚拟专用网络

1. VPN 简介

虚拟专用网络(Virtual Private Network，VPN)指的是在公用网络上建立专用网络的技术。之所以称为虚拟网，主要是因为整个 VPN 网络任意两个结点之间的连接并没有传统专网所需的端到端的物理链路，而是架构在公用网络服务商所提供的网络平台上，如 Internet、ATM(Asynchronous Transfer Mode，异步传输模式)、Frame Relay(帧中继)等逻辑网络，用户数据在逻辑链路中传输。它涵盖了跨共享网络或公共网络的封装、加密和身份验证链接的专用网络的扩展，如图 6-6 所示，主要采用隧道技术、加解密技术、密钥管理技术和使用者与设备身份认证技术。

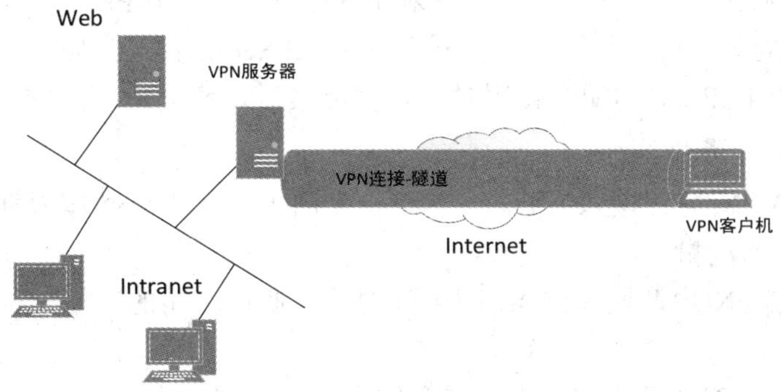

图 6-6　VPN 虚拟专用网络

在传统的企业网络配置中，要进行异地局域网之间的互联，方法是租用DDN(Digital Data Network，数字数据网)专线或帧中继，这样的通信方案必然导致高昂的网络通信/维护费用。而移动用户(移动办公人员)与远端个人用户一般通过拨号线路(Internet)进入企业的局域网，这样必然带来安全上的隐患。VPN 则完全克服了这些缺点。

2. VPN 的特点

1) 成本低

通过公用网来建立 VPN，可以节省大量的通信费用，而不必投入大量的人力和物力去安装和维护 WAN(Wide Area Network，广域网)设备和远程访问设备。

2) 传输数据安全可靠

虚拟专用网产品均采用加密及身份验证等安全技术，保证连接用户的可靠性及传输数据的安全和保密性。VPN 通过建立一个隧道，利用加密技术对传输数据进行加密，保证数据的私有和安全性。

3) 保证服务质量

VPN 可以根据不同要求提供不同等级的服务质量保证。

4) 连接方便灵活

用户想与合作伙伴联网时，如果没有虚拟专用网，双方的信息技术部门就必须在双方之间租用线路或建立帧中继线路。有了虚拟专用网之后，只需双方配置安全连接信息即可。VPN 支持通过 Internet 和 Extranet 的任何类型的数据流。

5) 管理方便

虚拟专用网使用户可以自由使用 ISP 的设施和服务，同时又完全掌握着自己网络的控制权。例如，用户只利用 ISP 提供的网络资源，而其他的安全设置、网络管理变化可由自己管理。此外，在企业内部也可以自己建立虚拟专用网。VPN 可以从用户和运营商角度进行方便的管理。

3. VPN 的分类

1) 按 VPN 的协议分类

VPN 的隧道协议主要有 PPTP、L2TP 和 IPSec 三种，其中 PPTP 和 L2TP 协议工作在 OSI 参考模型的第二层，又称为二层隧道协议；IPSec 是第三层隧道协议，也是最常见的协议。L2TP 和 IPSec 的配合使用是目前性能最好、应用最广泛的一种隧道协议。

2) 按 VPN 的应用分类

(1) Access VPN(远程接入 VPN)：客户机到网关，使用公网作为骨干网在设备之间传输 VPN 的数据流量。

(2) Intranet VPN(内联网 VPN)：网关到网关，通过公司的网络架构连接来自同公司的资源。

(3) Extranet VPN(外联网 VPN)：与合作伙伴企业网构成 Extranet，将一个公司与另一个公司的资源进行连接。

3) 按所用的设备类型进行分类

网络设备提供商针对不同客户的需求，开发出不同的 VPN 网络设备，主要为交换机、路由器和防火墙。

(1) 路由器式 VPN：部署较容易，只要在路由器上添加 VPN 服务即可。

(2) 交换机式 VPN：主要应用于连接用户较少的 VPN 网络。

(3) 防火墙式 VPN：最常见的一种 VPN 实现方式，许多厂商都提供这种配置类型。

4．VPN 的实现技术

1) 隧道技术

实现 VPN 的关键是在公网上建立虚信道，而建立虚信道是利用隧道技术实现的。IP 隧道的建立可以在链路层和网络层；第二层隧道主要是 PPP 连接，如 PPTP、L2TP，其特点是协议简单，易于加密，适合远程拨号用户；第三层隧道是 IPinIP，如 IPSec，其可靠性及扩展性优于第二层隧道，但没有前者简单直接。

2) 隧道协议

隧道是利用一种协议传输另一种协议的技术，即用隧道协议来实现 VPN 功能。创建隧道时，隧道的客户机和服务器必须使用同样的隧道协议。

(1) PPTP(Point to Point Tunneling Protocol，点到点隧道协议)：一种用于让远程用户拨号连接到本地的 ISP，通过 Internet 安全远程访问公司资源的新型技术。它能将 PPP(Point to Point Protocol，点到点协议)帧封装成 IP 数据报，以便能够在基于 IP 的互联网上进行传输。PPTP 使用 TCP(Transfer Control Protocol，传输控制协议)连接来创建、维护与终止隧道，并使用 GRE(Generalized Routing Encapsulation，通用路由封装)将 PPP 帧封装成隧道数据。被封装后的 PPP 帧的有效载荷可以被加密或者压缩或者同时被加密与压缩。

(2) L2TP 协议：PPTP 与 L2F(第二层转发)的综合，它是由思科公司所推出的一种技术。

(3) IPSec 协议：一个标准的第三层安全协议，它在隧道外面再封装，保证了传输过程的安全。IPSec 的主要特征在于它可以对所有 IP 级的通信进行加密。

任务 6.2　了解 DNS 域名系统

6.2.1　域名系统

1．DNS 的产生

DNS 是 Domain Name System(域名系统)的缩写，指在 Internet 中使用的分配名字和地址的机制。

IP 地址为 Internet 提供了统一的编址方式，直接使用 IP 地址就可以访问 Internet 中的主机。一般来说，用户很难记住 IP 地址。例如，用点分十进制表示某个主机的 IP

地址为 217.86.17.220，这样一串数字很难记住。但是如果告诉你陕西工业职业技术学院 www 服务器地址的字符表示为 www.sxpi.com，那么就容易理解方便记忆。域名的概念应运而生。

2. 域名的构成

1) 域名系统的结构

域名采用分层方法命名，每一层都有一个子域名。域名由一串用小数点分隔的子域名组成。

域名的一般格式为计算机名. 组织机构名. 网络名. 最高层域名，各部分间用小数点隔开。为了方便管理及确保网络上每台主机的域名绝对不会重复，整个 DNS 结构被设计为 4 层，分别是根域、顶层域、第二层域和主机。

(1) 根域。这是 DNS 的最上层。当下层任何一台 DNS 服务器无法解析某个 DNS 名称时，便可以向根域的 DNS 寻求协助。理论上，只要所查找的主机按规定进行了注册，那么无论它位于何处，从根域的 DNS 服务器往下层查找，一定可以解析出它的 IP 地址。

(2) 顶层域。域名系统将整个 Internet 划分为多个顶层域，并为每个顶层域规定了通用的顶层域名，见表 6-5。

表 6-5　Internet 第一级域名的代码及类型

顶层域名	域名类型
com	商业组织
edu	教育机构
gov	政府部门
Int	国际组织
mil	军事部门
net	网络支持中心
org	各种非盈利性机构
国家代码	各个国家和地区

这一层的命名方式有争议。在美国以外的国家，大多数依据 ISO3116 来区分，例如，cn 为中国，jp 为日本等。但是在美国，虽然它也有 us，但却很少用来当成顶层域名，反而是以组织性质来区分。

(3) 第二层域。第二层域可以说是整个 DNS 系统中最重要的部分。在这些域名之下都可以开放给所有人申请，名称则由申请者自己定义，例如“.pku.edu.cn”。

(4) 主机。主机是最后一层，是隶属于第二层域的主机。这一层由各个域的管理员自行建立，不需要通过管理域名的机构。例如，我们可以在“pku.edu.cn”这个域下再建立”www.pku.edu.cn”、“ftp.pku.edu.cn”等主机。

2) 域名系统的组成

域名系统由解析器和域名服务器组成。

(1) 解析器。在域名系统中，解析器为客户方，它与应用程序连接，负责查询域名服务器、解释从域名服务器返回的应答及把信息传送给应用程序等。

(2) 域名服务器。域名服务器用于保存域名信息，一部分域名信息组成一个区，域名服务器负责存储和管理一个或若干个区。为了提高系统的可靠性，每个区的域名信息至少由两台域名服务器来保存。

3) 域名系统的工作过程

一台域名服务器不可能存储 Internet 中所有计算机的名字和地址。一般来说，服务器上只存储一个公司或组织的计算机的名字和地址。例如，当中国的一个计算机用户需要与美国耶鲁大学的一台名为 WWW 的计算机通信时，该用户首先必须指出那台计算机的名字。假定该计算机的域名地址为“www.yale.edu”，中国这台计算机的应用程序在与计算机 WWW 通信之前，首先需要知道 WWW 的 IP 地址。为了获得 IP 地址，该应用程序就需要使用 Internet 的域名服务器，如图 6-7 所示。

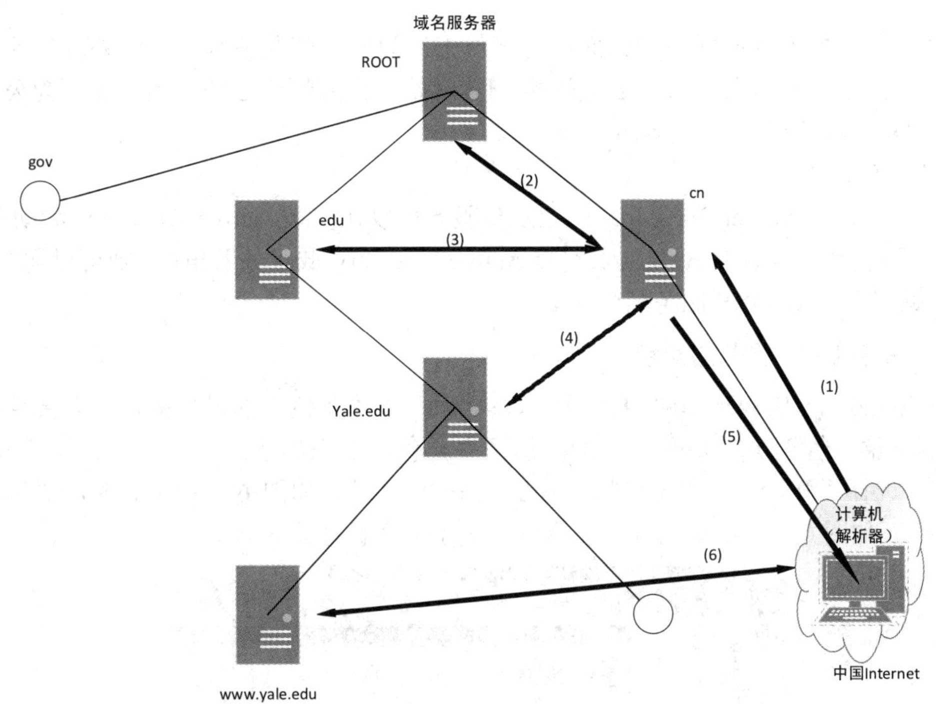

图 6-7　DNS 解析过程

具体的解析步骤如下：

(1) 首先，假定解析器向中国的本地域名服务器发出请求，查寻“www.yale.edu”的 IP 地址。

(2) 中国的本地域名服务器先查询自己的数据库，若发现没有相关的记录，则向根“.”域名服务器发出查寻“www.yale.edu”的 IP 地址请求；根域名服务器给中国本地域名服务器返回一个指针信息，并指向 edu 域名服务器。

(3) 中国的本地域名服务器向 edu 域名服务器发出查找“yale.edu”的 IP 地址请求，

edu 域名服务器给中国的本地域名服务器返回一个指针信息，并指向“yale.edu”域名服务器。

(4) 经过同样的解析过程，“yale.edu”域名服务器再将“www.yale.edu”的 IP 地址返回给中国的本地域名服务器。

(5) 中国本地域名服务器将“www.yale.edu”的 IP 地址发送给解析器。

(6) 解析器使用 IP 地址与 www.yale.edu 进行通信。

整个过程看起来相当繁琐，但由于采用了高速缓存机制，所以查询过程非常快。由上述例子可以看出，本地域名服务器为了得到一个地址，往往需要查找多个域名服务器。因此，在查寻地址的同时，本地域名服务器也就得到许多其他域名服务器的信息，如 IP 地址、负责的地区等。本地域名服务器将这些信息连同最近查到的主机地址全部都存放到高速缓存中，以便将来使用。

6.2.2 任务挑战——DNS 服务的安装与配置

某公司有数个业务网站，如面向内部员工访问的内部业务网站，对外推广业务的官方网站，还有专门供内部员工访问的 FTP 网站。为方便记忆和访问，需要为公司网站创建 DNS 域名解析服务器来解析域名。

创建步骤如下：

在 Windows Server 2008 R2 中，DNS 服务可以在安装 Active Directory(活动目录)域服务器角色时一起安装。如果未安装 Active Directory 域服务器角色，则可以通过“服务器管理器”安装 DNS 服务器角色。

1. 安装 DNS 服务器角色

在 Windows Server 2008 R2 中，DNS 服务以“角色”的模式提供。要部署标准 DNS 服务器，管理员需要安装“DNS 服务”角色，步骤如下：

(1) 选择“开始”→“服务器管理器”→“角色”，如图 6-8 所示。单击“添加角色”，打开如图 6-9 所示对话框，显示管理员安装角色注意事项。

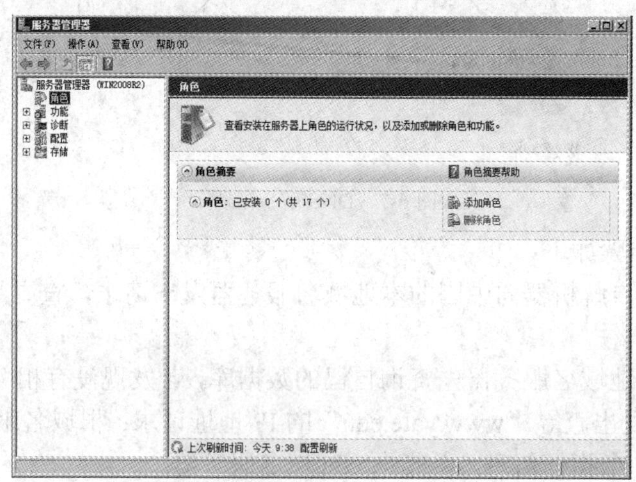

图 6-8　服务器管理器

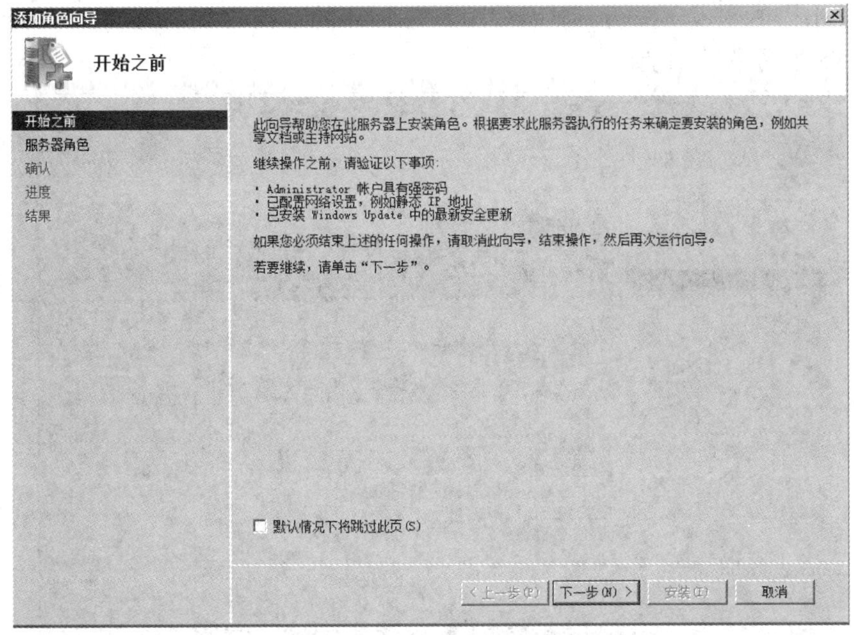

图 6-9　添加服务器角色

(2) 单击“下一步”按钮，在弹出的“选择服务器角色”对话框中单击“角色”列表中选择“DNS 服务器”角色选项，如图 6-10 所示。

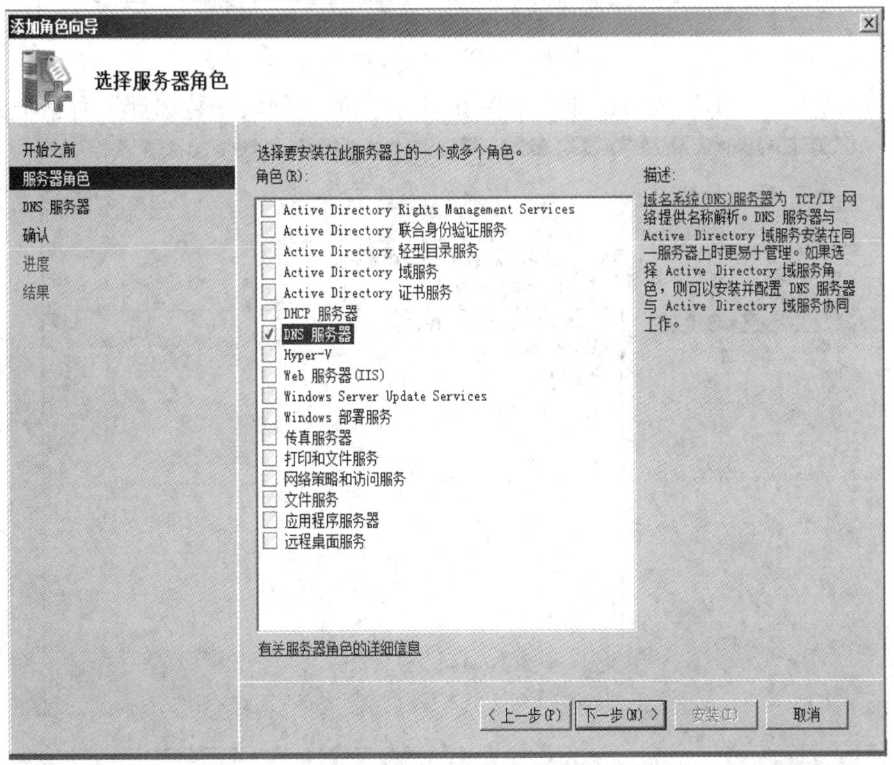

图 6-10　选择 DNS 服务组件

(3) 单击“下一步”按钮，显示如图 6-11 所示的“DNS 服务器简介”对话框，简要介绍 DNS 服务器的功能。

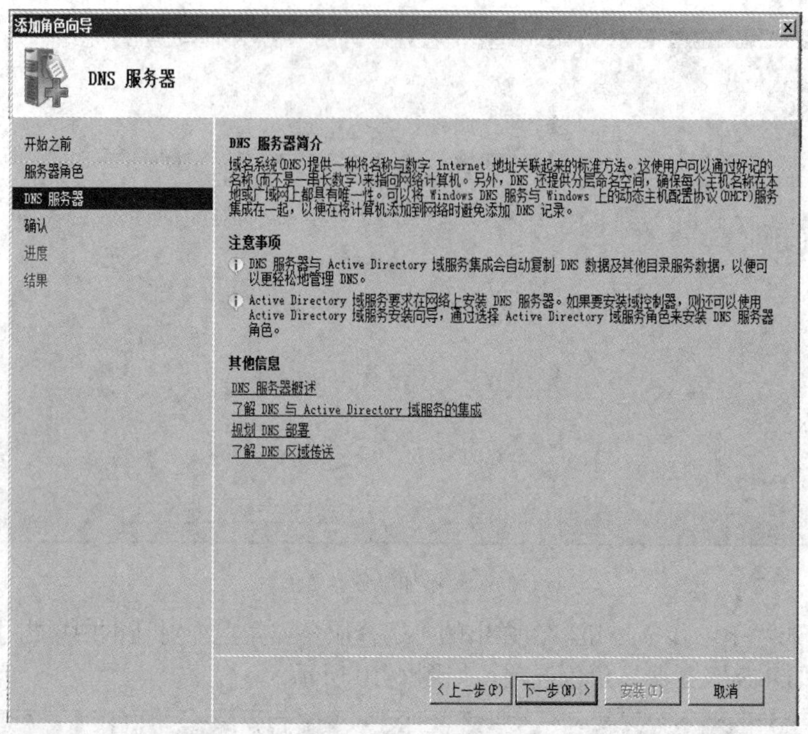

图 6-11　DNS 服务器简介

(4) 单击“下一步”按钮，显示如图 6-12 所示的“确认安装选择”对话框。

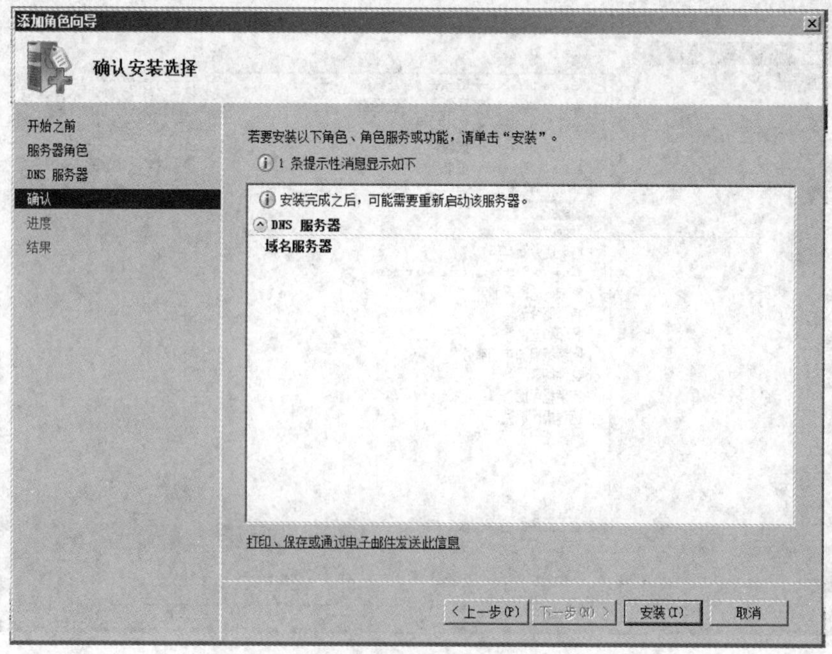

图 6-12　确认安装 DNS 服务

(5) 单击“安装”按钮，开始安装DNS服务，如图6-13所示。

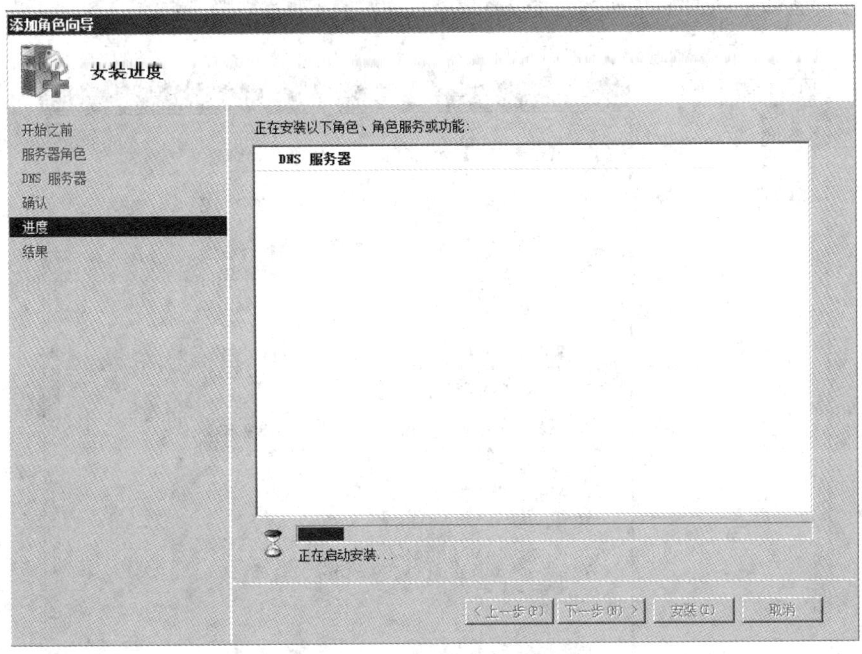

图6-13　DNS服务安装过程

(6) 安装完成后，在如图6-14所示的“安装结果”对话框中单击“关闭”，完成DNS服务器的安装，如图6-15所示。

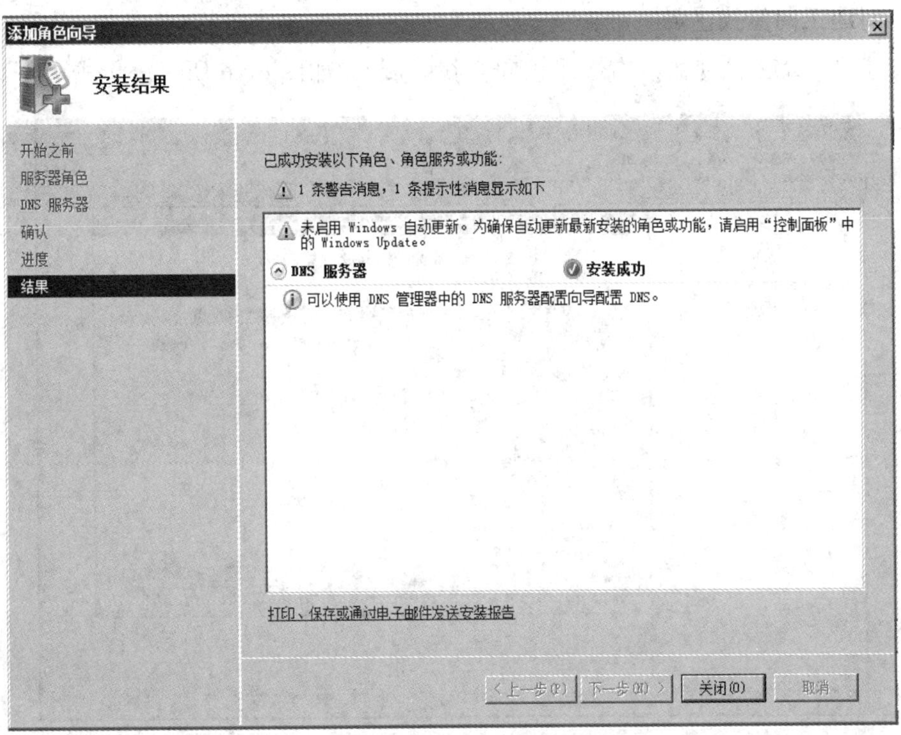

图6-14　DNS安装结束

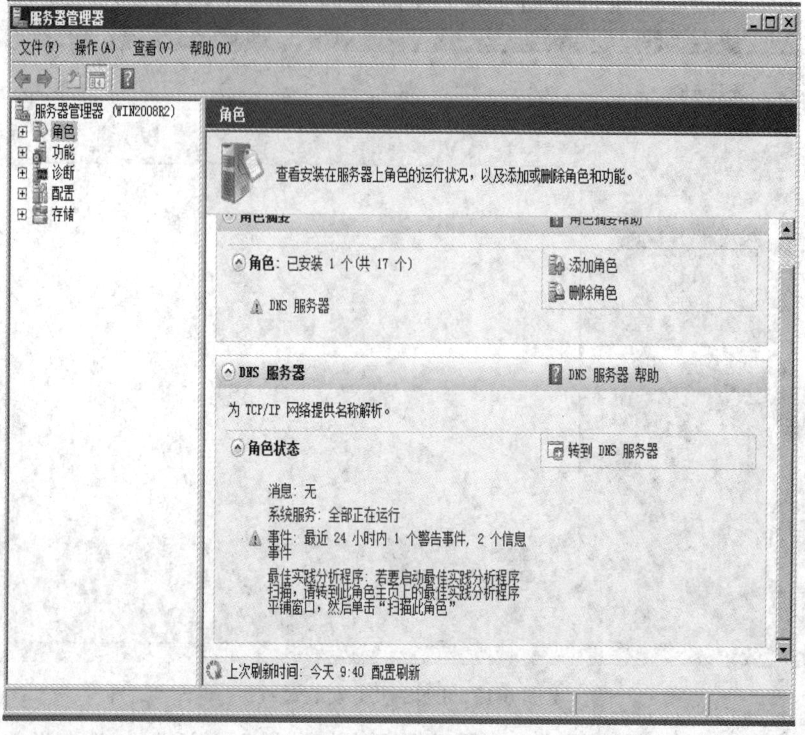

图 6-15　DNS 安装成功

2. 创建正向查找区域

(1) 打开 DNS 管理器，右击“正向查找区域”，如图 6-16 所示，单击“下一步”。

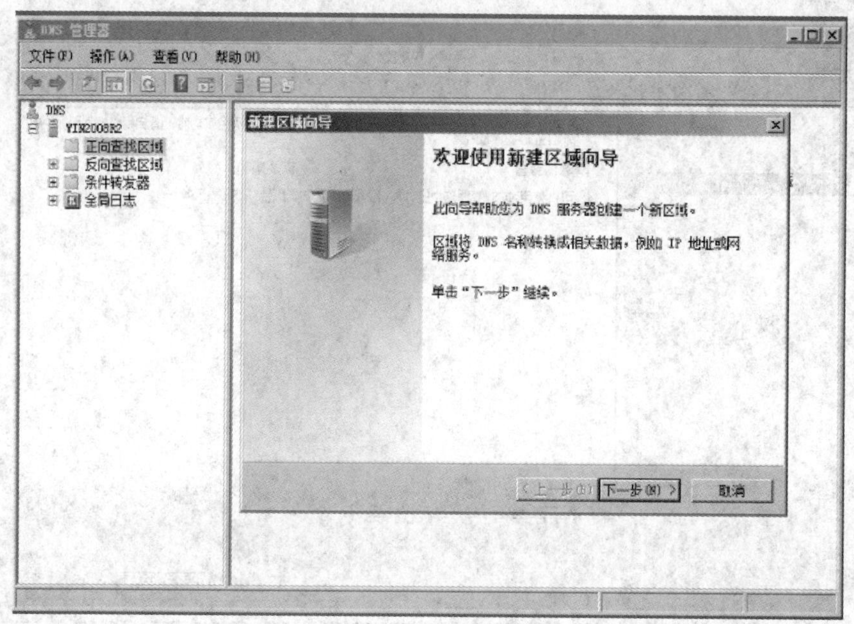

图 6-16　新建正向区域

扩展阅读

创建正向搜索区域：对于使用 Active Directory 或者 Internet 服务提供商(ISP)来解析 DNS 名称查询的小型网络，请使用此选项。

创建正向和反向搜索区域：如果您要给已具有 DNS 结构的大型网络添加 DNS 服务器，请使用此选项，以解析 DNS 域中资源的查询。

(2) 在弹出的区域类型中选择“主要区域”，如图 6-17 所示，然后单击“下一步”。

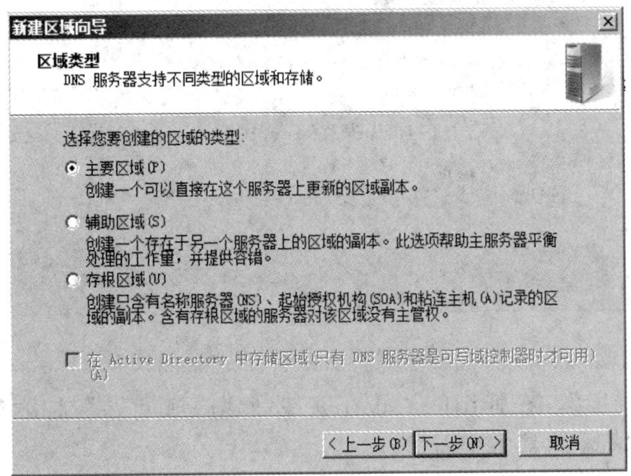

图 6-17　选择主要区域

(3) 在“区域名称”中输入域名，如图 6-18 所示，然后单击“下一步”。

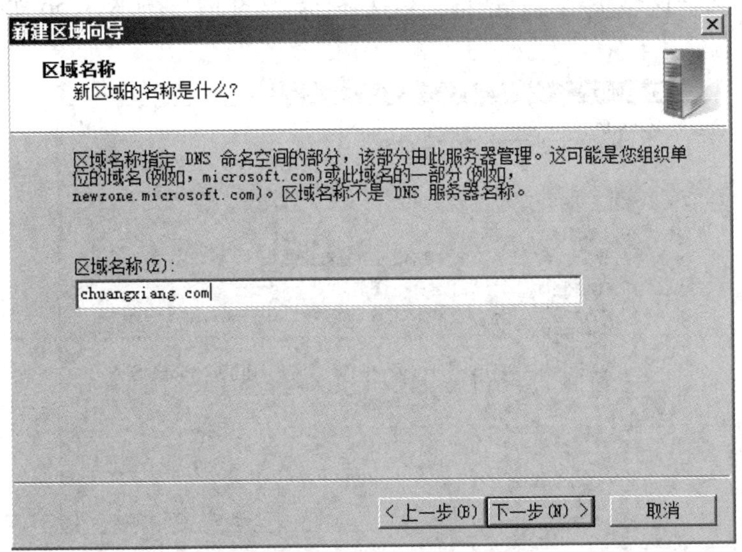

图 6-18　设置区域名称

(4) 在弹出的对话框中，默认的区域文件名为“区域名.dns”，一般按照默认设置

即可。单击“下一步”，在如图 6-19 所示“动态更新”对话框中，如果该 DNS 服务器为域控制器，则要选择“只允许安全的动态更新”或“允许非安全和安全动态更新”。由于本例的 DNS 服务器不和 Active Directory 域服务器集成使用，所以“只选择安全的动态更新”不可选，选择默认选项“不允许动态更新”。

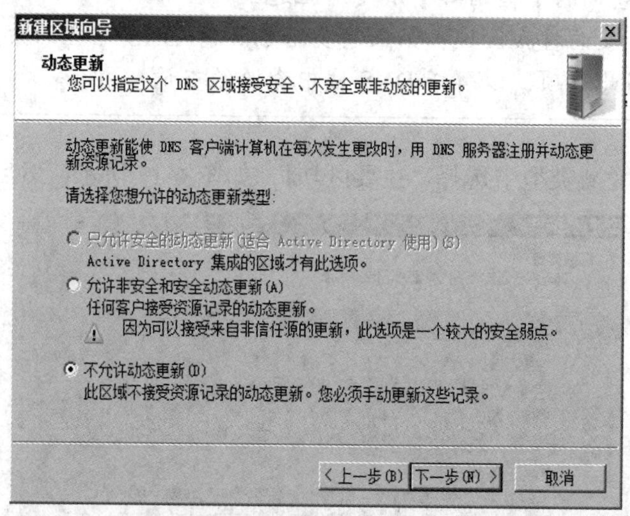

图 6-19　设置动态更新

(5) 单击“下一步”，在弹出的“正在完成新建区域向导”对话框中单击“完成”按钮完成正向查找区域的基本配置。

3. .创建反向查找区域

(1) 右击 DNS 管理界面中的“反向查找区域”选项，选择“新建区域”命令，单击“下一步”；在“区域类型”对话框中中选择“主要区域”，如图 6-20 所示，单击“下一步”。

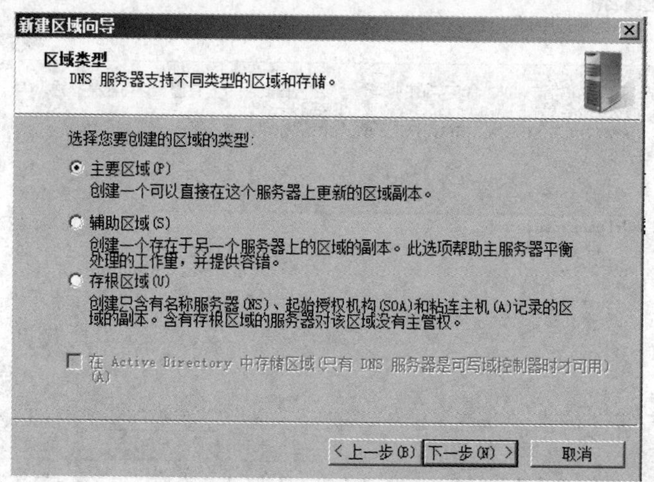

图 6-20　新建反向区域

(2) 在如图 6-21 所示的“反向查找区域名称”对话框中选择“IPV4 反向查找区域”

按钮，为 IPV4 地址创建区域，然后单击“下一步”。

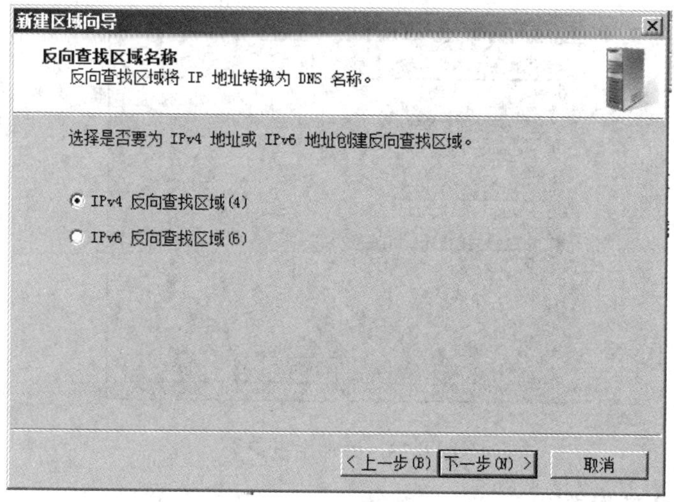

图 6-21　选择反向区域类型

(3) 在弹出的“反向查找区域名称”对话框中输入反向查找区域的名称或网络 ID(属于本地局域网的地址)，如图 6-22 所示，然后单击“下一步”。

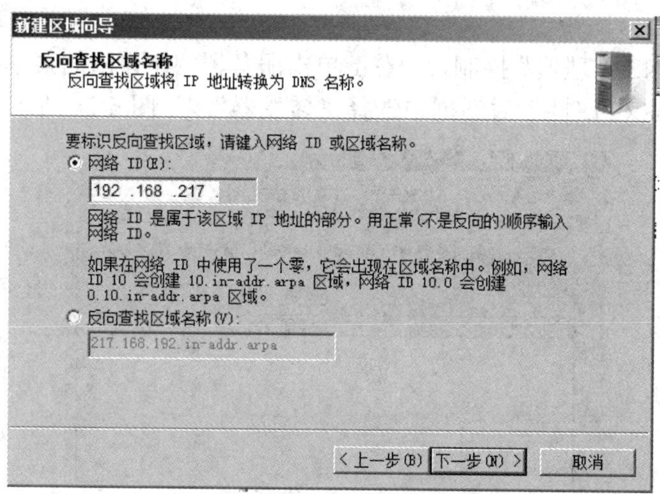

图 6-22　设置反向区域网络 ID

(4) 在弹出的“区域文件”对话框中选择创建新的区域文件或者使用已存在的区域文件，这里系统默认选择创建新文件。单击“下一步”，选择“不允许动态更新”，之后点击完成即可。

4. 添加主机记录

(1) 在 DNS 控制窗口的左侧界面中，右击“正向查找区域”的 chuangxiang.com，选择新建主机。

(2) 如图 6-23 所示，在名称文本框中输入计算机名称，并在 IP 地址中输入计算机的

IP 地址，然后单击“添加主机”。

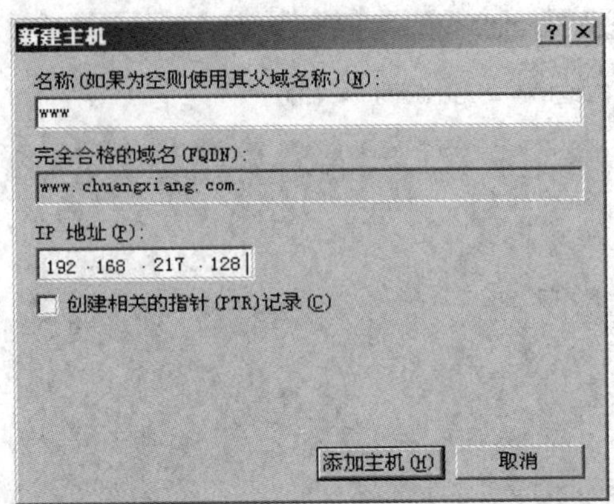

图 6-23　添加主机记录

5. 配置 DNS 转发器

转发器是网络上的 DNS 服务器，用来将自己无法解析的 DNS 查询转发给网络外的 DNS 服务器。如果没有将特定 DNS 服务器指定为转发器，则所有 DNS 服务器均能够使用其根提示向网络外发送查询，这样许多内部和可能非常重要的 DNS 信息都会暴露在 Internet 上。

(1) 打开“DNS 管理器”控制台，右键单击服务器，在弹出的菜单中选择“属性”，然后在“WIN2008R2 属性”对话框中选择“转发器”，如图 6-24 所示。

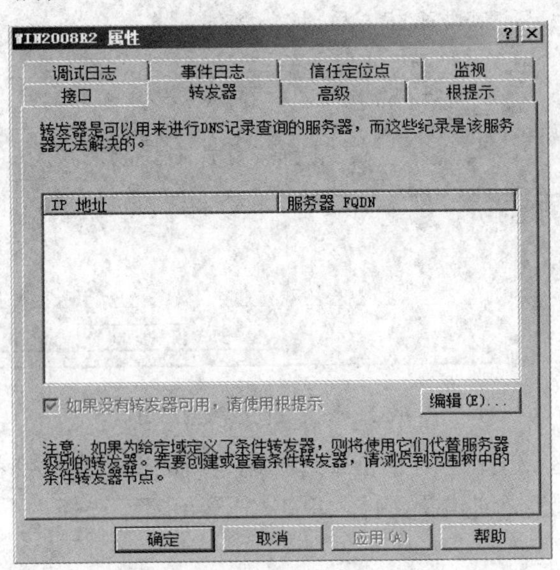

图 6-24　设置 DNS 服务转发器

(2) 单击“编辑”按钮打开“编辑转发器”对话框，如图 6-25 所示。在“转发服务器的 IP 地址”选项区域中添加需要转发到的 DNS 服务器 IP 地址，最后单击“确定”即可。

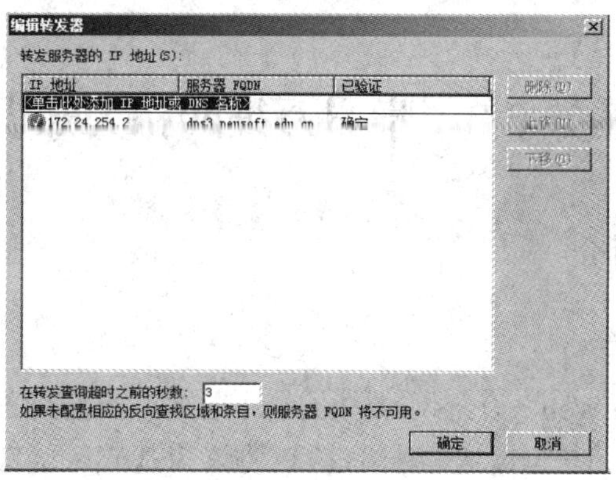

图 6-25　添加 DNS 转发器地址

6. 客户端测试

(1) 设置客户端的 DNS 服务器：在客户端的“本地连接”中，设置本机使用的 DNS 服务器的 IP 地址，如图 6-26 所示。

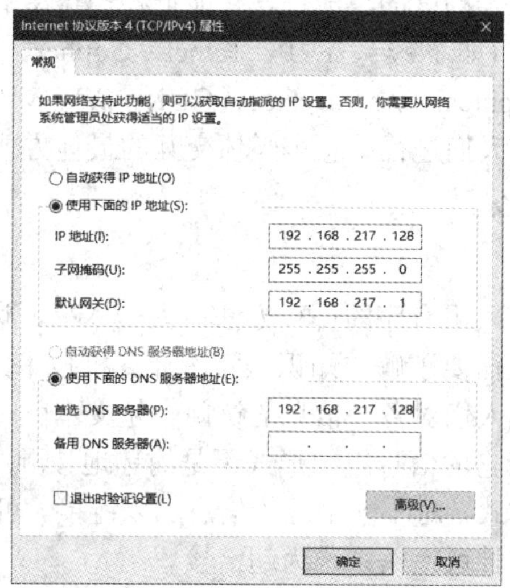

图 6-26　设置客户端 DNS 参数

(2) 验证 DNS：如图 6-27 所示，在命令行中输入 nslookup ，查看域名解析过程。

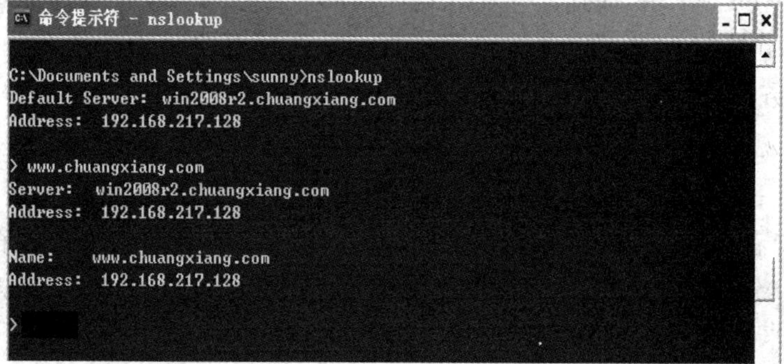

图 6-27　客户端 DNS 测试

任务 6.3　学习万维网相关知识

6.3.1　WWW 技术简介

1. 什么是 WWW

WWW(World Wide Web，万维网)是 Internet 上被广泛应用的一种信息服务，它建立在 C/S 模式之上，以 HTML 语言和 HTTP 协议为基础，能够提供面向各种 Internet 服务的、统一用户界面的信息浏览系统。WWW 服务器利用超文本链路来链接信息页，这些信息页既可放置在同主机上，也可以放置在不同地理位置的不同主机上。文本链路由统一资源定位器(Uniform Resource Locator，URL)维持，WWW 客户端软件(WWW 浏览器，即 Web 浏览器)负责如何显示信息和向服务器发送请求。

WWW 服务的特点在于高度的集成性，它能把各种类型的信息(如文本、图像、声音、动画、录像等)和服务(如 News、FTP、Telnet、Gopher、Mail 等)无缝连接，提供生动的图形用户界面(Graphical user Interface，GUI)。WWW 为全世界的人们提供了查找和共享信息的手段，是人们进行动态多媒体交互的最佳方式。

2. WWW 的相关概念

1) 超文本与超链接

文字信息的组织通常采用有序的排列方法。如一本书，读者常是从书的第一页到最后一页顺序地查阅他所需要了解的知识。随着计算机技术的发展，人们不断推出新的信息组织方式，以方便人们对各种信息的访问。超文本就是其中之一。

所谓超文本，就是指它的信息组织形式不是简单地按顺序排列，而是用由指针链接的复杂网状交叉索引方式，对不同来源的信息加以链接。可以链接的有文本、图像、动画、声音或影像等，这种链接关系称为超链接。

2) 超文本传输协议 HTTP

HTTP 是 Internet 可靠地传送文本、声音、图像等各种多媒体文件所使用的协议。HTTP 协议是 Web 操作的基础，它可保证正确传输超文本文档，是一种最基本的客户机/服务器的访问协议。它可以使浏览器更加高效，使网络传输流量减少。通常，它通过浏览器向服务器发送请求，而服务器则回应相应的网页。

3) 统一资源定位符 URL

网页位置、该位置的唯一名称及访问网页所需的协议，这 3 个要素共同定义了统一资源定位符。在万维网上使用 URL 来标识各种文档，并使每一个文档在整个 Internet 范围内具有唯一的标识符 URL。URL 给网上资源的位置提供了一种抽象的识别方法，并用这种方法来给资源定位。

URL 的格式为(URL 中的字母不区别大小写)

<URL 的访问方法>: //<主机>: <端口>/<路径>

其中，<URL 的访问方式>表示要用来访问一个对象的方法名(一般是协议名)；<主机>一项是必需的；<端口>和<路径>有时可省略。常用的 URL 访问方法见表 6-6。

表 6-6 常见 URL 访问方法

URL 的访问方法	说明
HTTP	使用 HTTP 协议提供超级文本信息服务的 WWW 信息资源空间
FTP	使用 FTP 协议提供文件传送服务的 FTP 资源空间
FILE	使用本地 HTTP 协议提供超级文本信息服务的 WWW 信息资源空间
TELNET	使用 Telnet 协议提供远程登录信息服务的 Telnet 信息资源空间

扩展阅读

实例：http://www.microsoft.com/

分析：该 URL 表示用 HTTP 协议访问微软公司服务器 http://www.microsoft.com/。这里没有指定文件名，所以访问的结果是把一个缺省主页送给浏览器。

4) 主页

主页(Homepage)是指个人或机构的基本信息页面，用户通过主页可以访问有关的信息资源。主页通常是用户使用 WWW 浏览器访问 Internet 上的任何 WWW 服务器(即 Web 主机)所看到的第一个页面。通常主页的名称是固定的，如 index.htm 或 index.html 等(后缀 .htm 和 .html 均表示 HTML 文档)。

主页通常用来对运行 WWW 服务器的单位进行全面介绍，同时它也是人们通过 Internet 了解一个学校、公司、企业、政府部门的重要手段。WWW 在商业上的重要作用就体现在这里，人们可以使用 WWW 介绍一个公司的概况、展示公司新产品的图片、介绍新产品的特性，或利用它来公开发行免费的软件等。

一个主页上面可以有许多页面，通常我们把一系列在逻辑上可以视为一个整体的页面叫做网站。网站的概念是相对的，大可以到“新浪网”这样的门户网站，页面多得无法计数，而且位于多台服务器上；小可以到一些个人网站，可能只有几个页面，仅在某台服务器上占据很小的空间。

3. WWW 服务原理

WWW 的工作采用浏览器/服务器体系结构，主要由 Web 服务器和客户端浏览器两部分组成。当访问 Internet 上的某个网站时，我们使用浏览器这个软件向网站的 Web 服务器发出访问请求；Web 服务器接受请求后，找到存放在服务器上的网页文件，将文件通过 Internet 传送给我们的计算机；最后浏览器将文件进行处理，把文字、图片等信息显示在屏幕上。万维网的工作原理如图 6-28 所示。

WWW 并不等于 Internet，它只是 Internet 提供的服务之一。但是，有相当多的其他 Internet 服务都是基于 WWW 服务的，如网上聊天、网上购物、网络炒股等。我们平常所说的网上冲浪，其实就是利用 WWW 服务获得信息，并进行网上交流。

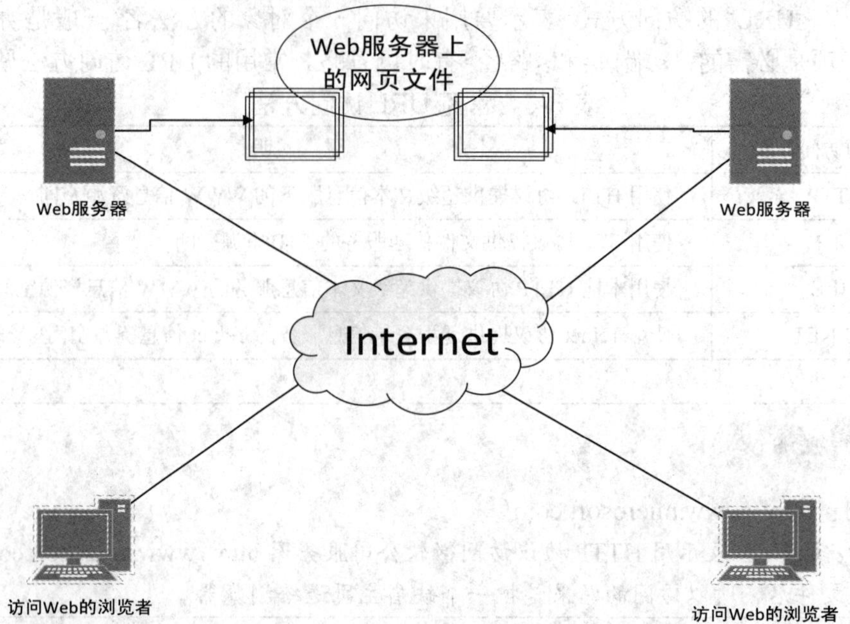

图 6-28　万维网工作原理

4. WWW 服务器

WWW 服务器也被称为 Web 服务器或 HTTP 服务器，它是 Internet 上最常见也是使用最频繁的服务器之一。WWW 服务器能够为用户提供网页浏览、论坛访问等服务；Web 服务器不仅能够存储信息，还能在用户通过 Web 浏览器提供的信息基础上运行脚本和程序。

1) WWW 服务器功能

Web 服务器的任务是接受请求；对请求的合法性进行检查(包括安全性屏蔽)；针对请求获取并制作数据，包括 Java 脚本和程序、CGI 脚本和程序、为文件设置适当的 MIME 类型来对数据进行前期处理和后期处理；把信息发送给提出请求的客户机。

Web 服务器发送给客户浏览器的是一个 HTML 文件，该文件可能包括图形、图像、声音、动画等多媒体信息。这些多媒体信息的容量大，传输时间长，如果一次全部传给客户机，很易造成用户长时间的等待。为了解决这个问题，服务器对浏览器的请求信息的传输是分次的，先传送纯文本信息，再传送多媒体信息。

2) 虚拟主机

虚拟主机是使用特殊的软硬件技术把一台计算机主机分成一台台“虚拟”的主机，每台主机都具有独立的域名和 IP 地址(或共享的 IP 地址)，具有完整的因特网服务器功能。虚拟主机之间完全独立，在外界看来，虚拟主机和独立的主机完全一样，用户可以利用它来建立属于自己的 WWW、FTP 和 E-mail 服务器。

虚拟主机技术的出现，是对因特网技术的重大贡献。由于多台虚拟主机共享一台真实主机的资源，每个用户承受的硬件费用、网络维护费用、通信线路费用均大幅度降低，使因特网真正成为人人用得起的网络。虚拟主机服务提供者的服务器硬件的性能比较高，通信线路也比较通畅，可以达到非常高的数据传输速度，且为用户提供了一个良好的外部环境；用户还不用负责机器硬件的维护、软件设置、网络监控、文件备份等工作。

3) 服务器托管

服务器托管即租用 ISP 机架位置，建立企业 Web 服务系统。企业主机放置在 ISP 机房内，由 ISP 分配 IP 地址，提供必要的维护工作，由企业自己进行主机内部的系统维护及数据的更新。这种方式特别适用于大量数据需要通过因特网进行传递以及大量信息需要发布的单位。

5．WWW 浏览器

WWW 的客户端程序被称为 WWW 浏览器，是一种用于浏览 Internet 上主页(Web 文档)的软件，可以说是 WWW 的窗口。WWW 浏览器为用户提供了寻找 Internet 上内容丰富、形式多样的信息资源的便捷途径，我们可以通过它浏览多彩多姿的 WWW 世界。

现在的浏览器功能非常强大，利用它可以访问 Internet 上的各类信息。更重要的是，目前的浏览器基本上都支持多媒体，可以通过浏览器来播放声音、动画与视频。

6.3.2 任务挑战——WWW 服务的安装和配置

1．任务目的

某公司需要发布一个公司的内部网站，域名是 web.chuangxiang.com。公司员工可以通过该网站了解公司新闻、公告等信息。为了安全，不希望员工了解文件在服务器上的物理位置。

2．任务环境

装有 Windows Server 2008 R2 的虚拟机及 Win7 系统。

3．任务步骤

1) 安装 IIS

由于 Windows Server 2008 R2 默认不安装 IIS(Internet Information Services，互联网信息服务)，所以首先需要安装 IIS。在 Windows Server 2008 R2 中，提供应用程序服务的是 IIS7.5。在安装之前，需要确认安装 IIS 服务的计算机是否是静态 IP 地址。如果需要用户使用域名访问此网站，则需要为此网站设置一个 DNS 域名，并将域名和 IP 地址的对应关系注册到 DNS 服务器中。从安全性方面考虑，最好将网页保存在 NTFS(New Technology File System，高性能文件系统)磁盘分区中，以便通过 NTFS 权限来管理网页。

扩展阅读

IIS 是 Internet Information Server 的缩写，它是微软公司主推的服务器，用来主控和管理 Internet 或其 Intranet 上的网页、FTP 站点、使用网络新闻传输协议(Network News Transfer Protocol，NNTP)和简单邮件传输协议(Simule Message Transfer Protocol，SMTP)路由新闻或邮件。

当用户使用默认选项安装 IIS 时，IIS 只提供静态页面服务，ASP.NET、WebDAV 发布等功能只有在安装后才工作。下面介绍安装 IIS 的具体步骤。

(1) 选择“开始”→“管理工具”→“服务器管理器”菜单命令，在窗口中依次选择“角色”和“添加角色”，启动添加角色向导，如图 6-29 所示。

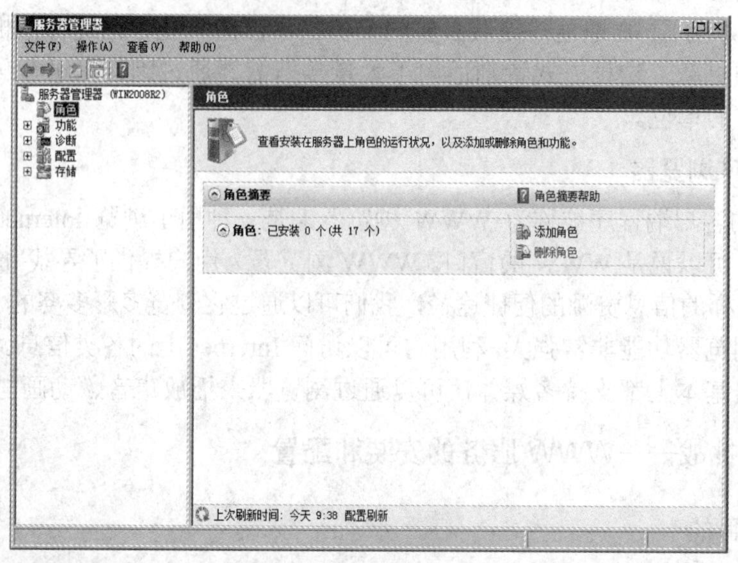

图 6-29　添加服务器角色

(2) 在安装向导界面中选择“Web 服务器(IIS)”，然后单击“下一步”，如图 6-30 所示。

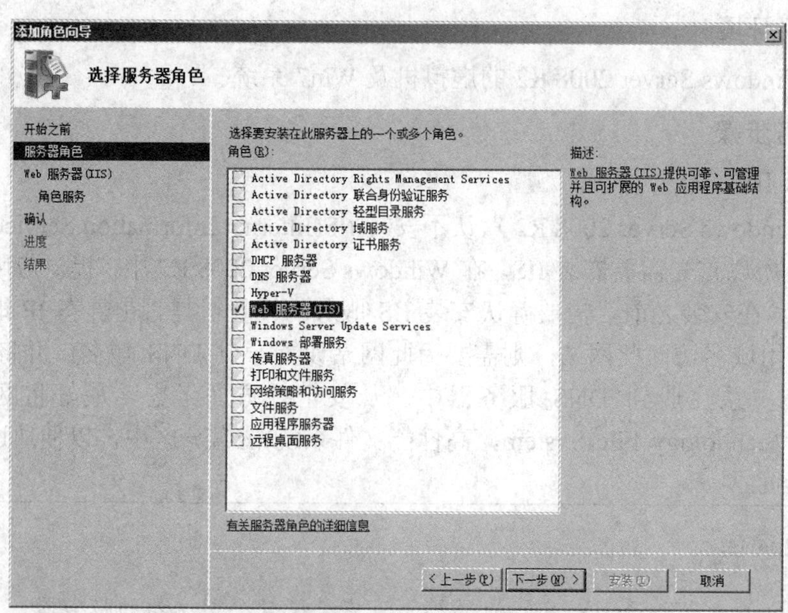

图 6-30　选择 Web 服务器(IIS)组件

(3) 如图 6-31 所示，在 Web 服务器的功能列表中选中所需功能之后，单击“下一步”，开始 IIS 的安装。

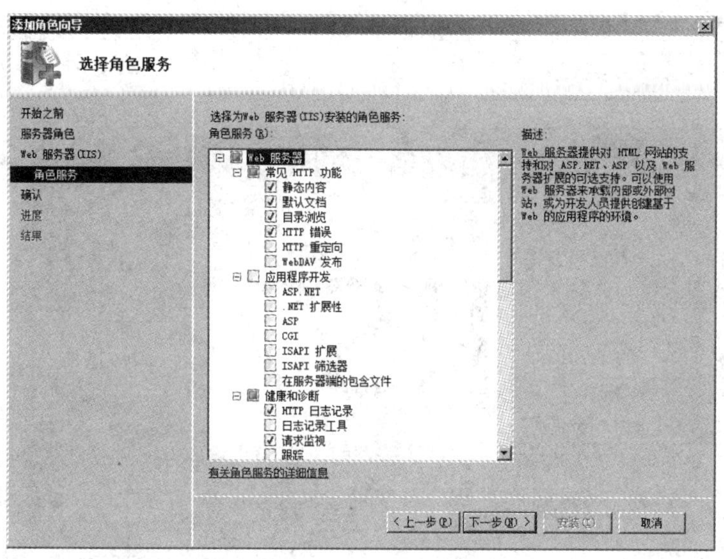

图 6-31　选择 Web 服务器功能组件

(4) 如图 6-32 所示，成功安装完 IIS 后，会出现“Web 服务器(IIS)”安装成功的提示信息，说明此服务器为 Web 服务器。

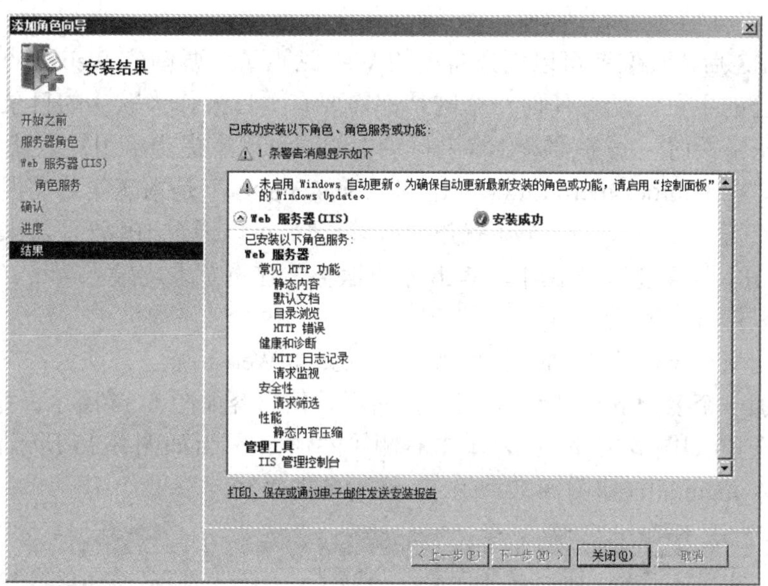

图 6-32　Web 服务器安装成功

2) 测试 IIS

安装完成后，通过“开始”→“管理工具”→“Internet 信息服务管理器”来管理网站，其中已经有一个默认网站。测试 IIS 是否安装成功。通过浏览器输入该主机的 IP 地址，访问默认网站，若连接成功，则出现如图 6-33 所示的页面；否则，需要检查 IIS 管理器中“Default Web Site”右侧窗口“管理网站”中其状态是否“启动”。如果在“停止”状态，需要点击“Default Web Site”，选择“启动”来激活该网站。

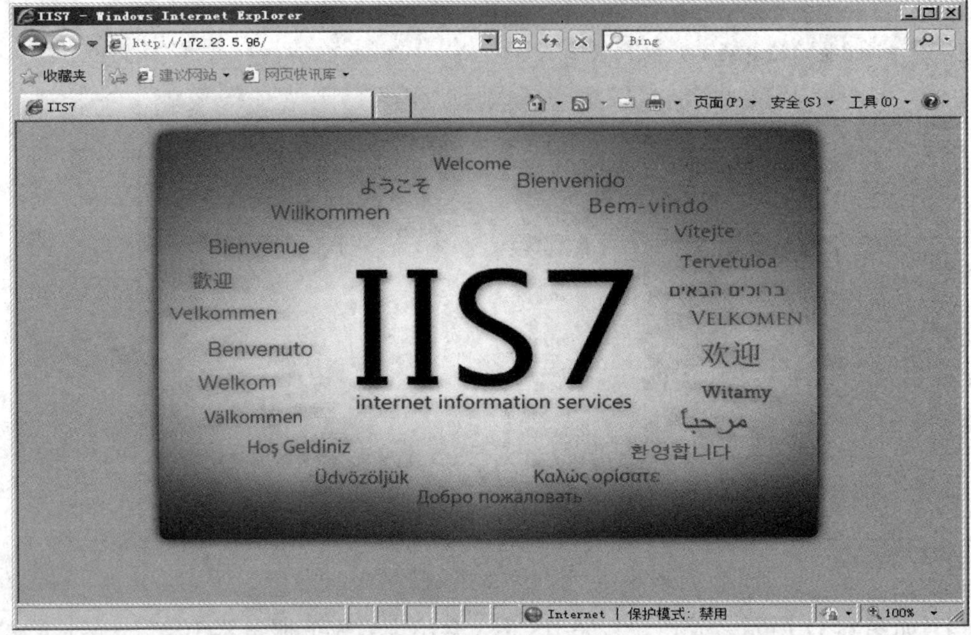

图 6-33　IIS 测试页面

3) 安装 Web 站点

安装好 IIS 后，我们就可以创建自己的 Web 站点了。要创建 Web 站点，用户需要首先创建自己的主页。配置任何一个网站都需要有主目录作为默认的目录。当客户端向服务器请求链接时，服务器就会将主目录中的网页内容提交给用户。默认的 Web 站点主目录为“systemroot\inerpub\wwwroot”。“systemroot”是系统安装的根目录，操作系统安装在 C 盘，那么 systemroot 就是 C:。管理员可以通过 IIS 管理器来更改网站的主目录。在 IIS 服务管理器中启动 Web 站点服务，在浏览器中输入 http://服务器的 IP 地址，就可以打开 Web 站点了。

除了使用默认 Web 站点外，使用者还可以新建 Web 站点。方法为：在系统默认的主目录中添加一个名为 main.htm 的网页，网页具体内容如图 6-34 所示。打开 IIS 网站的默认文档选项(如图 6-35 所示)，单击右侧“添加”按钮(如图 6-36 所示)，在弹出的对话框中输入 main.htm(如图 6-37 所示)，然后单击“确定”。

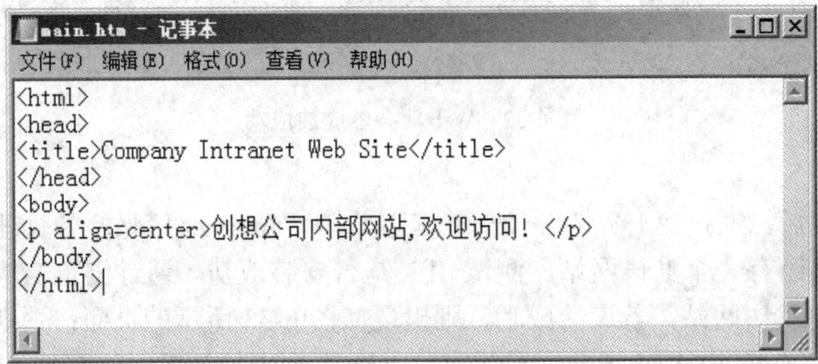


```
<html>
<head>
<title>Company Intranet Web Site</title>
</head>
<body>
<p align=center>创想公司内部网站,欢迎访问! </p>
</body>
</html>
```

图 6-34　main.htm 文件内容

图 6-35　打开默认文档选项

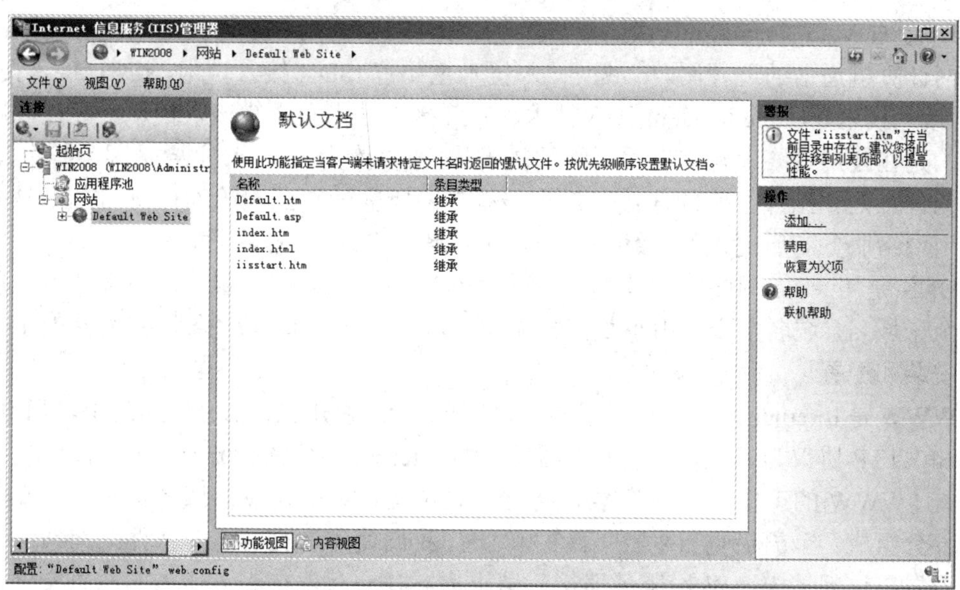

图 6-36　添加默认文档

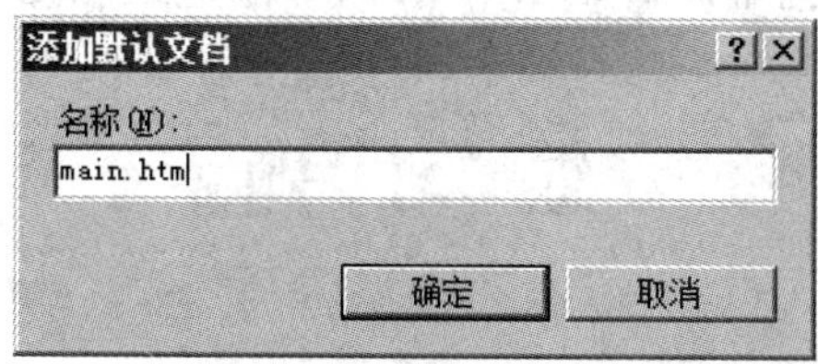

图 6-37　输入默认文档名称

以上操作完毕后，使用浏览器访问此网站，可看到如图 6-38 所示的测试网页，证明公司内部测试网站成功发布。

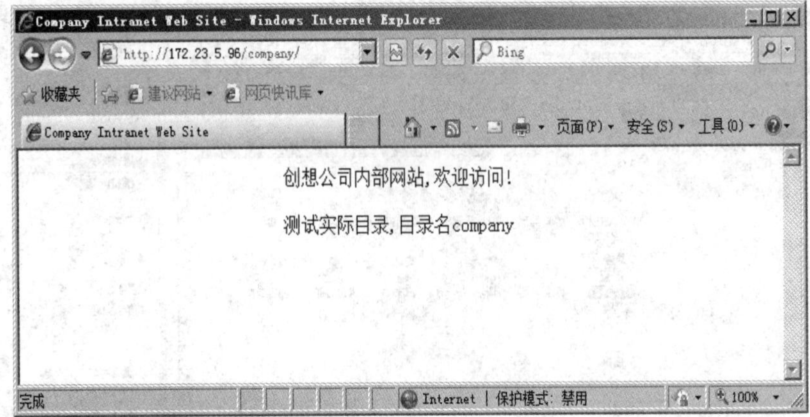

图 6-38　测试成功页面

本项目小结

广域网(Wide Area Network，WAN)，又称外网、公网，是连接不同地区局域网或城域网计算机通信的远程网。广域网接入技术主要有 ISDN 接入技术、xDSL 接入技术、DDN 接入技术、Cable Modem 接入技术、光纤接入技术和无线接入技术。虚拟专用网络指的是在公用网络上建立专用网络的技术。之所以称为虚拟网，主要是因为整个 VPN 网络的任意两个结点之间的连接并没有传统专网所需的端到端的物理链路，而是架构在公用网络服务商所提供的网络平台上，用户数据在逻辑链路中传输。

DNS 是 Internet 中使用的分配名字和地址的机制，采用分层方法命名，每一层都有一个子域名，域名由一串用小数点分隔的子域名组成。本节需要掌握 DNS 的工作过程及安装和配置。

WWW 是 Internet 上被广泛应用的一种信息服务，它建立在 C/S 模式之上，以 HTML 语言和 HTTP 协议为基础，能够提供面向各种 Internet 服务的、统一用户界面的信息浏览系统。WWW 的工作采用浏览器/服务器体系结构，主要由 Web 服务器和客户端浏览器两部分组成。当访问因特网上的某个网站时，我们使用浏览器这个软件向网站的 Web 服务器发出访问请求。Web 服务器接受请求后，找到存放在服务器上的网页文件，将文件通过因特网传送给我们的计算机；最后浏览器将文件进行处理，把文字、图片等信息显示在屏幕上。本节要熟练掌握 WWW 服务的安装和配置。

练　习　题

一、选择题

1．使用 ADSL 拨号上网，需要在用户端安装(　　)协议。

A．PPP　　B. SLIP　　C. PPTP　　D. PPPoE

2．接入 Internet 的方式有多种，下面关于各种接入方式描述不正确的是(　　)。

A．以终端方式入网，不需要 IP 地址

B．通过 PPP 拨号方式接入，需要有固定的 IP 地址

C．通过代理服务器接入，多个主机可以共享 1 个 IP 地址

D. 通过局域网接入，可以有固定的 IP 地址，也可以用动态分配的 IP 地址

3．在 HFC 网络中，Cable Modem 的作用是(　　)。

A．用于调制解调和拨号上网

B. 用于调制解调及作为以太网接口

C. 用于连接电话线和用户终端计算机

D. 连接 ISDN 接口和用户终端计算机

4．在互联网中使用 DNS 的好处是(　　)。

A. 友好性高，比 IP 地址易于记忆　　B. 域名比 IP 地址更具持续性

C. 没有任何好处　　D. 访问速度比直接使用 IP 地址更快

5．在安装 DNS 服务器时，(　　)不是必需的。

A. 有固定的 IP 地址　　B. 安装并启动 DNS 服务器

C. 有区域文件，或者配置转发器，或者配置根提示　　D. 要授权

6．WWW 服务器使用(　　)协议为客户提供 Web 浏览服务。

A. FTP　　B. HTTP　　C. SMTP　　D. NNTP

7．Web 网站的默认 TCP 端口号为(　　)。

A. 21　　B. 80　　C. 8080　　D. 1024

二、简答题

1. 当用户访问 Internet 时，为什么需要域名解析?

2. 简述 DNS 客户机通过 DNS 服务器对域名 www. sxpi. edu. cn 的解析过程。

3. 简述广域网常见的接入技术。

项目七　我的网络我做主

本项目概述

随着高校信息化的发展，网络中所承载内容发生了巨大的变化，新的设备不断涌现并趋于成熟。网络的发展在满足实用性的基础上，校园网也正面临着向无线接入、精细化认证和计费、IPv6 技术演进的趋势。校园网的建设目标是建立一套具有高性能、高可靠性、高负载、高安全性、高开放性的网络系统，整个系统易于扩充，便于管理，方便用户接入，能够满足万兆扩展、满足 IPv6，充分满足各项业务需求，特别是网络视频会议应用、网络语音电话业务(VoIP)、IP 存储等应用要求。

学习目标

1. 掌握校园网的需求分析和规划；
2. 学会对校园网进行设计、优化、管理与运维；
3. 掌握常见的网络故障检测与排除方法。

任务 7.1　校园网组建策略

校园网组建是一项看似简单实则复杂的系统工程，涉及需求分析、设计原则、技术选型、设备选择和安全防范等诸多方面。最优化的局域网设计首先要从实际需求出发，在保证网内信息流畅通(即满足应用需求)的同时，必须坚持“实用稳定、技术先进、开支适度、方便管理”的原则，还要以工程设计思想指导整个网络的规划和设计过程，从系统需求的角度出发保证系统规划、实施方案的可用性。

在校园网组建时，应根据企业规模的大小、分布、对多媒体的需求等实际情况加以确定，一般可按以下原则来确立：

(1) 实用性。实用性是指所采购的设备具有较高的实用性。

(2) 可靠性。网络系统的稳定可靠是应用系统正常运行的关键保证。在网络设计中选用高可靠性的网络产品，合理设计网络架构，最大限度地支持学校各业务系统的正常运行。

(3) 技术先进性和实用性。所采购的设备在保证满足学校应用系统业务的同时，还要体现出设备的先进性。在网络设计中要把先进的技术与现有的成熟技术和标准结合起来，充分考虑到校园网络目前的现状以及未来技术和业务的发展趋势。

(4) 高性能。设备性能是学校整个网络良好运行的基础，必须保障网络及设备的高吞吐能力，保证各种信息的高质量传输。

(5) 标准开放性。支持国际上通用标准的网络协议(如IP)、国际标准的大型动态路由协议等开放协议，有利于保证与其他网络(如公共数据网、外联机构其他网络)之间的平滑连接互通，以及将来网络的扩展。

(6) 灵活性及可扩展性。灵活性及可扩展性是指根据未来业务的增长和变化，网络可以平滑地扩充和升级，最大程度地减少对网络架构和现有设备的调整。网络要具有面向未来良好的伸缩性能，既能满足当前的需求，又能支持未来业务网点、业务量、业务种类的扩展和与其他机构或部门的连接等对网络的扩充性要求。

(7) 可管理性。可管理性是指对网络实行集中监测、分权管理，并统一分配带宽资源。在架构校园网时，应选用先进的网络管理平台，可对设备、端口等进行管理，对流量进行统计分析，并可提供故障自动报警功能。

(8) 保护现有投资。保护现有投资是指在保证网络整体性能的前提下，充分利用现有的网络设备或做必要的升级，用作骨干网外联的接入设备。网络的投资应随着网络的伸缩持续发挥作用，保护现有网络的投资，充分发挥网络投资的最大效益。

任务 7.2　校园网的规划与设计

校园网分层是指按照网络规模，将校园网划分为核心层、汇聚层和接入层三个层次，如图7-1所示。中小型、小型局域网一般可采用核心/接入层；大型、大中型局域网一般可采用核心/汇聚/接入层。校园网一般采用传统的交换式三层网络架构，分为学生、办公两大区域。学生、办公分别有各自的区域汇聚交换机连接至校内核心设备。

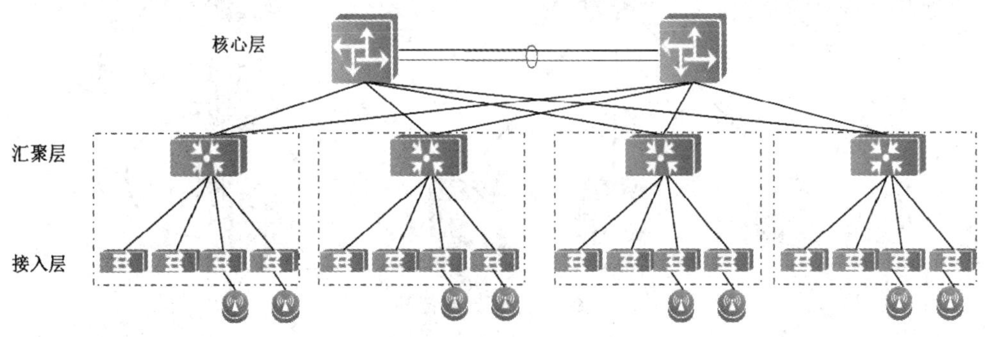

图7-1　网络层次结构

7.2.1　三层网络结构分析

1. 接入层

接入层即直接信息点，通过此信息点将网络资源设备(PC、手机、工作站等)接入

网络。接入层的主要功能是为最终用户提供对园区网络访问的途径。接入层为用户提供了在本网段访问应用系统的能力，主要用于解决相邻用户之间的互访需求，并为这些访问提供足够的带宽。在大中型网络中，接入层还应当适当负责一些用户管理功能(如地址认证、用户认证和计费管理等)和用户信息收集工作(如用户的 IP 地址、MAC 地址，访问日志等)。

接入层应使用性价比高的设备。接入层设备是最终用户与网络的接口，它应该具有即插即用的特性，同时应该非常易于使用和维护。此外，还应该考虑端口密度的问题。

接入层由无线网卡、AP(Access Point、无线接入点)和二层交换机组成。接入层利用光纤、双绞线、同轴电缆、无线接入技术等传输介质实现与用户的连接，并进行业务和带宽的分配。对于无线局域网用户，用户终端通过无线网卡和 AP 完成用户接入。

2. 汇聚层

汇聚层提供基于统一策略的互连性，是连接接入层和核心层的网络设备，同时也是核心层和接入层的分界点。它定义了网络的边界，并可对数据包进行汇聚、传输、管理和分发等。

汇聚层的选择取决于网络规模的大小。当建筑楼内信息点较多，超出一台交换机的端口密度而不得不增加交换机扩充端口时，就需要有汇聚交换机。交换机之间的连接有级连和堆叠两种方式，如图 7-2 所示。如果采用级连方式，即将一组固定端口的交换机上连到一台背板带宽和性能较好的汇聚交换机上，再由汇聚交换机上连到主干网的核心交换机；如果采用多台交换机堆叠方式扩充端口密度，其中一台交换机上连，则网络中就只有接入层。

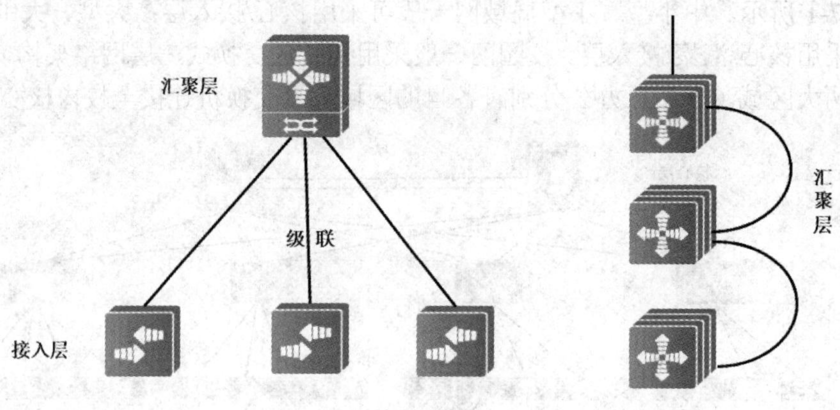

图 7-2　汇聚层拓扑

汇聚层是连接本地的逻辑中心，需要较高的性能和比较丰富的功能。

3. 核心层

核心层为接入层和汇聚层提供优化的数据传输功能，如图 7-3 所示。它是一个高速的交换骨干网，其作用是尽可能快地交换数据包而不应卷入到具体的数据包运算中(ACL、数据包过滤等)，否则会降低数据包的交换速度。

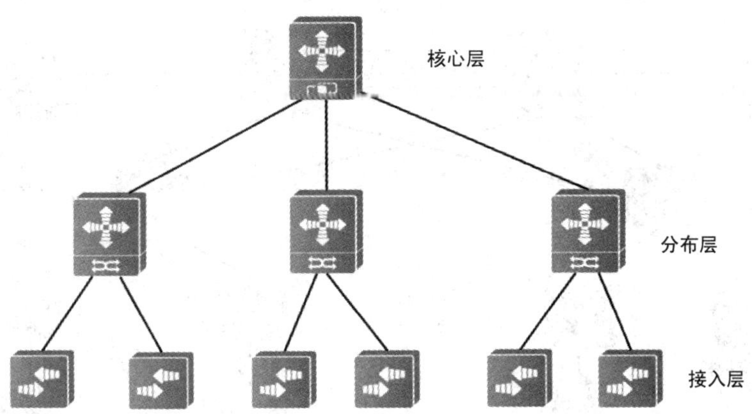

图 7-3　核心层拓扑

核心层设备覆盖的地理范围不宜过大，连接的外部设备不宜过多，否则会使得网络的复杂度增大，导致网络性能降低。

核心层技术的选择要根据用户网络规模的大小、网上传输信息的种类和用户可投入的资金等因素来考虑。一般而言，核心层用来连接建筑楼宇和服务器群，可能会容纳网络上 50%～80%的信息量，是网络的主干。典型的主干网技术主要有 100 Mb/s-FX 以太网、1000 Mb/s-SX/LX 以太网、FDDI 环网等。从易用性、先进性和可扩展性的角度考虑，采用 100 Mb/s，1000 Mb/s 以太网(条件允许也可以考虑 10 Gb/s 以太网)是目前局域网构建的流行做法。

核心层是所有流量的最终承受者和汇聚者，所以对核心层的设计及网络设备的要求是非常严格的。因为核心网络层是网络的枢纽中心，在整个网络运行中起着关键的作用，所以必须考虑冗余设计。在三层网络设备中，核心层设备将占投资的主要部分。

7.2.2　基于三层网络架构的无线校园网技术

随着无线网络时代的开启，无线校园网建设已经成为各大院校信息化建设的热点，成为提升教学环境品质、提高教学资源利用率、增加教育灵活性和交流性的重要方式。校园师生可以在教室、实验室、图书馆、宿舍、餐厅感受到无线校园网对我们生活、学习的改变。无线校园网给广大师生带来的便利性、及时性和可靠性使其成为每一个高等院校必备的通信网络。

无线校园网是在现有校园网——核心交换机、汇聚交换机和接入交换机——的基础上，将 POE 交换机与核心和汇聚交换机(使用原有核心、汇聚)通过光纤连接起来的网络，并通过放装式 AP 和智能天线入室型 AP 重新布放六类非屏蔽双绞线以进行网络连接，如图 7-4 所示。

由于用户目前上网应用多，对网络带宽要求较高，因此为了满足用户对高带宽的需求，所有宿舍无线设备以及大部分教室和办公区域都采用 802.11ac 的 AP 产品，所有 AP 需要同时部署在 2.4 G 及 5 GHz 两个频段，其他部分区域采用 802.11n 产品作补充。常见的 802.11 协议如表 7-1 所示。

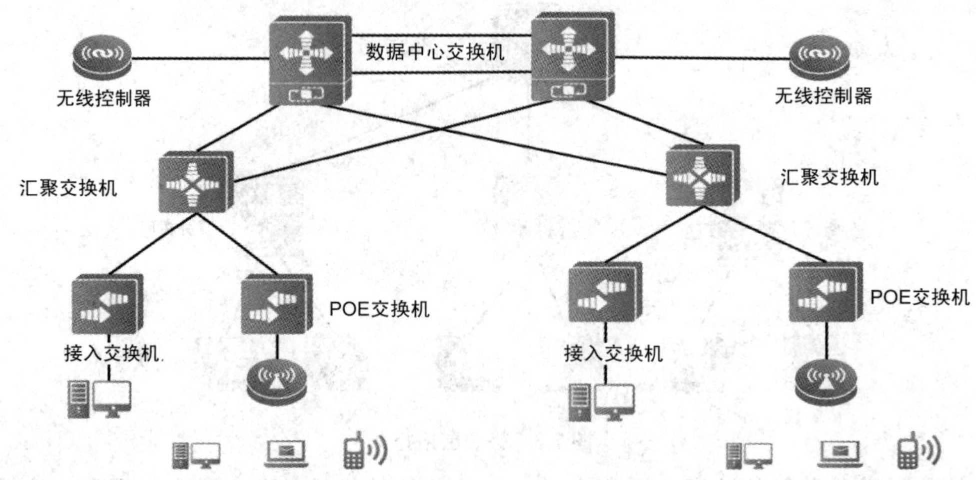

图 7-4　无线网拓扑

表 7-1　802.11 协议

版　本	说　　明	工作频段
802.11	原始标准	2.4 GHz(2 Mb/s)
802.11a	新增物理层补充协议	5 GHz(54 Mb/s)
802.11b	最普及的标准，称为 WiFi	2.4 GHz(11 Mb/s)
802.11g	CCK 技术兼容 802.11b，OFDM 技术	2.4 GHz (54 Mb/s)
802.11n	MIMO，540Mb/s	2.4 GHz、5 GHz
802.11ac	继承 802.11n，更宽的 RF 带宽，更多的 MIMO，多用户的 MIMO，更高阶的调制	5GHz

架构校园网时，在网络核心层部署两台高性能无线控制器，来实现 AC 的 1+1 备份，保证业务的高可靠性；采用无线控制器方便对大量部署 AP 的网络进行分布式集中管理，提高管理效率。

无线 AP 通过支持 POE 远程供电的 POE 交换机进行远程供电，一根上行网线可以同时提供数据传输和远程供电，保证了 AP 的供电工作和有线信号的上行传输。

任务 7.3　校园网的管理与运维

随着校园网络规模的扩大和复杂度的增加，校园网的管理与运维应从整体上提高网络中各部分间的运作协同性、安全性和资源共享性，从而发挥数字化校园网建设的最大效益。同时考虑到适应未来更加复杂多变的信息网络，校园网有必要构建一套全面的、科学的 IT 运维管理体系，通过 IT 运维管理平台自动化地监测和运维管理体系，辅助信息管理人员对全网网络资源进行高效的运维。

1. 校园网运维管理需求

数字化校园建设的深入推进使得校园网的运维和管理工作面临更多的挑战。高效校园网的运维管理问题主要体现在以下几个方面：

1) 网络服务器的管理需求

高校大多数核心业务都集中在服务器上，Web 网站、邮件、多媒体教学、一卡通服务等都需要服务器的支持。对这些服务器的维护是校园网管理的重点保障工作。

2) 网络用户行为的管理需求

教师和学生是校园网的主要参与者。只有保证每个用户的行为都是安全的，才能保证网络系统不被破坏。网络管理员要对用户的终端行为进行合理、合法的控制。

3) 网络设备及 IP 地址的管理需求

网络设备是校园网正常运行的基础。如何查看所有网络的信息、运作情况，发现网络设备故障和隐患，并能快速操控不同厂商、型号的设备，是对网络基础设施维护和管理的核心要求。

4) 网络安全管理需求

网络安全是网络管理需要更加关注的问题，如何设置有效的告警规则，从而分析告警信息并采取相应措施保障业务安全是安全管理的首要任务。

2. 校园网运维管理平台建设

为了保证校园网信息平台高效安全地运行，需要采用统一的网络管理平台对整个学校网络提供实用、易用的网络管理功能。在网络资源集中管理的基础上，实现拓扑、故障、性能、配置、安全等管理功能，对于设备数量较多、分布地域较广并且又相对较为集中的校园网络现状，必须采取分级分域管理平台，有效应对网络中的负载均衡和对整个网络的分权管理。在校园网管理平台的建设过程中，可以从以下几个方面出发：

(1) 用户管理。针对网络用户的身份和从事的工作，可以将用户划分为学生用户、机房用户和办公用户，并对三类用户指定不同的认证规则和计费规则。

(2) IT 资源管理。统一的网络管理平台需要对学校不同的 IT 资源，如有线网络设备、无线网络设备、主机、数据库等进行实时监控，以及时了解学校骨干链路的流量，规范设备管理。同时运维管理平台需要完成数据采集工作，通过采集数据，识别网络负荷，分析设备性能和安全风险。

(3) 运维质量管理。依据数字化校园网络优化校园网络报修流程，使用户可以通过自助服务平台发起故障报修。网络管理人员应提高故障排查处理效率，并将故障信息和解决方案及时存档，为运维管理提供技术支持。

(4) 无线设备可视化管理。通过无线 AP 和 AC 设备对学校网络进行统一监控，直观了解学校物理位置的无线网络运行情况，快速识别各区域无线网络的异常情况。

任务 7.4　网络故障的检测与排除

要正确地维护网络，对故障进行迅速、准确的定位，必须要建立一个系统化的故

障排除观念和合理的解决方案，将一个复杂的问题隔离、分解成若干简单问题或缩减排错范围。网络故障诊断以网络原理、网络配置和网络运行的知识为基础，从故障现象出发，以网络诊断工具为手段获取诊断信息，确定网络故障点，查找问题的根源，排除故障，恢复网络的正常运行。

7.4.1　网络故障的排除方法

1．网络故障的排除方法概述

OSI 的层次结构为管理员分析和排查故障原因提供了极大的便利。由于各层相对独立，按层排查能够有效地发现和隔离故障，因而一般使用逐层分析和排查的方法。逐层排查方式通常有两种，一种是从低层开始排查，适用于物理网络不够成熟稳定的情况，如新组建的网络、网络线缆的重新调整、新的网络设备的增加；另一种是从高层开始排查，适用于物理网络相对成熟稳定的情况，如硬件设备没有变动。无论哪种方式，最终都能达到目标，只是解决问题的效率有所差别。

2．网络故障分类及排除方法

网络故障主要分为物理层故障、数据链路层故障、网络层故障以及传输层、应用层故障。

1) 物理层故障及排除方法

物理层的故障主要是指网络设备的连接性能故障，包括网卡、交换机、集线器、路由器等，常见的物理故障如下：

(1) 电气性能故障。电气性能故障主要指网络设备端口提供的电平不正常(过高、过低)，电压极性不正常。

(2) 传输模式故障。网络设备的数据传输有半双工、全双工、自适应多种模式。在数据传输过程中，可能发生模式人为设置错误、相互不匹配或两端不能自动地建立正确的传输协商机制等。

排除物理层故障的基本方法是：观察网卡、交换机或集线器的指示灯是否正常。

2) 数据链路层故障及排除方法

数据链路层故障主要是数据帧的丢失与重发等问题、流量控制问题、数据链路层地址的设置问题、链路协议的建立问题、同步通信的时钟问题、数据终端设备的数据链路层驱动程序的加载问题。

排除数据链路层故障的基本方法是：对于网络设备，使用 Show Interface 命令时，若端口和协议均显示为UP，基本可以认为该层正常；如果端口或者协议有一个DOWN，那么该层存在故障。对于 Windows 系统等终端设备，可以点击“控制面板→网络和Internet→网络连接”，查看以太网适配器信息，如媒体状态为“已启用”，基本可以认为该层正常；如果显示为已断开连接，则该层可能发生故障。

3) 网络层故障及排除方法

网络层故障主要是地址错误和子网掩码错误、网络地址重复、路由协议配置错误、路由表错误等。

排除网络层故障的基本方法是：查看从源地址到目的地址的路径中，到路由器上的路由表是否正确，同时检查路由器接口的IP地址是否正确。如果所需路由条目没有在路由表中出现，就应该检查路由器上的相关配置，然后手动添加静态路由或排除动态路由协议的故障，以使路由表更新。

4) 传输层、应用层故障及排除方法

传输层、应用层的故障主要是数据包差错检查、操作系统的系统资源(如CPU、内存、输入输出系统、核心进程等)的运行状况、应用程序对系统资源的占用和调度以及安全管理、用户管理等管理方面的问题。

排除传输层、应用层故障的基本方法是：检查网络中的计算机、服务器等网络终端，确保应用程序正常工作。

7.4.2 常见网络故障及故障排除工具

故障的正确诊断是排除故障的关键，因此选择好的故障诊断工具是很重要的。这些工具既有软件工具，也有系统命令，功能各异，各有长处。Windows 操作系统中包括几种常用的网络故障测试诊断工具，主要有IP测试工具Ping、TCP/IP协议配置工具Ipconfig、网络协议统计工具Netstat和跟踪工具Tracert等。

常见的故障检测工具如表7-2所示。

表7-2　故障检测工具表

TCP/IP体系结构	OSI模型	网络故障组件	故障诊断工具	测试重点
应用层	应用层	应用程序、操作系统	浏览器、各类网络软件、网络性能测试软件、Nslookup命令	网络性能、计算机系统
	会话层			
	表示层			
传输层	传输层	各类网络服务器	网络协议分析软件、网络协议分析硬件、网络流量监控工具	服务器端口设置、网络攻击与病毒
网络层	网络层	路由器、计算机网络配置	路由及协议设置、计算机的本地连接、Ping命令、Route命令、Tracert命令、Pathping命令、Netstat命令	计算机IP设置、路由设置
网络接入层	数据链路层	交换机、网卡	设备指示灯、网络测试仪、交换机配置命令、Arp命令	网卡及交换机硬件、交换机设置、网络环路、广播风暴
	物理层	双绞线、光缆、无线传输、电源	测线仪、光纤测试仪、电源指示灯	双绞线、光缆接口及传输特性

1. 硬件检测工具

1) 测线仪

测线仪是一种价格低廉、简单易用的用来测试双绞线或电话线通断的仪器，如图

7-5 所示。使用时，只要将网线的一端接入测线仪的一个 RJ-45 口中，另一端接另一个 RJ-45 口中，网线的通断情况即可一目了然。测线仪上有两组相对应的指示灯，一组为 1～8，另一组为 8～1；也有两组顺序相同的测线仪。开始测试后，这两组灯一对一地亮起来。比如第一组是 1 号灯亮，另一组也是 1 号灯亮，这样依次闪亮直到 8 号灯。如果哪一组的灯没有亮，则表示哪一组的网线有问题。

2) 寻线仪

如图 7-6 所示，寻线仪由信号震荡发声器和寻线器及相应的适配线组成，其工作原理是信号震荡发声器发出的声音信号通过 RJ-45/RJ-11 通用接口接入目标线缆的端口上，致使目标线缆回路周围产生一个环绕的声音信号场；用高灵敏度感应式寻线器很快在回路沿途和末端识别它发出的信号场，从而找到这条目的线缆。因为寻线器可以迅速高效地从大量的线束线缆中找到所需线缆，所以是网络线缆、通讯线缆、各种金属线路施工工程和日常维护过程中查找线缆的必备工具。

图 7-5　测线仪

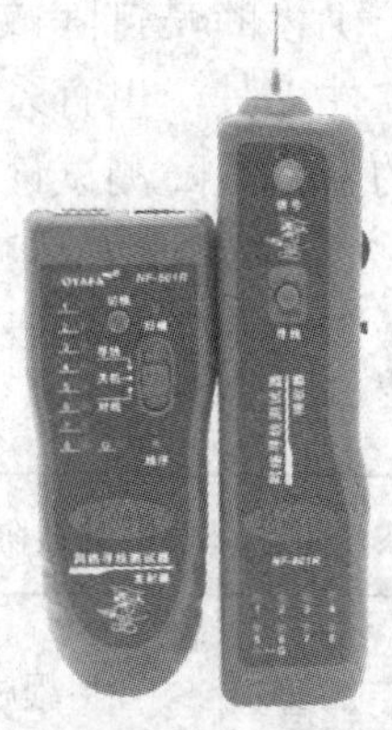

图 7-6　寻线仪

3) 红光笔

红光笔又叫做通光笔、笔式红光源、可见光检测笔、光纤故障检测器、光纤故障定位仪等，其外形如图 7-7 所示，多数用于检测光纤断点。

图 7-7　红光笔

4) 光功率计

光功率计是用于测量绝对光功率或通过一段光纤的光功率的相对损耗的仪器，其外形如图 7-8 所示。在光纤系统中，光功率计是最基本的仪器，非常像电子学中的万用表。在光纤测量中，光功率计是重负荷常用表。通过测量发射端机或光网络的绝对功率，一台光功率计就能够评价光端设备的性能。将光功率计与稳定光源组合使用，则能够测量连接损耗、检验连续性，并评估光纤链路传输质量。

图 7-8　光功率计

2. 检测命令工具

1) ping 命令

(1) ping 命令简述。

ping 是因特网包探索器，是一个专用于 TCP/IP 协议网络的测试工具，用于检查网络是否畅通。它的工作原理是利用 IP 地址的唯一性，给目标 IP 地址发送 ICMP ECHO_REQUEST 包进行测试，并要求对方返回一个同样大小的数据包，根据返回的数据包确定两台电脑是否连通。常见的 ping 命令如表 7-3 所示。

表 7-3　ping 功能表

选　项	说　明
-t	ping 指定的主机，直到停止
-a	将地址解析为主机名
-n count	要发送的回显请求数
-l size	发送缓冲区大小
-f	在数据包中设置“不分段”标记(仅适用于 IPv4)
-I TTL	生存时间
-v TOS	服务类型(仅适用于 IPv4 该设置已被弃用)
-r count	记录计数跃点的路由(仅适用于 IPv4)
-s count	计数跃点的时间戳(仅适用于 IPv4)
-j host-list	与主机列表一起使用的松散源路由(仅适用于 IPv4)
-k host-list	与主机列表一起使用的严格源路由(仅适用于 IPv4)
-w timeout 等待	每次回复的超时时间(毫秒)
-R	同样使用路由标头测试反向路由(仅适用于 IPv6)
-S srcaddr	要使用的源地址
-c compartment	路由隔离舱标识符
-p	ping Hyper-V 网络虚拟化提供程序地址
-4	强制使用 IPv4
-6	强制使用 IPv6

(2) 常用的 ping 命令举例。

① 连续对目标 IP 地址 192.168.13.1 执行 Ping 命令，如图 7-9 所示。

```
C:\Users\513WJQ>ping 192.168.13.1 -t

正在 Ping 192.168.13.1 具有 32 字节的数据:
来自 192.168.13.1 的回复: 字节=32 时间<1ms TTL=128
来自 192.168.13.1 的回复: 字节=32 时间<1ms TTL=128
来自 192.168.13.1 的回复: 字节=32 时间<1ms TTL=128
来自 192.168.13.1 的回复: 字节=32 时间<1ms TTL=128
来自 192.168.13.1 的回复: 字节=32 时间<1ms TTL=128
来自 192.168.13.1 的回复: 字节=32 时间<1ms TTL=128
来自 192.168.13.1 的回复: 字节=32 时间<1ms TTL=128
来自 192.168.13.1 的回复: 字节=32 时间<1ms TTL=128
来自 192.168.13.1 的回复: 字节=32 时间<1ms TTL=128
来自 192.168.13.1 的回复: 字节=32 时间<1ms TTL=128
```

图 7-9　ping -t 命令

② 指定 ping 命令中的数据长度为 200 字节，如图 7-10 所示。

```
C:\Users\513WJQ>ping 192.168.13.1 -l 200

正在 Ping 192.168.13.1 具有 200 字节的数据:
来自 192.168.13.1 的回复: 字节=200 时间<1ms TTL=128
来自 192.168.13.1 的回复: 字节=200 时间<1ms TTL=128
来自 192.168.13.1 的回复: 字节=200 时间<1ms TTL=128
来自 192.168.13.1 的回复: 字节=200 时间<1ms TTL=128

192.168.13.1 的 Ping 统计信息:
    数据包: 已发送 = 4，已接收 = 4，丢失 = 0 (0% 丢失)，
往返行程的估计时间(以毫秒为单位):
    最短 = 0ms，最长 = 0ms，平均 = 0ms
```

图 7-10　ping -l 命令

③ 对目标地址 192.168.13.1 发送 5 个数据包，如图 7-11 所示。

```
C:\Users\513WJQ>ping 192.168.13.1 -n 5

正在 Ping 192.168.13.1 具有 32 字节的数据:
来自 192.168.13.1 的回复: 字节=32 时间<1ms TTL=128
来自 192.168.13.1 的回复: 字节=32 时间<1ms TTL=128
来自 192.168.13.1 的回复: 字节=32 时间<1ms TTL=128
来自 192.168.13.1 的回复: 字节=32 时间<1ms TTL=128
来自 192.168.13.1 的回复: 字节=32 时间<1ms TTL=128

192.168.13.1 的 Ping 统计信息:
    数据包: 已发送 = 5，已接收 = 5，丢失 = 0 (0% 丢失)，
往返行程的估计时间(以毫秒为单位):
    最短 = 0ms，最长 = 0ms，平均 = 0ms
```

图 7-11　ping –n 命令

(3) 使用 ping 命令进行网络检测的顺序。

① ping 127.0.0.1(或 ping 127.1)。

如无法 Ping 通，就表明本地主机 TCP/IP 协议不能正常工作。

② ping 本地 IP(IPConfig 查看本地 IP 地址)。

如本机 IP 为 192.168.13.10，Ping 192.168.13.10 通则表明网络适配器(网卡或 Modem)工作正常，ping 不通则表明网络适配器出现故障，可尝试更换网卡或驱动程序。出现此问题时，局域网用户请断开网络电缆，然后重新发送该命令。如果网线断开后本命令正确，则表示另一台计算机可能配置了相同的 IP 地址。

③ ping一台同网段计算机的IP。

如无法ping通，则表明网络线路出现故障；若网络中有路由器，则应先ping路由器在本网段端口的IP，ping不通则说明此段线路有问题，应检查网内交换机或网线故障。

④ ping路由器(默认网关)。

可以通过IPConfig查看默认网关地址。若默认网关地址无法ping通，可更换连接路由器的网线，或用网线将PC机直接连接至路由器重新ping；如能ping通，则应检查路由器至交换机的网线故障；若更换网线后依然无法ping通，可尝试更换计算机再ping；若还不能ping通，则应检查路由器是否有故障。

⑤ ping远程IP。

如收到4个应答，表示成功地使用了缺省网关。对于拨号上网用户，则表示能成功地访问Internet(但不排除ISP的DNS问题)。

⑥ ping网站。

如果路由器可以ping通，说明主机到路由器的网段正常，可再检测一个带DNS服务的网络，如ping baidu.com。ping通目标计算机的IP地址后，如果仍无法连接到该机，则可ping该机的网络名。比如，正常情况下会出现该网址所指向的IP，这表明本机的DNS设置正确而且DNS服务器工作正常，反之就可能是其中之一出现了故障。

(4) 无法ping通时可能有以下故障：

① 程序未响应。

程序未响应可能是因为网线刚插到交换机上就想ping通网关，忽略了生成树的收敛时间。当然，较新的交换机都支持快速生成树。或者有的管理员干脆把用户端口(access port)的生成树协议关掉，这样问题就解决了。

② 访问控制。

访问控制是指有节点(包括端节点)对ICMP进行了过滤，导致ping不通。常见的有防火墙、ACL访问控制列表。

③ 某些路由器端口是禁用ping响应的。

当主机网关和中间路由的配置正确时，出现ping问题也是很普遍的现象。此时应该忘掉“不可能”几个字，把ping的扩展参数和反馈信息、traceroute、路由器debug以及端口镜像和Sniffer等工具结合起来进行分析。

无法ping通时，可以通过ping命令的TTL值判断对方的操作系统。常用的TTL值如表7-4所示。

表7-4　各种操作系统的TTL值

操作系统	TTL值
Linux	64 / 255
Windows XP/2003、Windows 7	128
Winodws 98	32
UNIX	255

2) ipconfig

TCP/IP 配置参数出错，导致用户不能正常使用网络，修复 TCP/IP 配置参数是排除这一网络故障常用的一种方法。可以使用 Ipconfig 命令来修复 TCP/IP 错误。

Ipconfig 功能表如表 7-5 所示。

表 7-5　Ipconfig 功能表

选　项	说　明
all	显示完整配置信息
release	释放指定适配器的 IPv4 地址
release6	释放指定适配器的 IPv6 地址
renew	更新指定适配器的 IPv4 地址
renew6	更新指定适配器的 IPv6 地址
flushdns	清除 DNS 解析程序缓存
registerdns	刷新所有 DHCP 租用并重新注册 DNS 名称
displaydns	显示 DNS 解析程序缓存的内容
showclassid	显示适配器允许的所有 DHCP 类 ID
setclassid	修改 DHCP 类 ID
showclassid6	显示适配器允许的所有 IPv6 DHCP 类 ID
setclassid6	修改 IPv6 DHCP 类 ID

Ipconfig /all 可用来查看获取的详细网络信息，如图 7-12 所示。

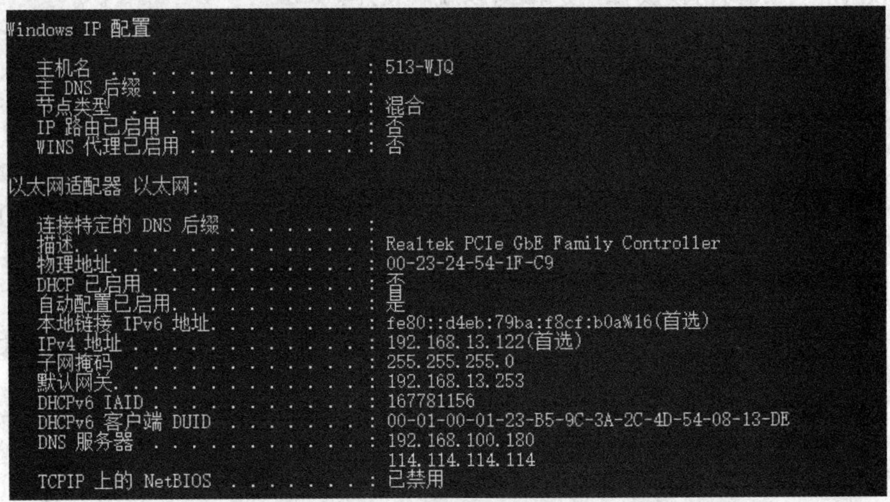

图 7-12　通过 ipconfig /all 获得正确参数

如果发现获取的地址为 169.254.*.*，则说明系统自动查找 IP 地址失败，造成错误的原因可能是本地网络线路故障或是 DHCP 服务器发生故障。

3) ARP

ARP 命令的作用是显示和修改 IP 地址与物理地址之间的转换表，查看和修改本地计算机上的 ARP 表项，以及查看 ARP 缓存和地址解析问题。

ARP 功能表如表 7-6 所示。

表 7-6　ARP 功能表

选　项	说　明
-a	通过询问当前协议数据，显示当前 ARP 项。如果指定 inet_addr，则只显示指定计算机的 IP 地址和物理地址。如果不止一个网络接口使用 ARP，则显示每个接口的 ARP 的表项
-g	与-a 相同
-v	在详细模式下显示当前 ARP 项。所有无效项和环回接口上的项都将显示
inet_addr	指定 Internet 地址
-N if_addr	显示 if_addr 指定的网络接口的 ARP 项
-d	删除 inet_addr 指定的主机。inet_addr 可以是通配符*，以删除所有主机
-s	添加主机并且将 Internet 地址 inet_addr 与物理地址 eth_addr 相关联。物理地址是用连字符分隔的 6 个十六进制字节。该项是永久的
eth_addr	指定物理地址
if_addr	如果存在，此项指定地址转换表应修改接口的 Internet 地址。如果不存在，则使用第一个适用的接口

arp -a 命令用于查看所有当前网卡的 arp 表条目数，如图 7-13 所示。

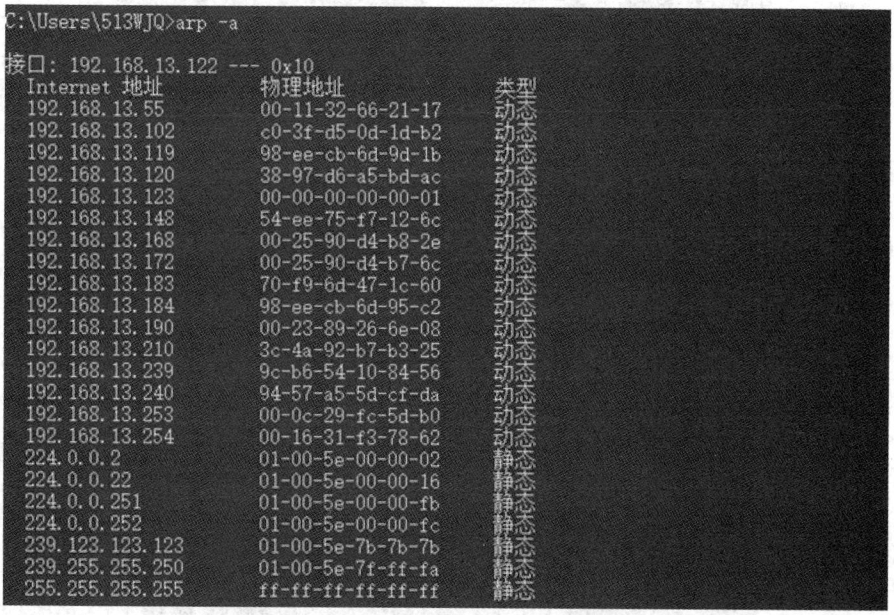

```
C:\Users\513WJQ>arp -a

接口: 192.168.13.122 --- 0x10
  Internet 地址         物理地址              类型
  192.168.13.55         00-11-32-66-21-17     动态
  192.168.13.102        c0-3f-d5-0d-1d-b2     动态
  192.168.13.119        98-ee-cb-6d-9d-1b     动态
  192.168.13.120        38-97-d6-a5-bd-ac     动态
  192.168.13.123        00-00-00-00-00-01     动态
  192.168.13.148        54-ee-75-f7-12-6c     动态
  192.168.13.168        00-25-90-d4-b8-2e     动态
  192.168.13.172        00-25-90-d4-b7-6c     动态
  192.168.13.183        70-f9-6d-47-1c-60     动态
  192.168.13.184        98-ee-cb-6d-95-c2     动态
  192.168.13.190        00-23-89-26-6e-08     动态
  192.168.13.210        3c-4a-92-b7-b3-25     动态
  192.168.13.239        9c-b6-54-10-84-56     动态
  192.168.13.240        94-57-a5-5d-cf-da     动态
  192.168.13.253        00-0c-29-fc-5d-b0     动态
  192.168.13.254        00-16-31-f3-78-62     动态
  224.0.0.2             01-00-5e-00-00-02     静态
  224.0.0.22            01-00-5e-00-00-16     静态
  224.0.0.251           01-00-5e-00-00-fb     静态
  224.0.0.252           01-00-5e-00-00-fc     静态
  239.123.123.123       01-00-5e-7b-7b-7b     静态
  239.255.255.250       01-00-5e-7f-ff-fa     静态
  255.255.255.255       ff-ff-ff-ff-ff-ff     静态
```

图 7-13　arp -a 命令

4) Tracert

Tracert(跟踪路由)是路由跟踪实用程序，用于确定 IP 数据报访问目标所采取的路径。Tracert 命令用 IP 生存时间字段和 ICMP 错误消息来确定从一个主机到网络上其他主机的路由以及数据包在网络上的停止位置。

Tracert 功能表如表 7-7 所示。

表 7-7　Tracert 功能表

选　项	说　明
-d	不将地址解析成主机名
-h maximum_hops	搜索目标的最大跃点数
-j host-list	与主机列表一起的松散源路由(仅适用于 IPv4)
-w timeout	等待每个回复的超时时间(以毫秒为单位)
-R	跟踪往返行程路径(仅适用于 IPv6)
-S srcaddr	要使用的源地址(仅适用于 IPv6)
-4	强制使用 IPv4
-6	强制使用 IPv6

Tracert 可用来进行故障定位，如图 7-14 所示。图中默认网关确定 192.168.3.253 主机没有有效路径，这可能是路由器配置的问题，或者是 192.168.3.0 网络不存在(错误的 IP 地址)，此时可以采取几条路径到达同一个点的办法来解决该问题。

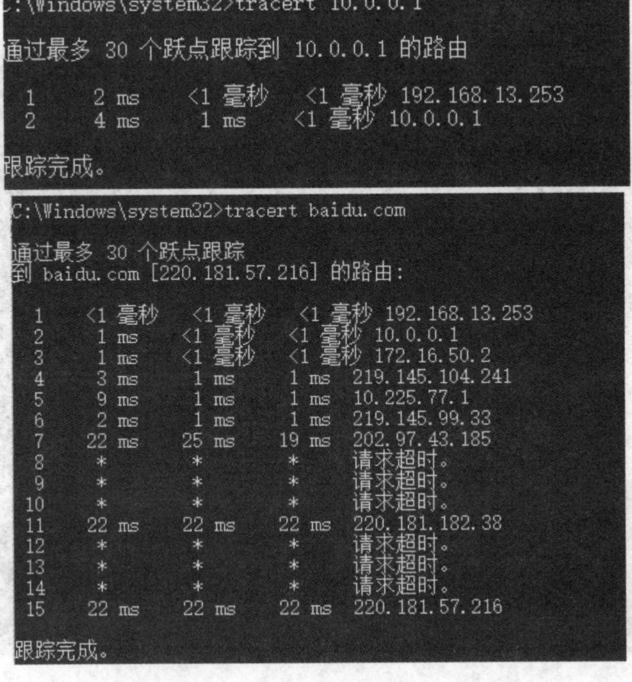

图 7-14　tracert 进行故障定位

5) Route

Route 命令是指在本地 IP 路由表中显示和修改网络条目的命令。一般使用 route delete、route add、route print 这三条命令可解决路由的所有功能。例如，使用 route print 命令可输出主机路由表，如图 7-15 所示。

```
C:\Windows\system32>route print
===========================================================================
接口列表
 16...00 23 24 54 1f c9 ......Realtek PCIe GbE Family Controller
  1...........................Software Loopback Interface 1
===========================================================================

IPv4 路由表
===========================================================================
活动路由:
网络目标        网络掩码          网关       接口   跃点数
          0.0.0.0          0.0.0.0   192.168.13.253   192.168.13.122    281
        127.0.0.0        255.0.0.0            在链路上         127.0.0.1    331
        127.0.0.1  255.255.255.255            在链路上         127.0.0.1    331
  127.255.255.255  255.255.255.255            在链路上         127.0.0.1    331
     192.168.13.0    255.255.255.0            在链路上    192.168.13.122    281
   192.168.13.122  255.255.255.255            在链路上    192.168.13.122    281
   192.168.13.255  255.255.255.255            在链路上    192.168.13.122    281
        224.0.0.0        240.0.0.0            在链路上         127.0.0.1    331
        224.0.0.0        240.0.0.0            在链路上    192.168.13.122    281
  255.255.255.255  255.255.255.255            在链路上         127.0.0.1    331
  255.255.255.255  255.255.255.255            在链路上    192.168.13.122    281
===========================================================================
永久路由:
  网络地址          网络掩码  网关地址  跃点数
          0.0.0.0          0.0.0.0   192.168.13.253     默认
===========================================================================
```

图 7-15　route print 命令

Route 功能表如表 7-8 所示。

表 7-8　Route 功能表

功　　能	说　　明
-f	清除所有网关项的路由表。如果与某个命令结合使用，在运行该命令前，应清除路由表
-p	与 ADD 命令结合使用时，用户永久保留某条路径(即在系统重启时不会丢失路由，但在 Windows 95 下无效)
-4	强制使用 IPv4
-6	强制使用 IPv6
PRINT	打印路由
ADD	添加路由
DELETE	删除路由
CHANGE	修改现有路由
destination	指定主机
MASK	指定下一个参数为“netmask”值
netmask	指定此路由项的子网掩码值。如果未指定，其默认设置为 255.255.255.255
gateway	指定网关
interface	指定路由的接口号码
METRIC	指定跃点数，例如目标的成本

6) Netstat

利用该工具可以显示有关统计信息和当前 TCP/IP 网络连接的情况，用户或网络管理人员可以得到非常详尽的统计结果。当网络中没有安装特殊的网管软件，但要对整个网络的使用状况做详细了解时，就是 Netstat 大显身手的时候了。

Netstat 功能表如表 7-9 所示。

表 7-9　Netstat 功能表

选　项	说　明
-a	显示所有连接和侦听端口
-b	显示在创建每个连接或侦听端口时涉及的可执行程序。在某些情况下，已知可执行程序承载多个独立的组件。此时，可执行程序的名称位于底部[]中，它调用的组件位于顶部，直至达到 TCP/IP。注意，此选项可能很耗时，并且在没有足够权限时可能失败
-e	显示以太网统计信息。此选项可以与-s 选项结合使用
-f	显示外部地址的完全限定域名(FQDN)
-n	以数字形式显示地址和端口号
-o	显示拥有的与每个连接关联的进程 ID
-p proto	显示 proto 指定的协议连接；proto 可以是下列任何一个：TCP、UDP、TCPv6 或 UDPv6。如果与-s 选项一起用来显示每个协议的统计信息，proto 可以是下列任何一个：IP、IPv6、ICMP、ICMPv6、TCP、TCPv6、UDP 或 UDPv6
-q	显示所有连接、侦听端口和绑定的非侦听 TCP 端口。绑定的非侦听端口不一定与活动连接相关联
-r	显示路由表
-s	显示每个协议的统计信息。默认情况下，显示 IP、IPv6、ICMP、ICMPv6、TCP、TCPv6、UDP 和 UDPv6 的统计信息
-p	选项可用于指定默认的子网
-t	显示当前连接卸载状态
-x	显示 Network Direct 连接、侦听器和共享终结点
-y	显示所有连接的 TCP 连接模板。无法与其他选项结合使用
interval	重新显示选定的统计信息以及各个显示间暂停的间隔秒数。按 CTRL+C 停止重新显示统计信息。如果省略，则 netstat 将打印当前的配置信息一次

netstat 命令单独使用时，将显示本机所有活动的 TCP 连接，如图 7-16 所示。

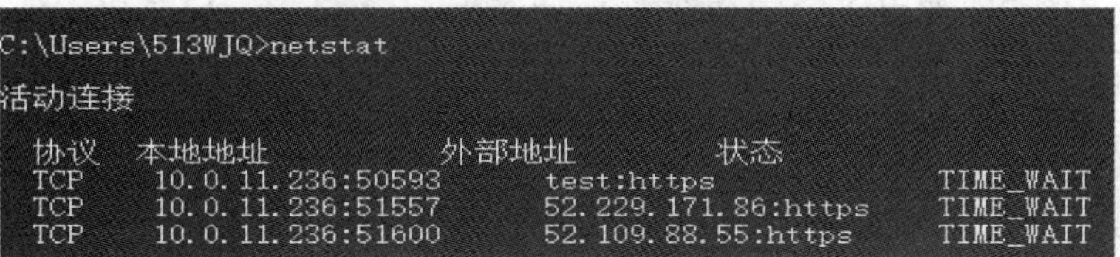

图 7-16　netstat 命令

netstat -a 命令可以查看本机所有 TCP 和 UDP 的网络连接状况，如图 7-17 所示。

```
C:\Users\513WJQ>netstat -a

活动连接

  协议  本地地址          外部地址        状态
  TCP    0.0.0.0:135      513-WJQ:0       LISTENING
  TCP    0.0.0.0:445      513-WJQ:0       LISTENING
  TCP    0.0.0.0:902      513-WJQ:0       LISTENING
  TCP    0.0.0.0:912      513-WJQ:0       LISTENING
  TCP    0.0.0.0:3389     513-WJQ:0       LISTENING
  TCP    0.0.0.0:5040     513-WJQ:0       LISTENING
  TCP    0.0.0.0:5357     513-WJQ:0       LISTENING
  TCP    0.0.0.0:7680     513-WJQ:0       LISTENING
  TCP    0.0.0.0:49664    513-WJQ:0       LISTENING
```

图 7-17　netstat –a 命令

本项目小结

校园网组建是一项看似简单实则复杂的系统工程，涉及需求分析、设计原则、技术选型、设备选择和安全防范等诸多方面。最优化的局域网设计必须从实际需求出发，在保证网内信息流畅通(即满足应用需求)的同时，必须坚持“实用稳定、技术先进、开支适度、方便管理”的原则，还要以工程设计思想指导整个网络的规划和设计过程，从系统需求的角度出发保证系统规划、实施方案的可用性。

校园网分层按照网络规模划分为核心层、汇聚层和接入层三个层次。校园网一般采用传统的交换式三层网络架构，分为办公、学生两大区域。学生、办公分别由各自的区域汇聚交换机连接至校内核心设备。

采用统一的网络管理平台对整个学校网络提供实用、易用的分级网络管理功能，在网络资源的集中管理基础上，实现拓扑、故障、性能、配置、安全等管理功能，有利于对整个网络进行清晰分权管理和负载分担。

要正确地维护网络，对故障进行迅速、准确的定位，必须要建立一个系统化的故障排除观念和合理的解决方案，将一个复杂的问题隔离、分解成若干简单问题或缩减排错范围。网络故障诊断以网络原理、网络配置和网络运行的知识为基础，从故障现象出发，以网络诊断工具为手段获取诊断信息，确定网络故障点，查找问题的根源，排除故障，恢复网络的正常运行。Windows 操作系统中包括几种常用的网络故障测试诊断工具，主要有 IP 测试工具 ping、TCP/IP 协议配置工具 Ipconfig、网络协议统计工具 Netstat 和跟踪工具 Tracert 等。熟练使用这些诊断工具，可对常见的网络故障进行检测和排除。

练　习　题

一、选择题

1. 校园网采用了三层结构的层次化设计，下面(　　)不包含在其中。

A. 核心层　　　　B. 汇聚层　　　　C. 接入层　　　　D. 连接层

2. Windows 系统查看本地 IP 地址等相关信息的命令是(　　)。

A. ipconfig　　B. ifconfig　　C. tracert　　D. netstat

3. 查看本机所有 TCP 和 UDP 网络连接的状况的命令是(　　)。

A. netstat -a　　B. netstat -b　　C. netstat -e　　D. netstat -f

二、填空题

1. TCP/IP 体系结构包含________、________、________、________。

2. 测试网络层故障的工具包括(至少写 3 个)________________________。

三、简答题

1．校园网采用三层结构的层次化网络结构设计，每一层的作用是什么？

2．Windows 常见的故障排除工具有哪些？请简述。

项目八　构建网络的铜墙铁壁

☛ 本项目概述

随着互联网的发展，人们对网络的依赖程度越来越高，网络中的潜在威胁也日益突出。尤其近几年，不法分子对系统的攻击手段愈加多样化，某种特定程度的技术远不足以确保一个系统的安全。网络安全最基本的要领是要有预备方案，即不是在遇到问题的时候才去处理，而是通过对可能发生的问题进行预测，在可行的最大范围内为系统制定安保对策，进行日常运维，构建网络的铜墙铁壁，才是保障网络正常运行的重中之重。

☛ 学习目标

1. 了解防火墙和入侵检测系统的基本原理；
2. 了解对称密码体制和非对称密码体质的区别；
3. 熟悉常见的身份认证技术及安全协议；
4. 掌握最常见的网络攻击手段及防范措施；
5. 熟悉 Windows 7 系统的基本安全配置、MD5 加密解密工具的使用以及 IE 浏览器的安全配置。

任务 8.1　了解网络攻击与防范

8.1.1　网络安全研究的主要问题

计算机网络安全是涉及计算机科学、网络技术、通信技术、密码技术、信息安全技术、应用数学、数论、信息论等多种学科的综合学科，包括网络管理、数据安全等很多方面。网络安全是指网络系统的硬件、软件及其系统中的数据受到保护，不受偶然的因素或恶意的攻击而遭到破坏、更改、泄露，系统能连续可靠地正常运行，网络服务不中断。网络安全包括物理安全、逻辑安全、操作系统安全和网络传输安全。

1. 物理安全

物理安全是指用来保护计算机硬件和存储介质的装置和工作程序。物理安全包括防盗、防火、防静电、防雷击和防电磁泄漏等内容。

(1) 防盗。计算机如果被盗，尤其是硬盘被窃，信息丢失所造成的损失可能远远超过计算机硬件本身的价值。防盗是物理安全的重要一环。

(2) 防火。引发火灾的原因有：由于电气设备和线路过载、短路、接触不良等原因引起的电打火而导致火灾；操作人员乱扔烟头、操作不慎可导致火灾；人为故意纵火或者外部火灾蔓延可导致机房火灾。火灾造成的破坏性很大，因此日常使用中一定要注意防火。

(3) 防静电。静电是由物体间相互摩擦接触产生的。静电产生后，如未能释放而留在物体内部，可能在不知不觉中使大规模电路损坏。保持适当的湿度有助于防静电。

(4) 防雷击。防雷击主要根据电气、微电子设备的不同功能及不同受保护程度和所属保护层，确定防护要点做分类保护；也可根据雷电引起瞬间过电压危害的可能通道，从电源线到数据通信线路做多级保护。

(5) 防电磁泄漏。防电磁泄漏的有效措施是采取屏蔽，屏蔽主要有电屏蔽、磁屏蔽和电磁屏蔽 3 种类型。

2. 逻辑安全

计算机的逻辑安全主要用口令、文件许可、加密、检查日志等方法来实现。防止黑客入侵主要依赖于计算机的逻辑安全。逻辑安全可以通过以下措施来加强：

(1) 限制登录的次数，对试探操作加上时间限制；

(2) 把重要的文档、程序和文件加密；

(3) 限制存取非本用户自己的文件，除非得到明确的授权；

(4) 跟踪可疑的、未授权的存取企图。

3. 操作系统安全

操作系统是计算机中最基本、最重要的软件，同一计算机可以安装几种不同的操作系统。如果计算机系统需要提供给许多人使用，操作系统必须能区分用户，防止他们相互干扰。一些安全性高、功能较强的操作系统可以为计算机的不同用户分配账户。不同账户有不同的权限。操作系统不允许一个用户修改由其他账户产生的数据。操作系统分为网络操作系统和个人操作系统，其安全内容主要包括如下几方面：

(1) 系统本身的漏洞；

(2) 内部和外部用户的安全威胁；

(3) 通信协议本身的安全性；

(4) 病毒感染。

4. 网络传输安全

网络传输安全是指信息在传播过程中出现丢失、泄露、受到破坏等情况。其主要内容如下：

(1) 访问控制服务：用来保护计算机和联网资源不被非授权使用。

(2) 通信安全服务：用来认证数据的保密性和完整性，以及各通信的可信赖性。

8.1.2　网络攻击的主要手段

1. 网络攻击的概念

计算机网络攻击是指网络攻击者利用网络通信协议自身存在的缺陷、用户使用的操作系统内在缺陷或用户使用的程序语言本身所具有的安全隐患，通过使用网络命令或者专门的软件非法进入本地或远程用户主机系统，获得、修改、删除用户系统的信息以及在用户系统上插入有害信息，降低、破坏网络使用性能等一系列活动的总称。

从技术角度看，计算机网络之所以存在安全隐患，一方面是由于它面向所有用户，所有资源通过网络共享，另一方面是因为其技术是开放和标准化的。层出不穷的网络攻击事件可视为这些不安全因素最直接的证据，其后果就是信息的安全属性遭到破坏，进而威胁到系统和网络的安全性。信息安全的 5 个属性如图 8-1 所示。

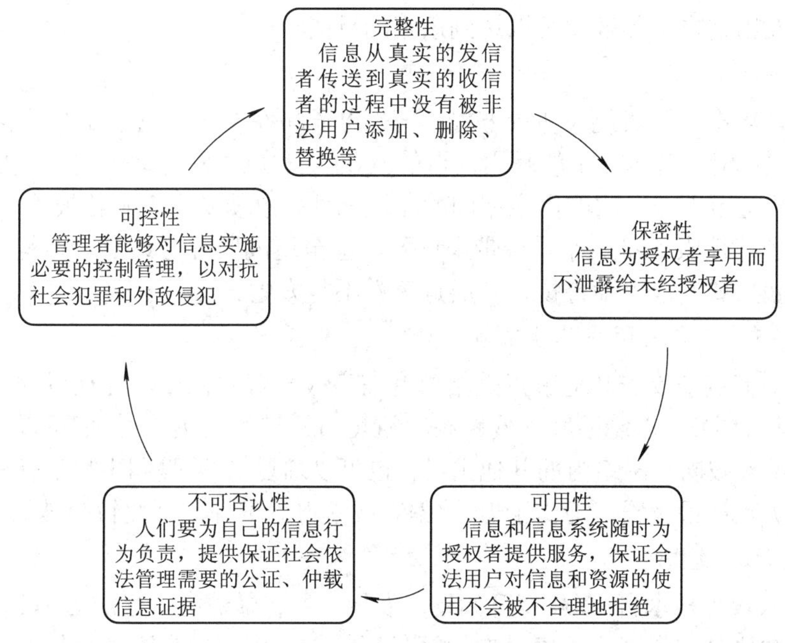

图 8-1　信息安全属性

从法律定义上，网络攻击是入侵行为完全完成且入侵者已在目标网络内。但是更激进的观点是(尤其是对网络安全管理员来说)，可能使一个网络受到破坏的所有行为都应称为网络攻击，即从一个入侵者开始对目标机上展开工作的那个时刻起，攻击就开始了。通常网络攻击过程具有明显的阶段性，可以粗略的划分为准备阶段、实施阶段、善后阶段三个阶段。

2. 常见的攻击方法

为了获取访问权限，或者修改、破坏数据等，攻击者会综合利用多种攻击方法达到其目的。常见的攻击方式主要有以下几种：

1) *获取口令*

获取口令有多种方式，包括：通过网络监听非法得到用户口令；在知道用户的账号后(如用户电子邮件口令@前面的部分)利用一些专门软件强行破解；在获得一个服务器上的用户口令文件(此文件成为 Shadow 文件)后，用暴力破解程序破解用户口令。

2) *放置特洛伊木马程序*

特洛伊木马程序可以直接侵入用户的电脑并进行破坏。它常被伪装成工具程序或

者游戏等，诱使用户打开带有特洛伊木马程序的邮件附件或从网上直接下载，一旦用户打开了这些邮件的附件或者执行了这些程序，它们就会像古特洛伊人在敌人城外留下的藏满士兵的木马一样留在自己的电脑中，并在计算机系统中隐藏一个可以在 Windows 启动时悄悄执行的程序。

3) WWW 欺骗技术

WWW 欺骗技术是指要访问的网页已经被黑客篡改过。例如，黑客将用户要浏览网页的 URL 改写为指向黑客自己的服务器，当用户浏览目标网页的时候，实际上是向黑客服务器发出请求，黑客就可以达到欺骗的目的了。

4) 电子邮件攻击

电子邮件攻击主要表现为两种方式：一是电子邮件轰炸和电子邮件“滚雪球”，也就是通常所说的邮件炸弹，指的是用伪造的 IP 地址和电子邮件地址向同一信箱发送数以千计、万计甚至无穷多次的内容相同的垃圾邮件，致使受害人邮箱被“炸”，严重者可能会给电子邮件服务器操作系统带来危险，甚至造成服务器瘫痪。二是电子邮件欺骗，这类欺骗只要用户提高警惕，一般危害性不是太大。

5) 通过一个节点来攻击其他节点

通过一个节点来攻击其他节点是指黑客在突破一台主机后，往往以此主机作为根据地，攻击其他主机(以隐蔽其入侵路径，避免留下蛛丝马迹)。他们可以使用网络监听方法，尝试攻破同一网络内的其他主机；也可以通过 IP 欺骗和主机信任关系攻击其他主机。这类攻击很狡猾，但由于 IP 欺骗等技术很难掌握，因此较少被黑客使用。

6) SQL 注入攻击

SQL 注入攻击技术自 2004 年开始逐步发展，并日益流行，已成为 WEB 入侵的常青技术。这主要是因为网页程序员在编写代码时，没有对用户输入数据的合法性进行判断，使得攻击者可以构造并提交一段恶意的数据，根据返回结果来获得数据库内存储的敏感信息。由于编写代码的程序员技术水平参差不齐，一个网站的代码量往往又大得惊人，使得注入漏洞往往层出不穷，也给攻击者带来了突破的机会。SQL 常用的注入工具有 pangolin、NBSI3.0 等。

7) 数据库入侵攻击

数据库入侵包括默认数据库下载、暴库下载以及数据库弱口令连接等攻击方式。默认数据库漏洞是指部分网站在使用开源代码程序时，未对数据库路径以及文件名进行修改，导致攻击者可以直接下载到数据库文件进行攻击。暴库下载攻击是指由于 IIS 存在%5C 编码转换漏洞，因此攻击者在提交特殊构造的地址时，网站将数据库真实物理路径作为错误信息返回到浏览器中。攻击者即可以此下载到关键数据库。数据库弱口令连接入侵是指攻击者将通过扫推得到的弱口令，利用数据库连接工具直接连接到目标主机的数据库上，并依靠数据库的存储过程扩展等方式，添加后门账号、执行特殊命令。

8) 跨站攻击

跨站攻击是指攻击者利用网站程序对用户输入过滤不足，输入可以显示在页面上对其他用户造成影响的 HTML 代码，从而盗取用户资料、利用用户身份进行某种动作或者对访问者进行病毒侵害的一种攻击方式。

跨站攻击的目标是为了盗取客户端的 cookie 或者其他网站用于识别客户端身份的敏感信息。获取到用户信息后，攻击者甚至可以假冒最终用户与网站进行交互。图 8-2 为 XSS 攻击的过程。

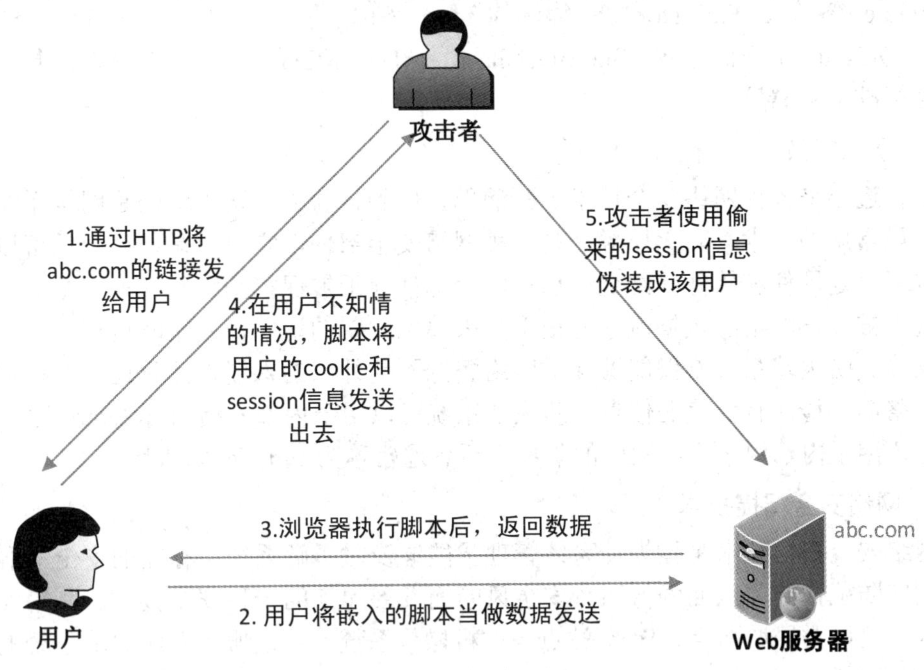

图 8-2　跨站攻击

8.1.3　网络安全的常见防范技术

1. 数据加密技术

对网络中传输的信息进行加密是保障信息安全最基本、最核心的技术措施和理论基础。信息加密是现代密码学的核心内容，其过程由形形色色的加密算法来实现，它以很小的代价提供很大的安全保护。在多数情况下，信息加密是保证信息机密性的唯一方法。

2. 信息确认技术

信息确认技术通过严格限定信息的共享范围来达到防止信息被非法伪造、篡改和假置的目的。一个安全的信息确认方案应该能：使合法的接收者验证他收到的消息是否真实；发信者无法抵赖自己发出的消息；除合法发信者外，别人无法伪造消息；发生争执时可由第三方仲裁。

按照其具体目的，信息确认系统可分为消息确认、身份确认和数字签名。消息确认是指约定的接收者能够证实消息是由约定发信者送出的，且在通信过程中未被篡改过。身份确认是指用户的身份能够被正确判定，最简单但却最常用的身份确认方法有

个人识别号、口令、个人特征(如指纹)等。数字签名与日常生活中的手写签名效果一样，它不但能使消息接收者确认消息是否来自合法方，而且可以为仲裁者提供发信者对消息签名的证据。

用于消息确认的常用算法有 ELGamal 签名、数字签名标准(DSS)、One-time 签名、Undeniable 签名、Fail -stop 签名、Schnorr 确认方案、Okamoto 确认方案、Guillou-Quisquater 确认方案、Snefru、Nhash、MD4、MD5 等，其中最著名的算法是数字签名标准(DSS)算法。

3. 防火墙技术

尽管近年来各种网络安全技术不断涌现，但到目前为止防火墙仍是网络系统安全保护中最常用的技术。防火墙系统是一种网络安全部件，它可以是硬件，也可以是软件，也可以是硬件和软件的结合。这种安全部件处于被保护网络和其他网络的边界，接收进出被保护网络的数据流，并根据防火墙所配置的访问控制策略进行过滤或做出其他操作。防火墙系统不仅能够保护网络资源不受外部的入侵，而且还能够拦截从被保护网络向外传送有价值的信息。防火墙系统可以用于内部网络与 Internet 之间的隔离，也可用于内部网络不同网段的隔离，后者通常称为 Intranet 防火墙。

4. 网络安全扫描技术

网络安全扫描技术是指为使系统管理员能够及时了解系统中存在的安全漏洞，并采取相应防范措施，从而降低系统安全风险而发展起来的一种安全技术。利用安全扫描技术，可以对局域网络、Web 站点、主机操作系统、系统服务及防火墙系统的安全漏洞进行扫描，同时系统管理员可以了解在运行的网络系统中存在的不安全的网络服务，在操作系统上存在的可能导致遭受缓冲区溢出攻击或者拒绝服务攻击的安全漏洞，还可以检测主机系统中是否被安装了窃听程序，防火墙系统是否存在安全漏洞和配置错误。网络安全扫描技术主要有网络远程安全扫描、防火墙系统扫描、Web 网站扫描、系统安全扫描等几种方式。

5. 网络入侵检测技术

网络入侵检测技术也叫网络实时监控技术，它通过硬件或软件对网络上的数据流进行实时检查，并与系统中的入侵特征数据库进行比较，一旦发现有被攻击的迹象，立刻根据用户所定义的动作做出反应，如切断网络连接，或通知防火墙系统对访问控制策略进行调整，将入侵的数据包过滤掉等。

利用网络入侵检测技术可以实现网络安全检测和实时攻击识别，但它只能作为网络安全的一个重要安全组件。网络系统实际安全的保障应该结合使用防火墙等技术来组成一个完整的网络安全解决方案。其原因在于网络入侵检测技术虽然也能对网络攻击进行识别并做出反应，但其侧重点还是在于发现，而不能代替防火墙系统执行整个网络的访问控制策略。防火墙系统能够将一些预期的网络攻击阻挡于网络外面，而网络入侵检测技术除了减小网络系统的安全风险之外，还能对一些非预期的攻击进行识别并做出反应，切断攻击连接或通知防火墙系统修改控制准则，将下一次的类似攻击阻挡于网络外部。因此通过网络安全检测技术和防火墙系统的结合，可以构建一个完整的网络安全解决方案。

6. 黑客诱骗技术

黑客诱骗技术是近期发展起来的一种网络安全技术，通过由网络安全专家精心设置的特殊系统来引诱黑客，并对黑客进行跟踪和记录。这种黑客诱骗系统通常也称为蜜罐(Honeypot)系统，最重要的功能是一种特殊设置，用来对系统中所有操作进行监视和记录。网络安全专家通过精心的伪装使得黑客在进入到目标系统后，仍不知晓自己所有的行为已处于系统的监视之中。为了吸引黑客，网络安全专家通常还在蜜罐系统上故意留下一些安全后门来吸引黑客上钩，或者放置一些网络攻击者希望得到的敏感信息，当然这些信息都是虚假的。这样，当黑客正为攻入目标系统而沾沾自喜的时候，其在目标系统中的所有行为，包括输入的字符、执行的操作都已经为蜜罐系统所记录。有些蜜罐系统甚至可以对黑客网上聊天的内容进行记录。蜜罐系统管理人员通过研究和分析这些记录，可以知道黑客采用的攻击工具、攻击手段、攻击目的和攻击水平。通过分析黑客的网上聊天内容，还可以获得黑客的活动范围及下一步的攻击目标。根据这些信息，管理人员可以提前对系统进行保护。蜜罐系统中记录下的信息还可以作为对黑客进行起诉的证据。

任务 8.2　认识网络安全的构成要素

TCP/IP 相关的安全要素如图 8-3 所示。下面，我们对这些要素进行简要介绍。

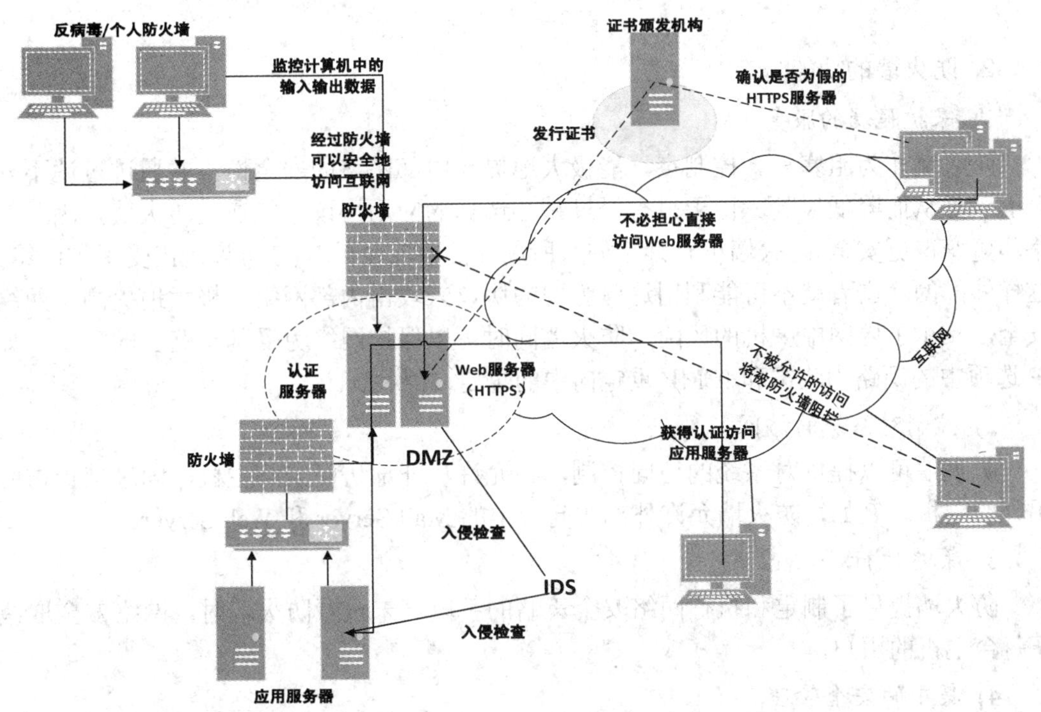

图 8-3　TCP/IP 安全要素

8.2.1　防火墙

1. 防火墙的概念

防火墙(Firewall)是一种硬件设备或软件系统，主要部署在内部网络和外部网络间，可防止外界恶意程序对内部系统的破坏，或阻止内部重要信息向外流出，有双向监督的功能，如图 8-4 所示。它是设置在不同网络(如可信任的企业内部网和不可信的公共网)或网络安全域之间的一系列部件的组合，可通过监测、限制、更改跨越防火墙的数据流，尽可能地对外部屏蔽网络内部的信息、结构和运行状况，以此来实现网络的安全保护。在逻辑上，防火墙是一个分离器，一个限制器，也是一个分析器，可有效地监控内部网和 Internet 之间的任何活动，保证内部网络的安全。

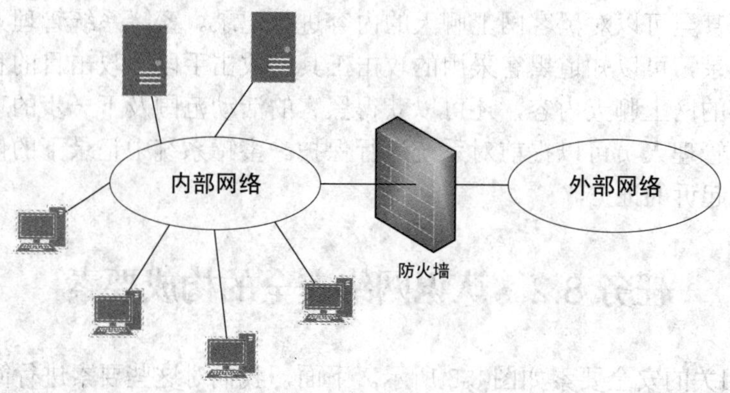

图 8-4　防火墙

2. 防火墙的功能

1) 保护脆弱的服务

防火墙作为阻塞点、控制点，能极大地提高内部网络的安全性，并通过过滤不安全的服务从而降低风险。由于只有经过精心选择的应用协议才能通过防火墙，因此网络环境变得更安全。防火墙可以禁止如众所周知的不安全的 NFS 协议进出受保护网络，这样外部的攻击者就不可能利用这些脆弱的协议来攻击内部网络，极大地提高了网络安全，减少了内网中主机的风险。防火墙同时可以保护网络免受基于路由的攻击，如 IP 选项中的源路由攻击和 ICMP 重定向中的重定向路径。

2) 控制对系统的访问

防火墙可以提供对系统的访问控制，如允许从外部访问某些主机，同时禁止访问另外的主机。例如，防火墙允许外部访问特定的 Mail Server 和 Web Server。

3) 策略执行

防火墙提供了制定和执行网络安全策略的手段。未设置防火墙时，网络安全取决于每台主机的用户。

4) 集中的安全管理

防火墙对企业内部网实现集中的安全管理。防火墙定义的安全规则可以运行于整

个内部网络系统，而无须在内部网每台机器上分别设立安全策略；可以定义不同的认证方法，而不需要在每台机器上分别安装特定的认证软件；外部用户也只需要经过一次认证即可访问内部网。

5) 对网络存取和访问进行监控审计

使用防火墙可以阻止攻击者获取攻击网络系统的有用信息，记录和统计网络数据以及非法使用数据，如果所有的访问都经过防火墙，那么，防火墙就能记录下这些访问并在日志中进行记录，同时也能提供网络使用情况的统计数据。当发生可疑动作时，防火墙能进行适当的报警，并提供网络是否受到监测和攻击的详细信息。另外，收集一个网络的使用和误用情况也是非常重要的。首先可以清楚防火墙是否能够抵挡攻击者的探测和攻击，并且清楚防火墙的控制是否充足。而网络使用统计对网络需求分析和威胁分析等而言也是非常重要的。

6) 防止内部信息的外泄

通过防火墙对内部网络的划分，可实现内部网络重点网段的隔离，从而限制局部重点或敏感网络安全问题对全局网络造成的影响。再者，隐私是内部网络非常关心的问题。一个内部网络中不引人注意的细节可能包含有关安全的线索而引起外部攻击者的兴趣，甚至因此暴露内部网络的某些安全漏洞。使用防火墙就可以隐蔽那些透漏内部细节的服务。例如，Finger 可显示主机所有用户的注册名、真名、最后登录时间和使用 shell 类型等。但是 Finger 显示的信息非常容易被攻击者所获悉，如系统被使用的频繁程度，该系统是否有用户正在连线上网，该系统是否会在被攻击时引起注意等。防火墙可以同样阻塞内部网络中的 DNS 信息，这样，一台主机的域名和 IP 地址就不会被攻击者所知悉。

7) 与 VPN 结合

除了安全作用，防火墙还支持具有 Internet 服务特性的企业内部网络技术体系 VPN。VPN 可将企事业单位分布在全世界各地的 LAN 或专用子网有机地连成一个整体，不仅省去了专用通信线路，而且为信息共享提供了技术保障。

3. 防火墙的分类

防火墙的实现从层次上大体可分为包过滤防火墙、代理防火墙和复合型防火墙三类，如图 8-5 所示。

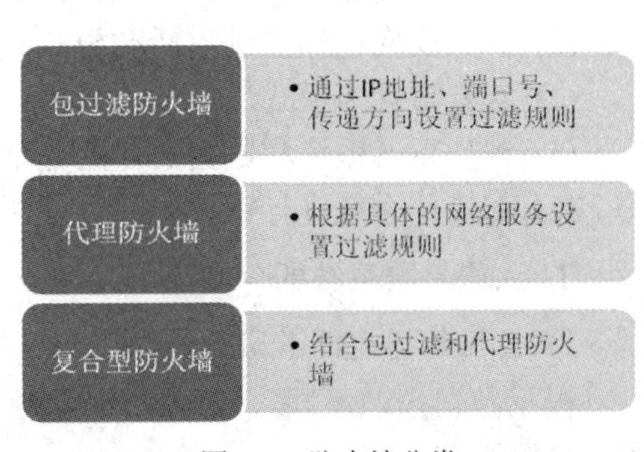

图 8-5　防火墙分类

随着技术的发展，防火墙产品还在不断完善、发展，目前出现的新技术类型主要有状态监视技术、安全操作系统、自适应代理技术、实时侵入检测系统等。混合使用数据包过滤技术、代理服务技术和一些新技术是未来防火墙的趋势。

4. 防火墙的缺陷

由于互联网的开放性，防火墙也有一些弱点，并不能完全保护网络不受攻击。防

火墙的主要缺陷有：

(1) 防火墙对绕过它的攻击行为无能为力。

(2) 防火墙无法防范病毒，不能防止感染了病毒的软件或文件的传输。要防范病毒，只能安装反病毒软件。

(3) 防火墙需要有特殊的较为封闭的网络拓扑结构来支持。网络安全性的提高往往以牺牲网络服务的灵活性、多样性和开放性为代价。

8.2.2　入侵检测系统

1. 入侵检测的概念

入侵检测(Intrusion Detection，ID)就是通过监测并分析计算机系统的某些信息检测入侵行为，并做出反应。入侵检测系统所检测的系统信息包括系统记录、网络流量、应用程序日志等。入侵是指未经授权的计算机使用者以及不正当使用计算机的合法用户(内部威胁)，危害或试图危害资源的完整性、保密性、可用性的行为。入侵检测的研究开始于 20 世纪 80 年代，进入 20 世纪 90 年代成为研究与应用的热点，其间出现了许多研究原型与商业产品。在实际应用中，入侵检测比以上简单的定义要复杂得多，一般是通过各种入侵检测系统(Intrusion Detection System，IDS)来实现各种入侵检测的功能。

2. 入侵检测系统的原理及应用

入侵检测系统通过对入侵行为的过程与特征进行研究，使安全系统对入侵事件和入侵过程做出实时响应，包括切断网络连接、记录事件和报警等。其在功能上是入侵防范系统的补充，而并不是入侵防范系统的替代。相反，它与这些系统协同工作，检测出已经躲过这些系统控制的攻击行为。入侵检测系统是计算机系统安全、网络安全的第二道防线。

入侵检测系统主要执行如下任务：

(1) 监视、分析用户及系统活动。

(2) 对系统构造和弱点进行审计。

(3) 识别反应已知的进攻活动模式并向相关人士报警。

(4) 对异常行为模式进行统计分析。

(5) 评估重要系统和数据文件的完整性。

(6) 对操作系统进行审计跟踪管理，并识别用户违反安全策略的行为。

3. 入侵检测系统的分类

1) 根据数据来源不同分类

根据数据来源不同，入侵检测系统可分为基于网络的入侵检测系统和基于主机的入侵检测系统。

(1) 网络型入侵检测系统。

网络型入侵检测系统的实现方式是将某台主机的网卡设置成混杂模式，监听本网段内的所有数据包并进行判断或直接在路由设备上放置入侵检测模块。一般来说，网络型入侵检测系统担负着保护整个网络的任务。

(2) 主机型入侵检测系统。

主机型入侵检测系统是以系统日志、应用程序日志等作为数据源。当然也可以通过其他手段(如检测系统调用)从所有的主机上收集信息进行分析。

2) 根据检测方法不同进行分类

入侵检测系统根据检测的方法不同可分为异常检测和误用检测两种，如图 8-6 所示。

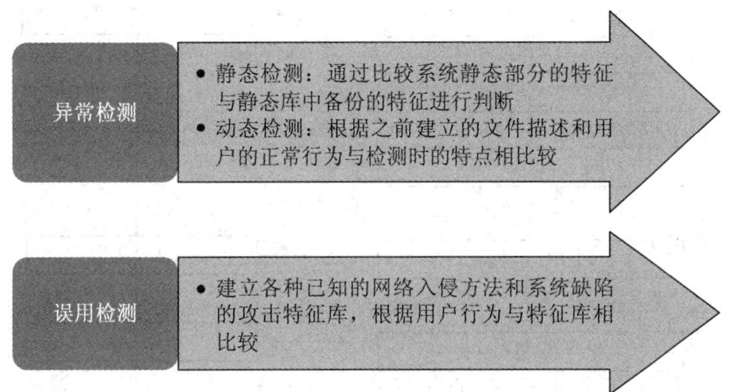

图 8-6　异常检测和误用检测原理

4. 入侵检测系统技术分析

CIDF 模型(Common Intrusion Detection Framework，公共入侵检测框架)是一个入侵检测系统(Instrusion Detection System，IDS)的通用模型，它将一个入侵检测系统分为以下组件：

(1) 事件产生器：从整个计算环境中获得事件，并向系统的其他部分提供此事件。

(2) 事件分析器：分析得到的数据，并产生分析结果。

(3) 响应单元：对分析结果做出反应的功能单元。它可以做出切断连接、改变文件属性等强烈反应，也可以只是简单的报警。

(4) 事件数据库：存放各种中间和最终数据的位置的统称。它可以是复杂的数据库，也可以是简单的文本文件。

CIDF 将 IDS 需要分析的数据统称为事件。它可以是网络中的数据包，也可以是从系统日志等其他途径得到的信息。

在这个模型中，前三者以程序的形式出现，而最后一个则往往是文件或数据流的形式。在一些文献中，经常用数据采集部分、分析部分和控制台部分来分别代替事件产生器、事件分析器和响应单元这些术语，且常用日志来简单地指代事件数据库。

5. 入侵检测的基本流程

入侵检测的基本流程如图 8-7 所示，详细的过程为：网络报文捕获→IP 层协议解码→TCP/UDP/ICMP 协议解码→TCP 状态跟踪→应用层协议解码→攻击特征检测→报警及动态响应。根据 CIDF 模型，各个环节的对应关系是：网络报文捕获、IP 层协议

解码、TCP/UDP/ICMP 协议解码、TCP 状态跟踪、应用层协议解码对应事件产生器；攻击特征检测对应事件分析器；报警及动态响应对应响应单元；日志记录对应事件数据库。

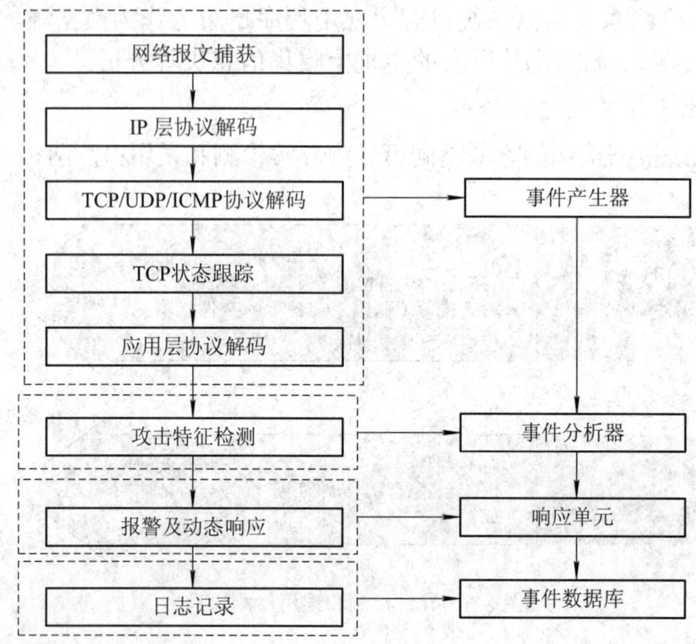

图 8-7　入侵检测流程

6. 入侵检测系统的缺陷

入侵检测系统作为网络安全防护的重要手段，目前还存在很多问题，主要包括以下两点：

1) 高误报率

高误报率的原因主要有：一是正常请求被误认为是入侵行为；二是对 IDS 用户不关心事件进行报警。导致 IDS 产品高误报率的原因是 IDS 检测精度过低和用户对误报概念不确定。

2) 缺乏主动防御功能

入侵检测技术作为一种被动且功能有限的安全防御技术，缺乏主动防御功能。因此，需要在新一代 IDS 产品中加入主动防御功能，才能变被动为主动。

8.2.3　反病毒

1. 反病毒技术概述

计算机病毒是一个程序，一段可执行的代码，它能够对计算机的正常使用进行破坏，造成电脑无法正常使用，甚至导致整个操作系统或者电脑硬盘损坏。自计算机病毒出现时起，人们便开始了反病毒技术的研究，旨在检测并消除病毒，确保互联网的安全。

反病毒技术应包括三个阶段：

第一阶段：确定一个系统是否已发生病毒感染，并能正确确定病毒的位置；

第二阶段：检测到病毒后，能够识别出病毒的种类；

第三阶段：识别病毒之后，对感染病毒的程序进行检查，清除病毒并使程序还原到感染之前的状态，从系统中清除病毒并保证病毒不会继续传播。如果检测到病毒感染，但无法识别或清除病毒，解决方法是删除被病毒感染的文件，重载未被感染的版本。

2. 反病毒技术特点

(1) 不存在能够防治未来产生的所有病毒的反病毒软硬件。

(2) 不存在能够让未来的所有反病毒软硬件都无法检测的病毒软件。

(3) 目前的反病毒软件和硬件以及安全产品是易耗品，必须经常更新、升级。

(4) 病毒产生在前，反病毒手段滞后，这将是长期的过程。

3. 目前广泛应用的反病毒技术

1) 特征码扫描法

特征码扫描法是指分析出病毒的特征病毒码并集中存放于病毒代码库文件中，在扫描时将扫描对象与特征代码库比较，如有吻合，则判断为感染病毒。该技术简单有效，安全彻底。但查杀病毒滞后，并且庞大的特征码库会造成查毒速度下降。

2) 虚拟执行技术

该技术通过虚拟执行方法查杀病毒，可以对付加密、变形、异型及病毒生产机生产的病毒，具有如下特点：

(1) 在查杀病毒时，机器虚拟内存会模拟出一个“指令执行虚拟机器”。

(2) 在虚拟机环境中虚拟执行(不会被实际执行)可疑带毒文件。

(3) 在执行过程中，从虚拟机环境内截获文件数据，如果含有可疑病毒代码，则杀毒后将其还原到原文件中，从而实现对各类可执行文件内病毒的查杀。

3) 文件实时监控技术

文件实时监控技术是指通过利用操作系统底层接口技术，对系统中所有类型的文件或指定类型的文件进行实时的行为监控，一旦有病毒传染或发作时就及时报警，从而实现对病毒的实时、永久、自动监控。这种技术能够有效控制病毒的传播途径，但是实现难度较大，系统资源的占用率也会有所降低。

4. 用户病毒防治实用方法

(1) 学习电脑知识，增强安全意识。

(2) 经常对电脑内容进行备份。

(3) 开机时打开实时监控，定时对电脑文件进行扫描。

(4) 经常对操作系统打补丁，对反病毒软件进行升级。

(5) 一旦病毒破坏导致数据丢失，通过备份进行修复或者通过专业公司进行灾难恢复。

任务 8.3　密码学基础

8.3.1　密码体制与算法

据不完全统计，到目前为止，已经公开发表的各种加密算法多达数百种。如果按照收发双方密钥是否相同来分类，可以将这些加密算法分为对称密码体制和公钥密码体制，下面分别介绍这两种技术。

1. 对称密码体制与算法

1) 对称密码体制的含义

对称密码体制是一种传统密码体制，也称为私钥密码体制。在对称加密系统中，加密和解密采用相同的密钥。因为加解密密钥相同，需要通信的双方必须选择和保存他们共同的密钥，各方必须信任对方不会将密钥泄密出去，才可以实现数据的机密性和完整性。对称密码体制的加解密原理如图 8-8 所示。

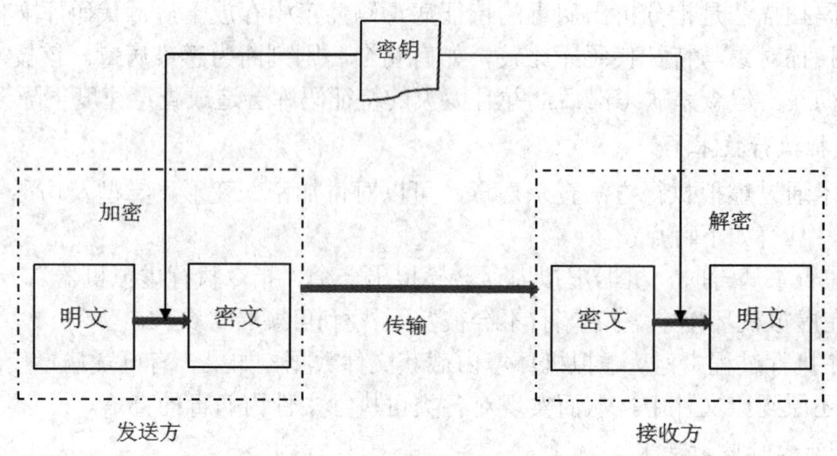

图 8-8　对称密码体制原理

2) 常见的对称密码算法

DES(Data Encryption Standard 数据加密标准)算法及其变形 Triple DES(三重 DES、GDES(广义 DES)、欧洲的 IDEA 和日本的 FEALN、RC5 等是目前常见的几种对称加密算法。DES 标准由美国国家标准局提出，主要应用于银行业的电子资金转账(Electronic Funels Transfer，EFT)领域，其密钥长度为 56 b；Triple DES 使用两个独立的 56 b 密钥对所要交换的信息进行 3 次加密，从而使其有效长度达到 112 b；RC2 和 RC4 方法是 RSA 数据安全公司的对称加密专利算法，它们采用可变的密钥长度，通过规定不同的密钥长度，提高或降低安全的程度。

3) 对称密码算法的优缺点

对称密码算法的优点是系统开销小，算法简单，加密速度快，适合加密大量数据，是目前用于信息加密的主要算法。尽管对称密码术有一些很好的特性，但它也存在着明显的缺陷，例如进行安全通信前需要以安全方式进行密钥交换。这一步骤在某种情况下是可行的，但在某些情况下会非常困难，甚至无法实现。例如，某一贸易方有数个贸易关系，他就要维护数个专用密钥，也没法鉴别贸易发起方或贸易最终方，因为贸易双方的密钥相同。另外，由于对称加密系统仅能用于对数据进行加解密处理，仅提供数据的机密性，不能用于数字签名。因而人们迫切需要寻找新的密码体制。

2. 公钥密码体制与算法

1) 公钥密码体制含义

公钥密码体制的发现是密码学发展史上的一次革命。从古老的手工密码到机电式密码直至运用计算机的现代对称密码，对称密码系统虽然越来越复杂，但都建立在基本的替代和置换工具的基础上，而公钥密码体制的编码系统基于数学中的单向陷门函数。更重要的是，公钥密码体制采用了两个不同的密钥，这对在公开的网络上进行保密通信、密钥分配、数字签名和认证有着深远的影响。公钥密码体制的加解密原理如图 8-9 所示。

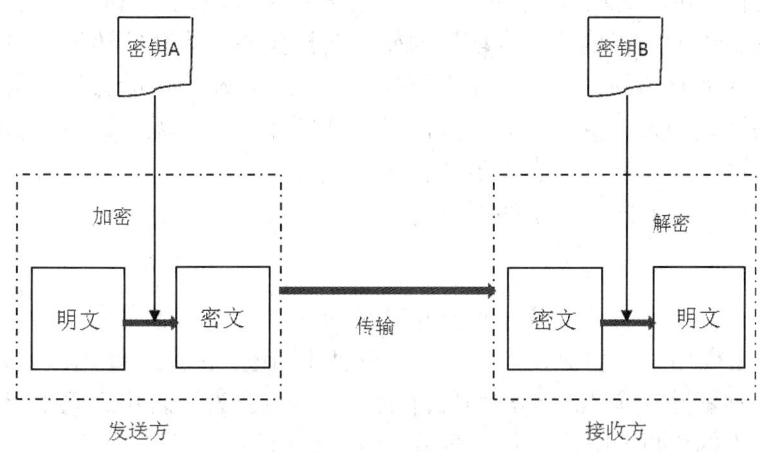

图 8-9　公钥密码体制原理

2) 常见的公钥加密算法

RSA、ElGamal、背包算法、Rabin(Rabin 加密法是 RSA 方法的特例)、Diffie-Hellman (D-H) 密钥交换协议中的公钥加密算法、Elliptic Curve Cryptography(ECC，椭圆曲线加密算法)是目前常见的几种公钥加密算法。其中 RSA 是当前最著名、应用最广泛的公钥加密算法。它是在 1978 年由美国麻省理工学院的 Rivest、Shamir 和 Adleman 提出的一个基于数论的非对称分组密码体制。RSA 算法是第一个既能用于数据加密也能用于数字签名的算法，其安全性基于大整数素因子分解的困难性，而大整数因子分解问题是数学的著名难题，至今没有有效的方法予以解决，因此可以确保 RSA 算法的安全性。RSA 系统是公钥系统中最具有典型意义的方法，大多数使用公钥密码进行加密和数字签名的产品和标准使用的都是 RSA 算法。RSA 是被研究得最广泛的公钥算法，从提出到现在已经二十多年，经历了各种攻击的考验，逐渐为人们接受，是目前公认的最优秀的公钥方案之一。

3) 公钥加密算法的优缺点

公钥加密算法因为加解密密钥不同，即使加密密钥泄露也不会影响数据的安全性，因此公钥加密算法提供了更高的安全性。它的缺点主要是产生密钥很麻烦，运算代价高，加解密速度较慢。

8.3.2　身份认证技术

建立信息安全体系的目的就是要保证存储在计算机及网络系统中的数据只能够被有权限操作的人访问，所有未被授权的人无法访问到这些数据。计算机网络世界中的一切信息包括用户的身份信息都是用一组特定的数据来表示的，计算机只能识别用户的数字身份，所有对用户的授权也是针对用户数字身份的授权。如何保证以数字身份进行操作的操作者就是这个数字身份的合法拥有者，也就是说保证操作者的物理身份与数字身份相对应，这个问题正是身份认证技术要解决的。作为防护网络资产的第一道关口，身份认证有着举足轻重的作用。

所谓“没有不透风的墙”，你所知道的信息有可能被泄漏或者还有其他人知道，杨子荣就是掌握了“天王盖地虎，宝塔镇河妖”的接头暗号成功的伪造了自己的身份。而仅凭借一个人拥有的物品判断也是不可靠的，这个物品有可能丢失，也有可能被人盗取，从而伪造这个人的身份。只有人的身体特征才是独一无二，不可伪造的，然而这需要我们对这个特征具有可靠的识别能力。

常用的身份认证方式及应用如下所述：

1．静态密码

静态密码是最简单也是最常用的身份认证方法，它是基于“你知道什么”的验证手段。用户的密码由用户自己设定，只有他自己才知道，因此只要能够正确输入密码，计算机就认为他就是这个用户。然而实际上，许多用户为了防止忘记密码，经常采用诸如自己或家人的生日、电话号码等容易被他人猜测到的、有意义的字符串作为密码，或者把密码抄在一个自己认为安全的地方，这都存在着许多安全隐患，极易造成密码泄漏。即使能保证用户密码不被泄漏，由于密码是静态的数据，并且在验证过程中需要在计算机内存中和网络中传输，而每次验证过程使用的验证信息都是相同的，很容易被驻留在计算机内存中的木马程序或网络中的监听设备截获。因此，静态密码是一种极不安全的身份认证方式，可以说基本上没有任何安全性可言。

2．动态口令

动态口令技术是一种让用户的密码按照时间或使用次数不断动态变化，每个密码只使用一次的技术，它是基于“你有什么”的验证手段，采用一种称之为动态令牌的专用硬件，内置电源、密码生成芯片和显示屏。密码生成芯片运行专门的密码算法，根据当前时间或使用次数生成当前密码并显示在显示屏上；认证服务器采用相同的算法计算当前的有效密码。用户使用时只需要将动态令牌上显示的当前密码输入客户端计算机，即可实现身份的确认。由于每次使用的密码必须由动态令牌来产生，只有合法用户才持有该硬件，因此只要密码验证通过就可以认为该用户的身份是可靠的。而用户每次使用的密码都不相同，即使黑客截获了一次密码，也无法利用这个密码来仿冒合法用户的身份。

动态口令技术采用一次一密的方法，有效地保证了用户身份的安全性。但是如果客户端硬件与服务器端程序的时间或次数不能保持良好的同步，就可能发生合法用户无法登录的问题；并且用户每次登录时还需要通过键盘输入一长串无规律的密码，一旦看错或输错就要重新来过，使用起来非常不方便。目前，动态口令广泛应用在 VPN、网上银行、电子政务、电子商务等领域。

3. 短信密码

短信密码以手机短信形式请求包含 6 位随机数的动态密码。身份认证系统以短信形式发送随机的 6 位密码到客户的手机上，客户在登录或者交易认证时候输入此动态密码，从而确保系统身份认证的安全性。它利用“你有什么”方法，具有以下优点：

(1) 安全性。由于手机与客户绑定比较紧密，短信密码生成与使用场景是物理隔绝的，因此密码在通信过程中被截取的几率降至最低。

(2) 普及性。只要会接收短信即可使用，大大降低了短信密码技术的使用门槛，学习成本几乎为 0，所以在市场接受度上面不会存在阻力。

(3) 易收费。移动互联网用户天然养成了付费的习惯，这和 PC 时代的互联网理念截然不同，而且收费通道非常的发达，网银、第三方支付、电子商务可将短信密码作为一项增值业务，每月通过 SP 收费不会有阻力，因此也可增加收益。

(4) 易维护。短信网关技术非常成熟，大大降低了短信密码系统使用的复杂度和安全风险；短信密码业务后期客服成本低，稳定的系统在提升安全的同时也营造了良好的口碑效应，这也是目前银行大量采用这项技术的重要原因。

4. USB Key 认证

基于 USB Key 的身份认证方式是近几年发展起来的一种方便、安全、经济的身份认证技术，它采用软硬件相结合的一次一密的强双因子认证模式，很好地解决了安全性与易用性之间的矛盾。USB Key 是一种使用 USB 接口的硬件设备，它内置单片机或智能卡芯片，可以存储用户的密钥或数字证书，利用 USB Key 内置的密码学算法实现对用户身份的认证。基于 USB Key 的身份认证系统主要有两种应用模式：一是基于冲击/响应的认证方式，二是基于 PKI 体系的认证方式。

1) 基于冲击/响应的双因子认证方式

当需要在网络上验证用户身份时，先由客户端向服务器发出一个验证请求，服务器接到此请求后生成一个随机数并通过网络传输给客户端(此为冲击)；客户端将收到的随机数通过 USB 接口提供给 ePass，由 ePass 使用该随机数与存储在 ePass 中的密钥进行 MD5-HMAC 运算并得到一个结果，作为认证证据传给服务器(此为响应)；与此同时，服务器也使用该随机数与存储在服务器数据库中的该客户密钥进行 MD5-HMAC 运算，如果服务器的运算结果与客户端传回的响应结果相同，则认为客户端是一个合法用户。

在这种认证方式中，密钥运算分别在 ePass 硬件和服务器中运行，不会出现在客户

端内存中，也不会在网络上传输。MD5-HMAC 算法是一个不可逆的算法，知道密钥和运算用随机数就可以得到运算结果，而知道随机数和运算结果却无法计算出密钥，从而保护了密钥的安全，也就保护了用户身份的安全。

2) 基于 PKI 体系的认证方式

随着 PKI 技术的日趋成熟，许多应用中开始使用数字证书进行身份认证与数字加密。数字证书是由权威公正的第三方机构即 CA 中心签发的，以数字证书为核心的加密技术可以对网络上传输的信息进行加密、解密、数字签名和签名验证，确保网上传递信息的机密性、完整性，交易实体身份的真实性以及签名信息的不可否认性，从而保障网络应用的安全性。

USB Key 作为数字证书的存储介质，可以保证数字证书不被复制，并可以实现所有数字证书的功能，目前主要运用在电子政务、网上银行等领域。

5. 生物识别技术

生物识别技术是指采用每个人独一无二的生物特征来验证用户身份的技术，常见的有指纹识别、虹膜识别等。从理论上说，生物特征认证是最可靠的身份认证方式，因为它直接使用人的物理特征来表示每一个人的数字身份，不同的人具有相同生物特征的可能性可以忽略不计，因此几乎不可能被冒充。生物特征认证基于生物特征识别技术，受到现在的生物特征识别技术成熟度的影响，采用生物特征认证还具有较大的局限性：首先，生物特征识别的准确性和稳定性还有待提高，特别是如果用户身体受到伤病或污渍的影响，往往导致无法正常识别，造成合法用户无法登录；其次，由于研发投入较大和产量较小的原因，生物特征认证系统的成本非常高，目前只适合于一些安全性要求非常高的场合如银行、部队等使用，还无法做到大面积推广。

6. 声纹识别技术

声纹是借助声谱仪绘出的声音图像。研究表明，年龄、语言习惯、发音器官等的差异会导致声纹各不相同，且声纹从十几岁到五十几岁基本不变。这是构成声纹识别的基础，即以声纹唯一性作为识别身份的手段。而声纹识别是基于生理学和行为特征的说话者嗓音、语言模式的运用，根据应用环境不同，分为说话人辨识和说话人确认。前者指识别说话人是否已注册，是哪个注册人，其辨识结果要用于说话人确认；后者指识别说话人的身份与其声明的是否一致，刑侦工作中更具实际价值。声纹识别系统包括声纹特征提取和声纹模式匹配。前者提取唯一表现说话人身份的有效且稳定可靠的特征；后者对训练和识别时的特征模式做相似性匹配。

8.3.3 安全协议

1. 安全协议概述

随着信息化社会的发展，信息在社会中的地位和作用越来越重要，每个人的生活都与信息的产生、存贮、处理和传递密切相关，对其依赖程度也越来越高。信息的安全与保密问题成了人人都关心的事情，这使得安全保密学成为大家感兴趣并为更多人服务的学科。近年来，网络上的各种犯罪活动出现了逐年上升的趋势，由此所造成的经济损失是十分巨大的。信息空间中的信息大战正在悄悄而积极的酝酿中，小规模的信息战一直在不断地出现、发展和扩大。信息战是信息化社会发展的必然产物。在信息战场上能否控制和取胜，是赢得政治、外交、军事和经济斗争胜利的先决条件。因此，信息系统的安全保密问题已成为影响社会稳定和国家安危的战略性问题。

安全协议的功能是应用密码技术实现网上密钥分配和实体认证。开放的网络环境被视为是不安全的，网络中的攻击者可获取、修改和删除网上信息，并可控制网上用户。因此，安全协议成为了确保网络环境安全的重要因素。

协议就是两个或两个以上的参与者采取一系列步骤以完成某项特定的任务。这个定义包含三层意思：一是至少有两个以上参与者；二是目的明确；三是按照约定规则有序地执行一系列步骤。通信协议是指通信各方按确定的步骤做出一系列的通信动作，以达成一致，换句话说，通信协议是定义通信实体之间交换信息的格式及意义的一组规则。

安全协议就是具有安全性的通信协议，所以又称为安全通信协议。换句话说，安全协议是完成信息安全交换所共同约定的逻辑操作规则。安全协议的目的是通过正确地使用密码技术和访问控制技术来解决网络通信的安全问题。由于安全协议通常要运用到密码技术，所以又称密码协议。安全协议中有关身份验证的部分，也被称为认证协议。

2．安全协议的基本要素

根据安全协议的概念，安全协议除了具有协议和通信协议的基本特点外，还应包含以下基本要素：

(1) 保证信息交换的安全。安全协议就是为了完成某种安全任务而必须保证所进行的信息交换(通信)的安全。

(2) 使用密码技术。密码技术是安全协议保证通信安全所采用的核心技术，例如信息交换的机密性、完整性、不可否认性等均要依赖密码技术。

(3) 具有严密的共同约定的逻辑交换规则。保证信息安全交换除了密码技术以外，逻辑交换规则是否严密，即协议的安全交换过程是否严密也十分重要。安全协议分析往往是针对这一部分而进行的。

(4) 使用访问控制等安全机制。要保证信息交换的安全，必要时还应使用访问控制等安全机制，IPsec 协议簇在进行安全通信时就特别强调这一点。事实上，在其他的安全协议中，当解密失败或完整性检验无法通过时，通常都会丢弃报文，这就是最基本的访问控制。

3．安全协议的分类

关于安全协议的分类，尤其是严格的分类是一件很难的事情，从不同的角度出发，就会有不同的分类方法。根据安全协议的功能分类无疑比较合理，也容易被人们接受。根据不同的验证功能，协议分类如表 8-1 所示。

表 8-1　安全协议分类

协议类型	主 要 功 能
认证协议	实现认证功能，包括消息认证、数据源认证和实体认证
密钥管理协议	实现建立共享密钥的功能。可以通过密钥分配来建立共享密钥，这也是目前密钥管理的主要方法；也可以通过密钥交换来共享密钥，如 IKE。所以包括密钥分配、密钥交换等密钥管理协议
不可否认协议	通过协议的执行达到抗抵赖的目的，包括发方不可否认协议、收方不可否认协议、数字签名协议等
信息安全交换协议	实现信息的安全交换功能

目前，对安全协议进行分析的方法主要有两大类：一类是攻击检验方法，一类是形式化的分析方法。所谓攻击检验方法就是搜集目前使用对协议的有效攻击方法，逐一对安全协议进行攻击，检验安全协议是否具有抵抗这些攻击的能力。在分析的过程中主要使用自然语言和示意图对安全协议所交换的消息进行剖析。这种分析方法往往是非常有效的，关键在于攻击方法的选择。形式化的分析方法是指采用各种形式化的语言或者模型为安全协议建立模型，并按照规定的假设和分析、验证方法证明协议的安全性。目前，形式化的分析方法是研究的热点，但是就其实用性来说，还没有什么突破性的进展。

任务 8.4　任 务 挑 战

8.4.1　Windows 7 系统的基本安全配置

1. 任务目的

熟悉 Windows 7 系统的安全配置。

2. 任务准备

一台装有 Windows 7 系统的虚拟机。

3. 任务步骤

1) 修改 Windows 系统注册表的安全配置

用“Regedit”命令启动注册表编辑器，配置 Windows 系统注册表中的安全项，步骤如下：

(1) 关闭 Windows 远程注册表服务，通过任务栏的“开始→运行”，输入“regedit”进入注册表编辑器；找到注册表中的 HKEY_LOCAL_ MACHINE\ SYSTEM\ CurrentControlSet\Services 下的“RemoteRegistry”项，右键点击“RemoteRegistry”项，选择“删除”，如图 8-10 所示。

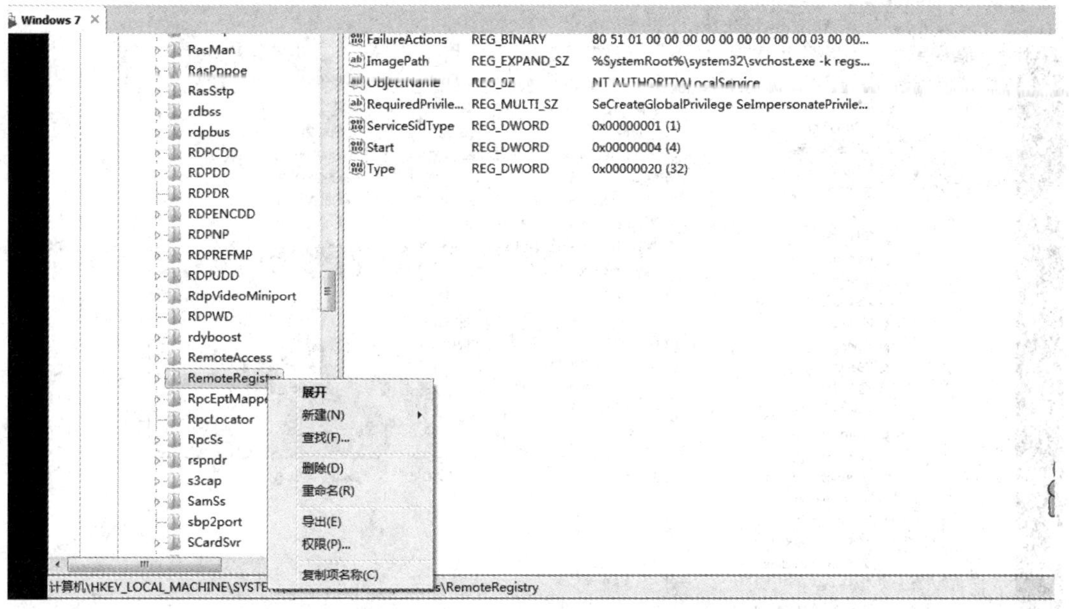

图 8-10　删除注册表“RemoteRegistry”

(2) 修改注册表防范 IPC$攻击。查找注册表中的“HKEY_LOCAL_MACHINE\SYSTEM\CurrentControlSet\Control\LSA”的“RestrictAnonymous”项，单击右键，选择“修改”；在弹出的“编辑 DWORD 值”数值数据框中填入“1”将“RestrictAnonymous”项设置为“1”，然后单击“确定”按钮，如图 8-11 所示。

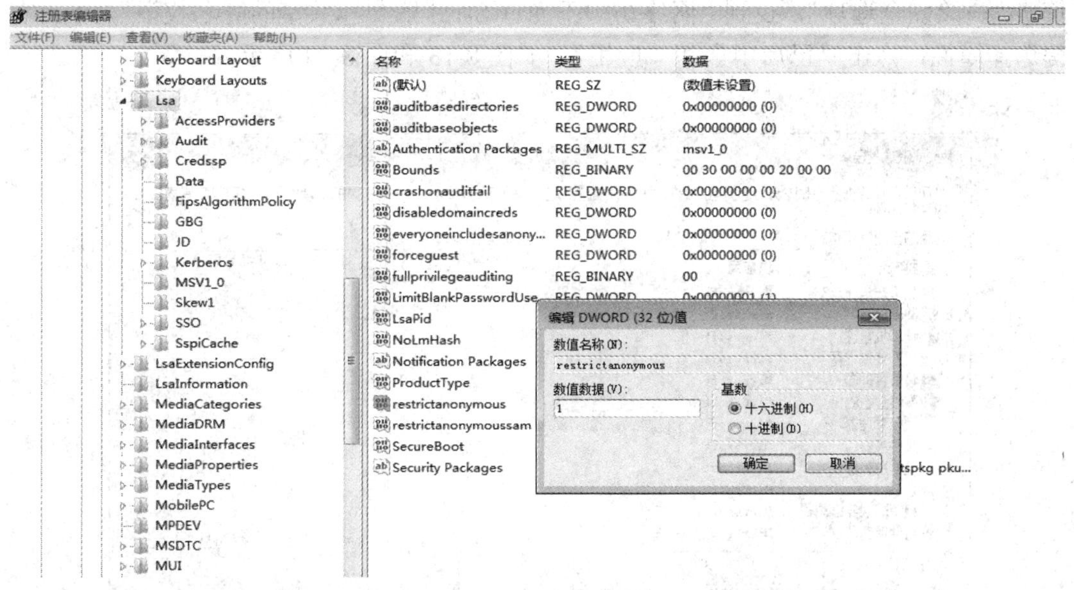

图 8-11　修改注册表“RestrictAnonymous”的“DWORD”值

(3) 修改注册表关闭默认共享。在注册表中找到“Parameters”，在空白处单击右键，选择新建 DWORD 值，在“AutoShareServer”下的数值数据框中填入“0”，如图 8-12 所示。

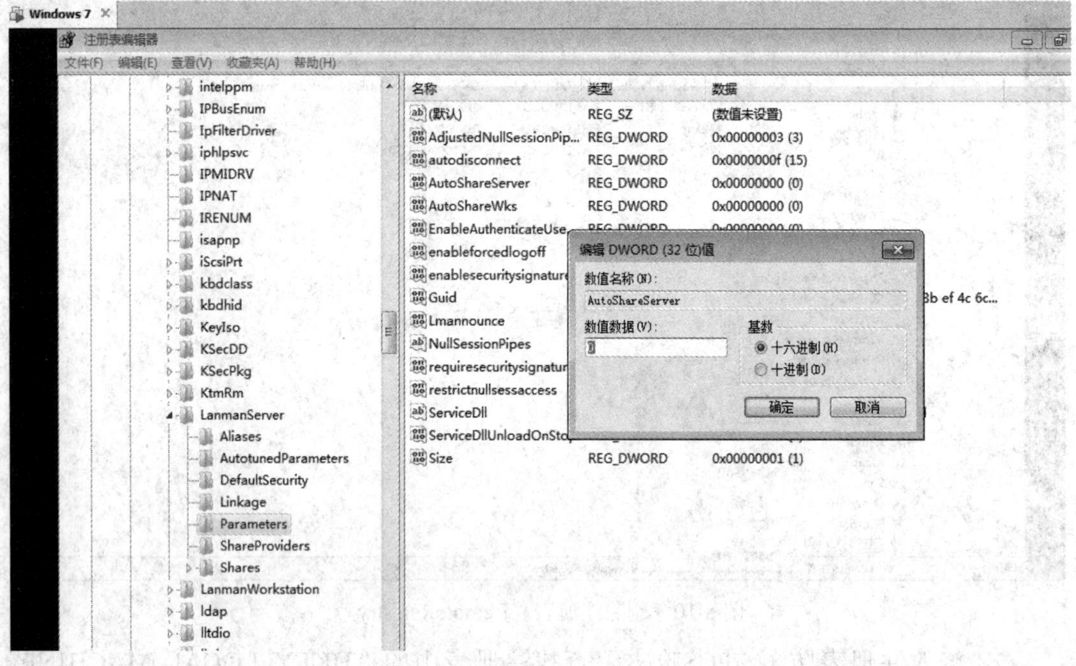

图 8-12　修改“AutoShareServer”默认类型

2) 修改 Windows 系统的安全服务设置

点击“控制面板”→“管理工具”→“本地安全策略”→“安全设置”→“本地策略”→“安全选项”，找到“网络访问不允许 SAM 账户和共享的匿名枚举”，单击右键选择属性，点击“已启用”和“应用”，如图 8-13 和图 8-14 所示。

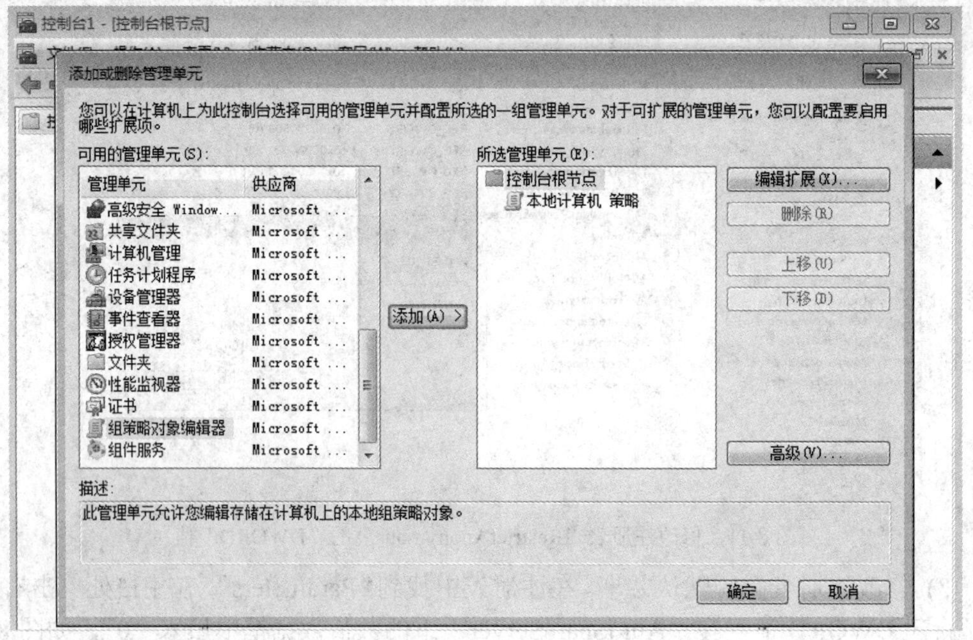

图 8-13　配置安全选项

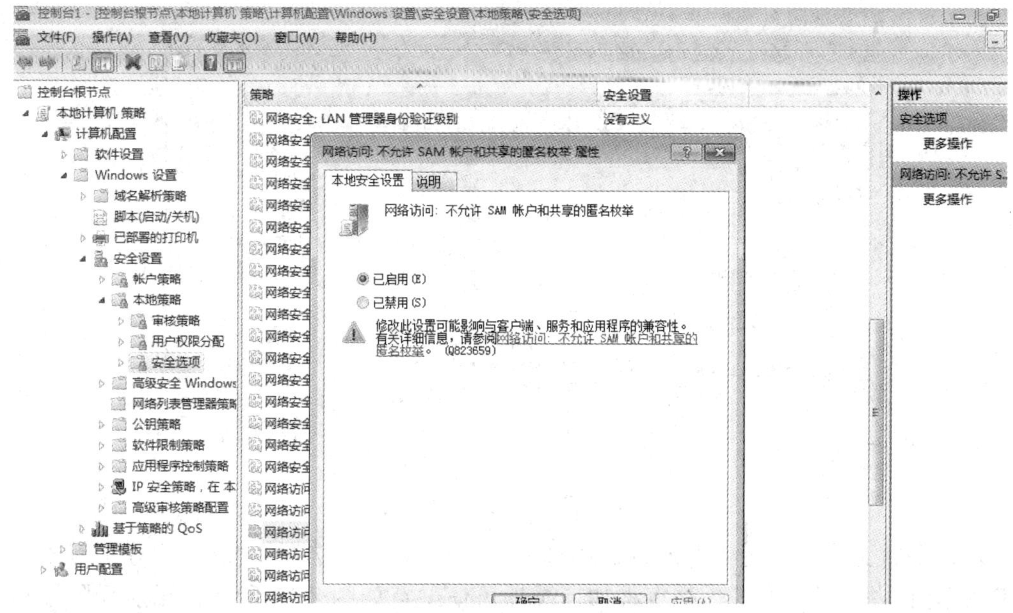

图 8-14　启用本地安全设置

如图 8-15 所示，在安全设置中，将“交互式登录：不显示最后的登录名”配置为已启用后，再次登录系统时，不会显示上次的登录名。

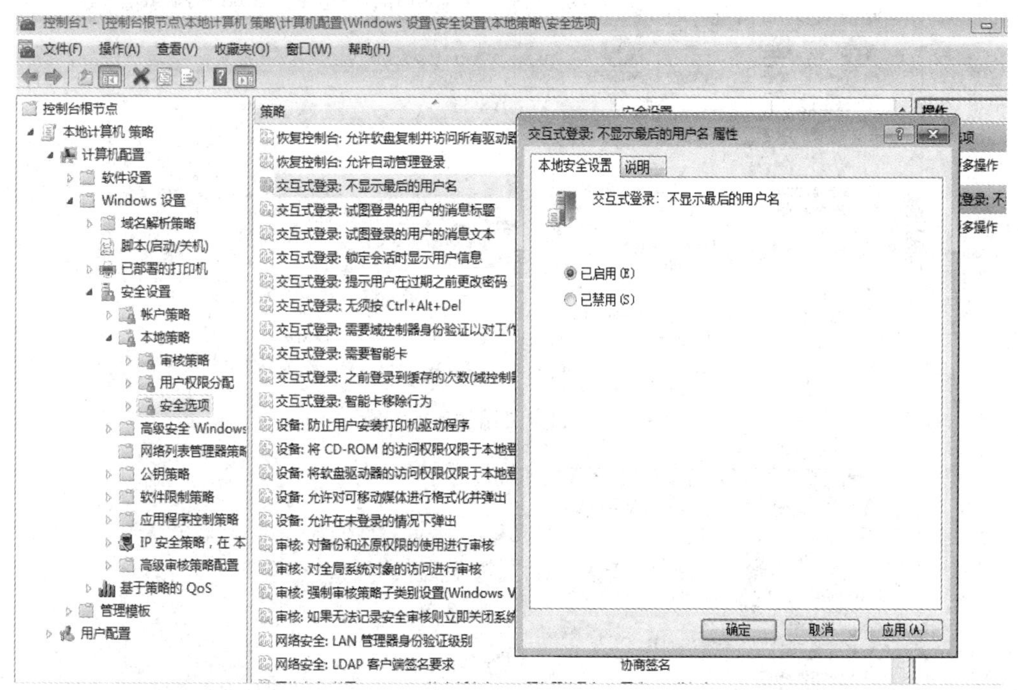

图 8-15　交互式登录安全设置

3) 修改 IE 浏览器安全设置

(1) 自定义安全级别。选择“工具→Internet 选项→安全”，点击自定义级别按钮，进行安全级别设置，如图 8-16 所示。

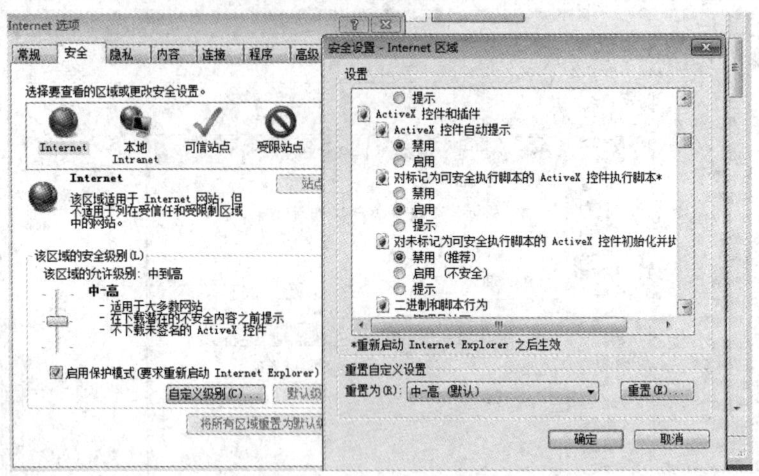

图 8-16　自定义安全级别

(2) 添加受信任和受限制站点。选择“工具→Internet 选项→安全”，分别点击可信站点和受限站点图标，进行站点添加。添加可信站点如图 8-17 所示，添加受限站点如图 8-18 所示。

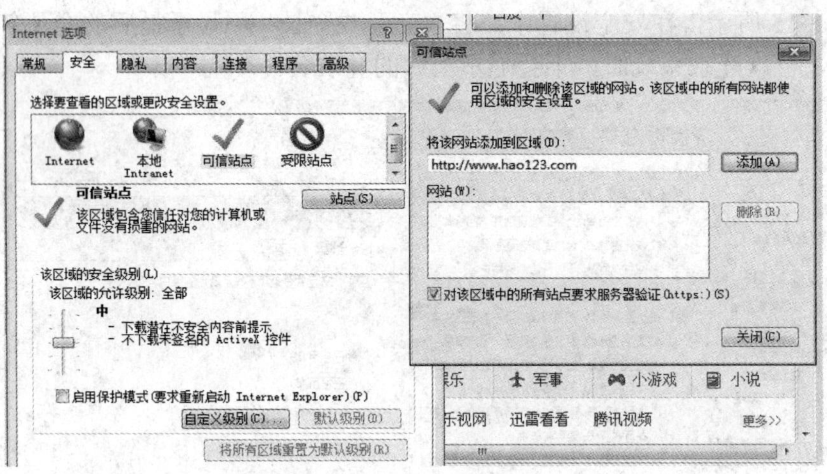

图 8-17　自定义添加可信站点

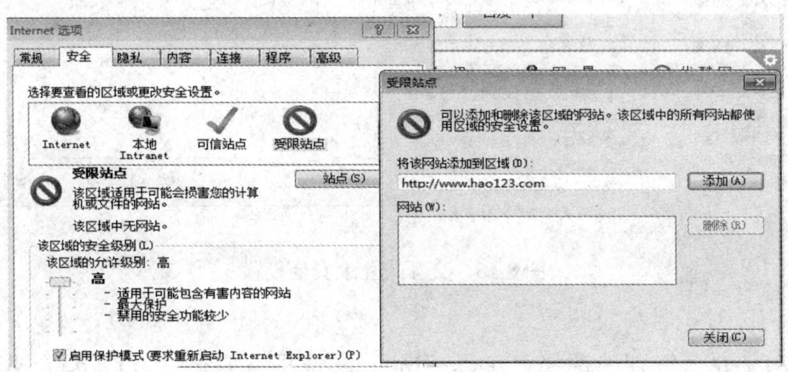

图 8-18　自定义添加受限站点

4) 设置用户的本地安全策略

本地安全策略包括密码策略和账户锁定策略，设置步骤如下：

(1) 如图 8-19 所示，打开“控制面板”→“管理工具”→“本地安全设置”。

(2) 设置密码复杂性要求。双击“密码必须符合复杂性要求”会出现“本地安全策略设置”界面，可根据需要选择“已启用”，然后单击“确定”即可启用密码复杂性检查。

(3) 设置密码长度最小值。双击“密码长度最小值”，将密码长度设置在 6 位以上。

(4) 设置密码最长存留期。双击“密码最长存留期”，将密码作废期设置为 60 天，则用户每次设置的密码只在 60 天内有效。

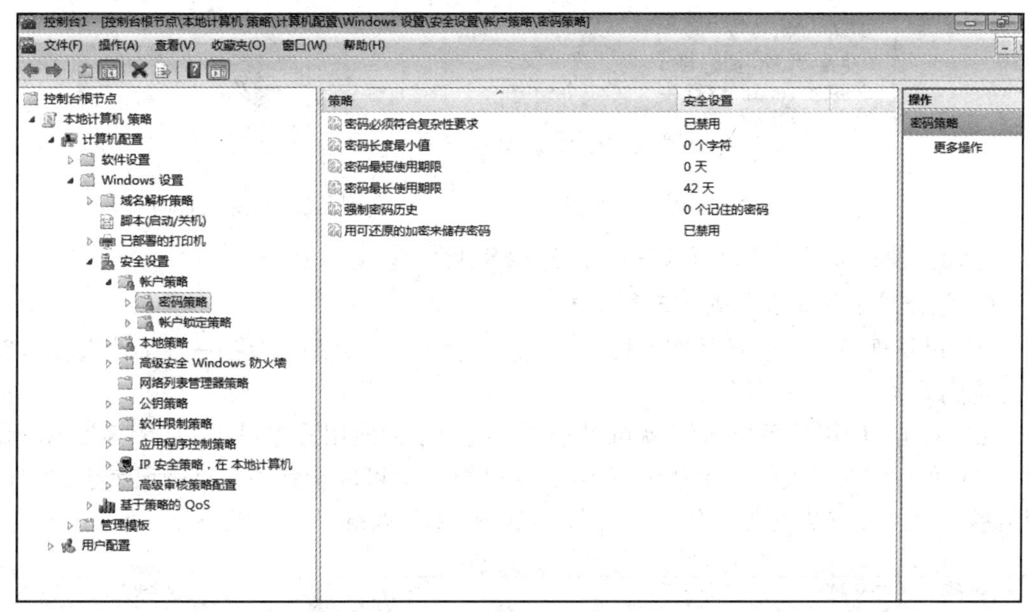

图 8-19　账户策略配置

5) Windows 7 文件安全防护 EFS 的配置使用

(1) 在计算机里面选择要进行 EFS 的文件，然后点击“右键”选择“属性”。

(2) 在“属性”里面选择“高级”选项，如图 8-20 所示。

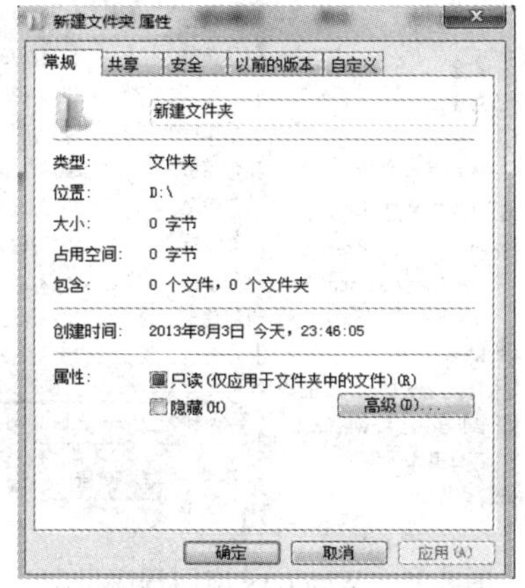

图 8-20　EFS 文件安全防护配置

(3) 在“高级属性”里面勾选“加密内容以便保护数据”，如图 8-21 所示。

(4) 完成 EFS 的步骤之后，加密文件的名称会变成绿色，如图 8-22 所示。

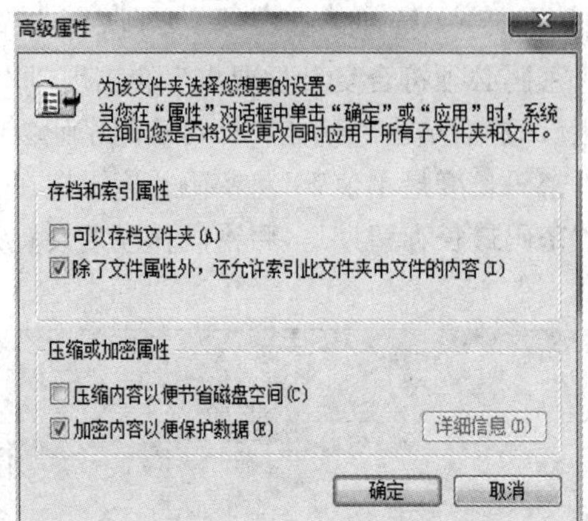

图 8-21　EFS 安全配置

图 8-22　加密文件图示

至此，便完成了对“新建文件夹”的 EFS 工作了。

6) 学会用事件查看器查看三种日志

(1) 以管理员身份登录系统，打开“控制面板”→“管理工具”→“事件查看器”，即可看到系统记录了三种日志。

(2) 双击“应用程序日志”，就可以看到系统记录的应用程序日志，如图 8-23 所示。

(3) 在右侧的详细信息窗格中双击某一条信息，就可以看到该信息所记录事件的详细信息，用同样方法查看安全日志(如图 8-24 所示)和系统日志(如图 8-25 所示)。

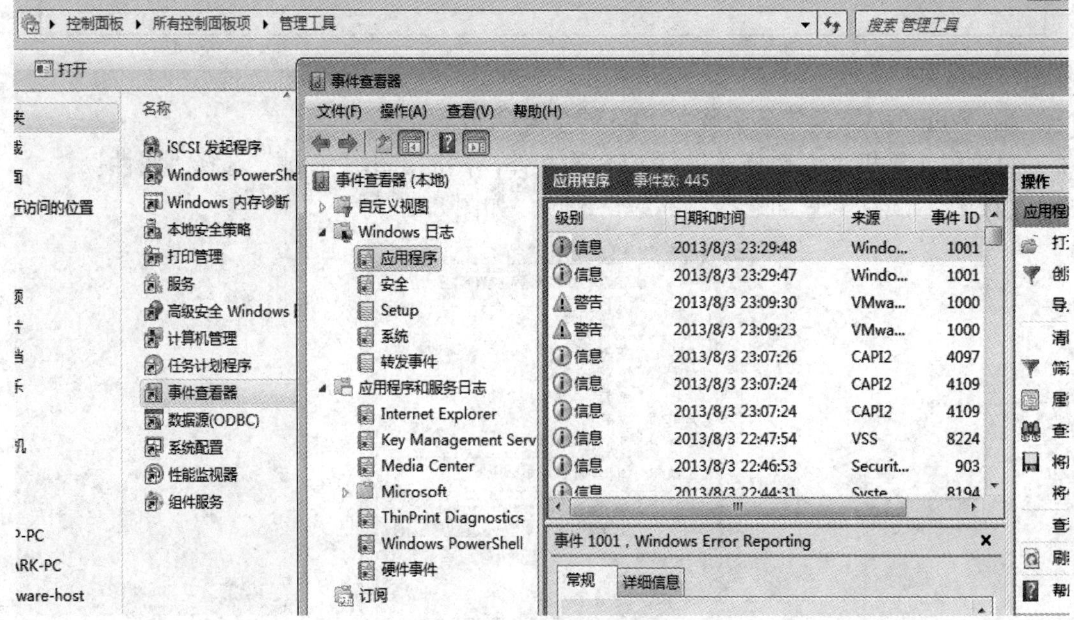

图 8-23　Windows 应用程序日志

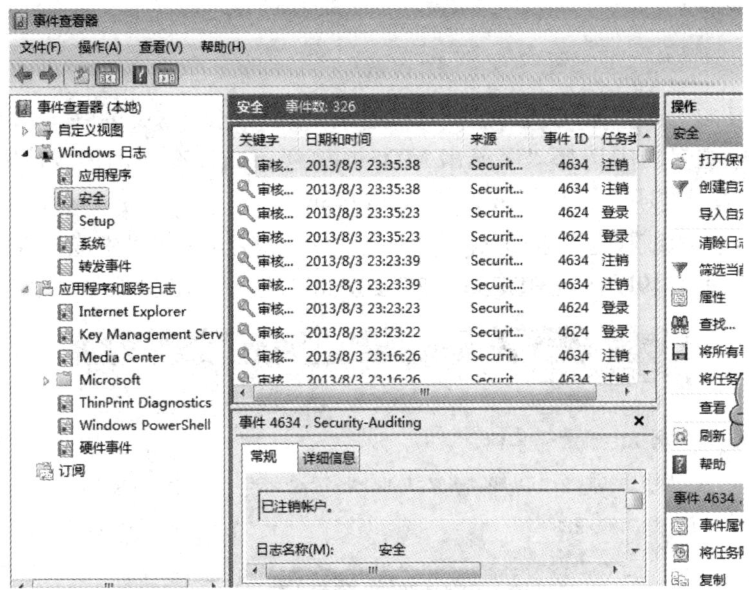

图 8-24　Windows 系统安全日志

图 8-25　Windows 系统日志

8.4.2 MD5 加密及暴力破解

1．任务目的

学习使用 MD5 加密工具和 MD5 密码破解工具。

2．任务环境

MD5 加密工具和 MD5 密码破解工具。

3．任务步骤

1) 加密

(1) 点击桌面上的“MD5 加密器”快捷图标。

(2) 在程序主界面中选择“字符串 MD5 加密”方式，在“加密或校验内容”文本框中，输入待加密的明文，这里我们输入 123456。

(3) 点击“加密或校验”按钮对明文加密，密文将呈现在“生成的 MD5 密文”文本框中。E10ADC3949BA59ABBE56E057F20F883E 就是 MD5 密文，如图 8-26 所示。

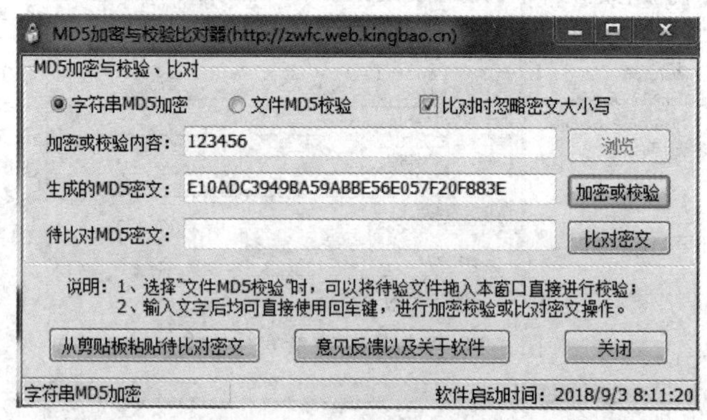

图 8-26　MD5 加密

2) 破解

(1) 运行桌面上的“MD5Crack 程序”快捷图标。

(2) 在 MD5Crack 程序的“破解单个密文”文本框中输入图 8-26 生成的 123456 的 MD5 密文，确保使用的是“数字”字符集字典，如图 8-27 所示。

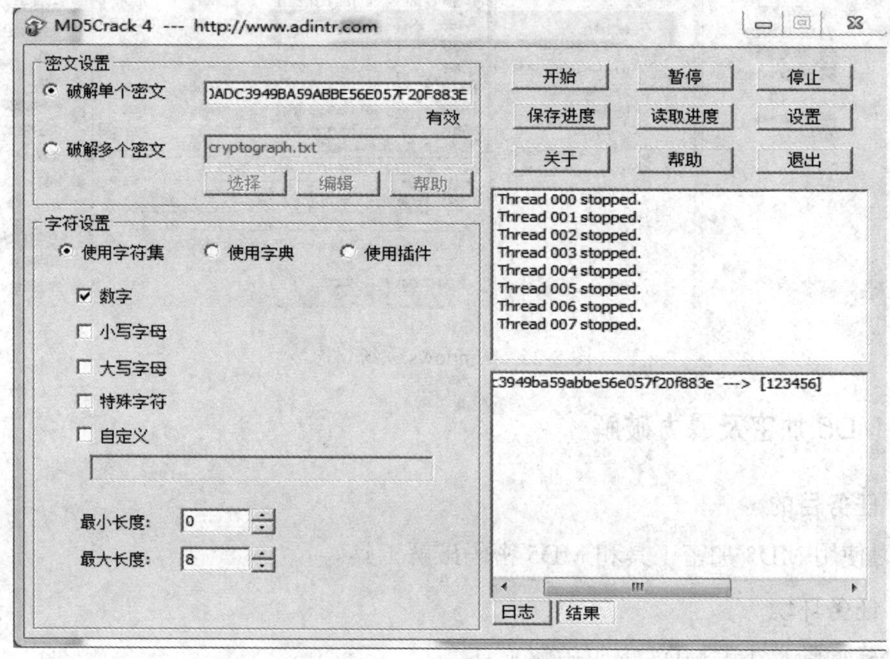

图 8-27　MD5 破解设置

(3) 下面我们使用 MD5 加密工具来对 8 个字母组成的明文 dgheraed 来加密，生成的密文为 F1502583A7FC656387F799F8B5FF0408。

(4) 将密文拷贝到“MD5Cracke”的“破解单个密文”文本框中，在字符集中选择为“小写字母”，同时将最小长度调整到 8，缩小破解范围。

(5) 点击“设置”按钮，在弹出的对话框中选择“破解”栏，将“线程”调节为 8，如图 8-28 所示。

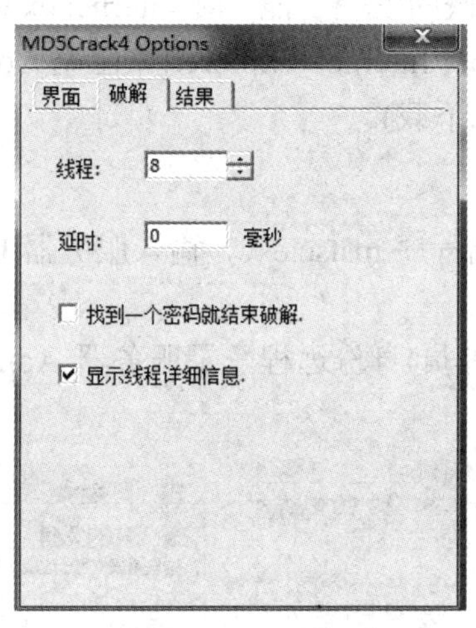

图 8-28　线程长度设置

(6) 点击主程序“开始”按钮，开始破解过程。由于我们缩小了破解范围，提高了破解线程，所以很快就能破解该段相对较为简单的 MD5 密文，如图 8-29 所示。

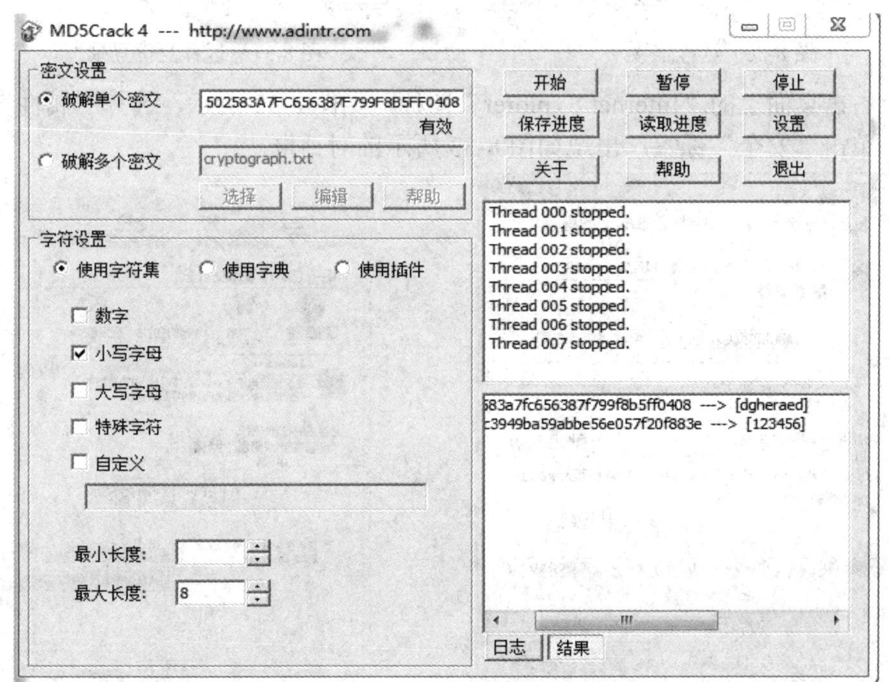

图 8-29　MD5 破解成功

8.4.3　配置 Internet Explorer 安全设置

1. 任务目的

多数大公司都拥有先进的防火墙和代理服务技术，可过滤或者阻塞来自于雇员桌面计算机的某些内容。这是一个很必要的功能，但中小规模的公司想拥有它则是不现实的，幸运的是 Microsoft 内嵌的安全功能，对 Internet explorer 用户都是可用的。在本实验中，用户将配置 Microsoft Internet Explorer(来阻塞 Cookies)和受限站点(Restricted Sites)的默认设置(来限制文件下载)。

2. 任务步骤

(1) 运行远程桌面客户端程序 mstsc.exe，输入服务器 IP 地址，如图 8-30 所示，点击连接。

(2) 以 Administrator(管理员)身份远程登录服务器 Administrator，用户的登录密码为 123456，如图 8-31 所示。

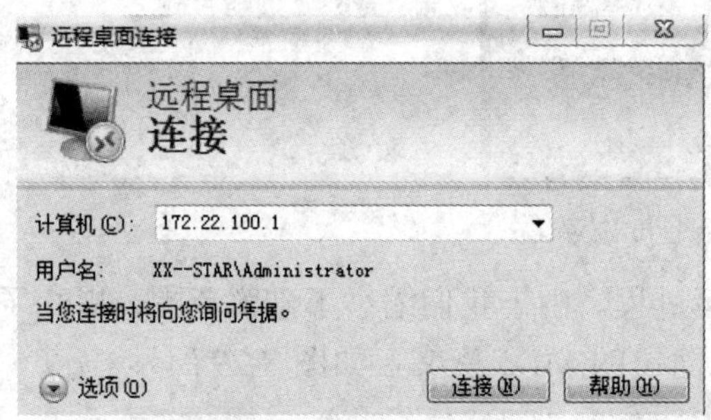

图 8-30　远程连接

图 8-31　远程身份登录

(3) 右击桌面上的“Internet Explorer”图标，如图 8-32 所示，选择“属性”。

(4) 单击“安全”标签，出现如图 8-33 所示的对话框。

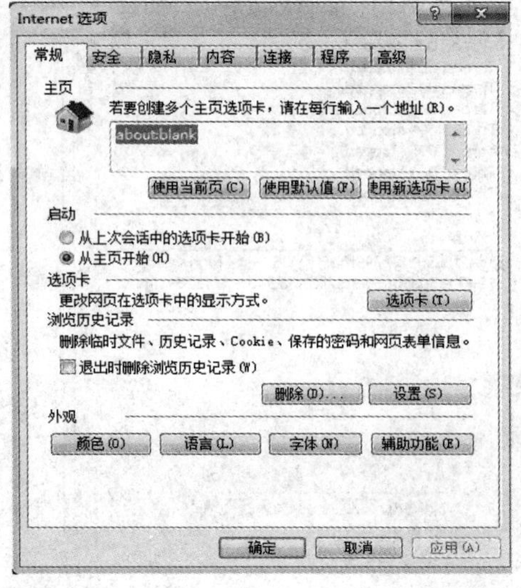

图 8-32　Internet Explorer 设置界面

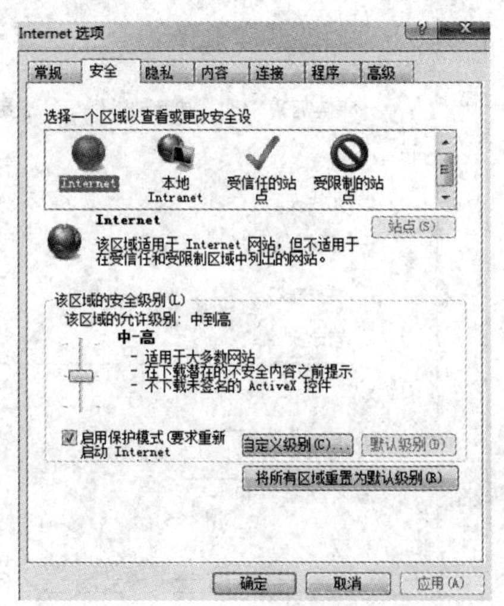

图 8-33　Internet Explorer 设置界面

(5) 单击“受信任的站点”图标，如图 8-34 所示。

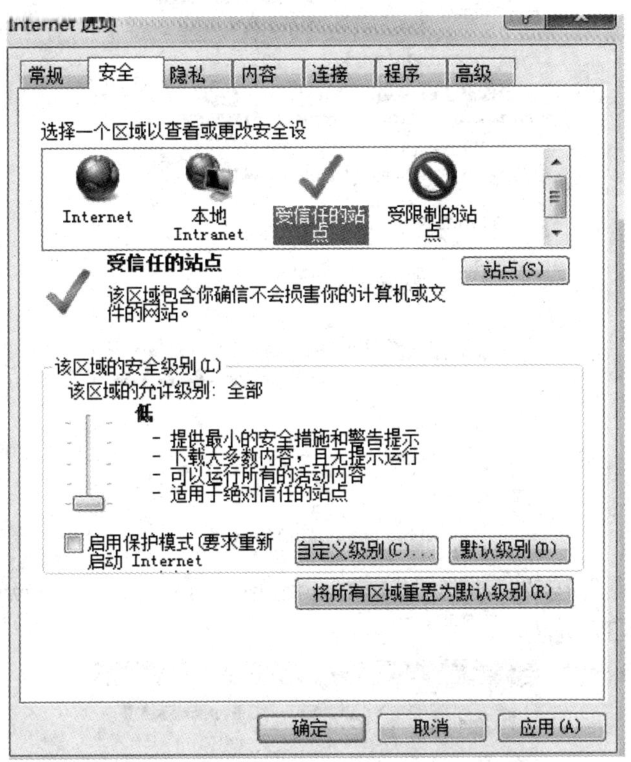

图 8-34 受信任的站点

(6) 单击“默认级别”按钮，把该区域的安全级别设置为最低级。

(7) 单击“站点”按钮，选中“需要该区域中所有站点的服务证书"http:"”选项，在该区域输入 ftp.microsoft.com 和 www.microsoft.com 两个 Web 站点，如图 8-35 所示。

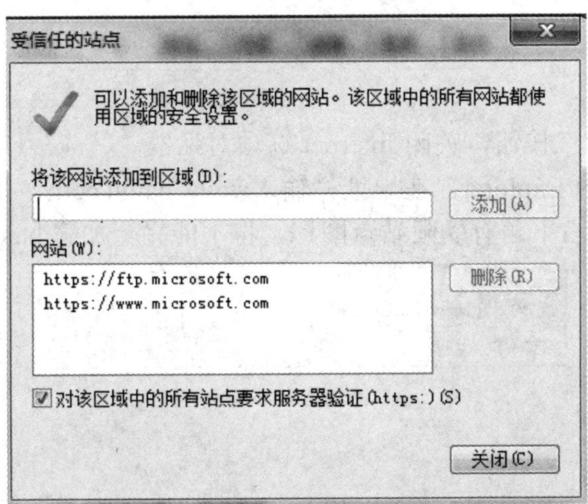

图 8-35 添加受信任的站点

(8) 单击“确定”按钮，然后单击“受限制的站点”，如图 8-36 所示。

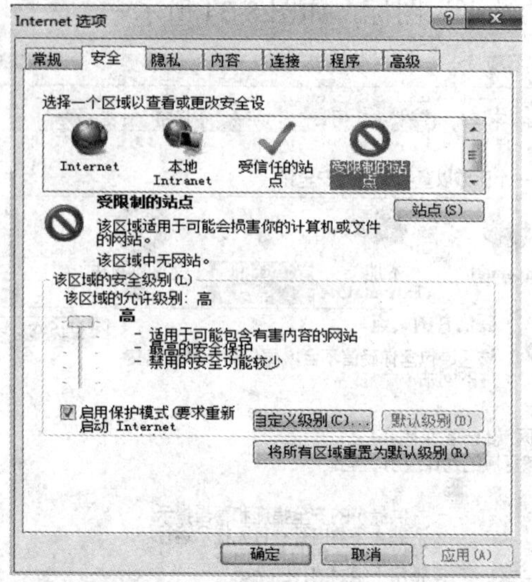

图 8-36 受限制的站点

(9) 单击“站点”按钮，在该区域输入 ftp.microsoft.com 和 www.baidu.com 两个 Web 站点，如图 8-37 所法。

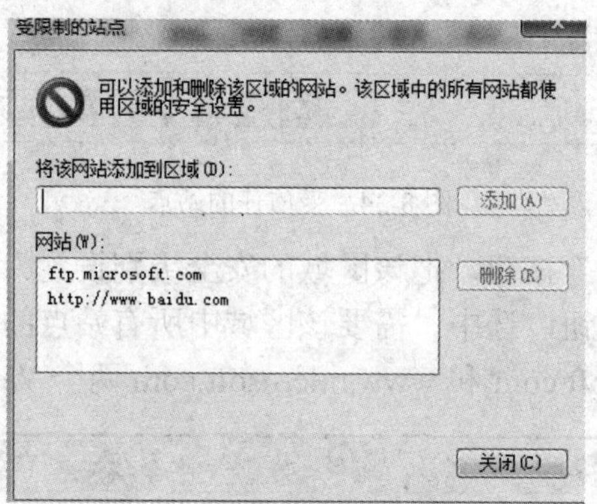

图 8-37 添加受限制的站点

(10) 单击“确定”按钮，关闭 Internet 选项对话框。

(11) 启动 Internet Explorer，在地址栏输入 www.baidu.com，如图 8-38 所示。

注意：若浏览器右下角有受限站点图标，将不能完全加载 baidu，如图 8-38 所示。

图 8-38 受限制的站点访问测试

(12) 在地址栏输入 www.google.cn，则可以正常访问，如图 8-39 所示。

图 8-39　不受限制的站点访问测试

本项目小结

网络安全是指网络系统的硬件、软件及其系统中的数据受到保护，不受偶然的因素或恶意的攻击而遭到破坏、更改、泄漏，系统能连续可靠正常运行，网络服务不中断。网络安全主要是指网络上的信息安全，包括物理安全、逻辑安全、操作系统安全和电路传输安全。

网络攻击是网络攻击者利用网络通信协议自身存在的缺陷、用户使用的操作系统内在缺陷或用户使用的程序语言本身所具有的安全隐患，通过使用网络命令或者专门的软件非法进入本地或远程用户主机系统，获得、修改、删除用户系统的信息以及在用户系统上插入有害信息，降低、破坏网络使用性能等一系列活动的总称。常见的攻击方式有获取口令、放置特洛伊木马程序、WWW 的欺骗技术、电子邮件攻击等。常见的防范技术有数据加密技术、信息确认技术、防火墙技术、网络安全扫描技术等。

在网络安全防护中，我们常用到的设备有防火墙和入侵检测系统。防火墙是一种硬件设备或软件系统，主要架设在内部网络和外部网络之间，为了防止外界恶意程序对内部系统破坏一系列部件的组合。防火墙的实现从层次上大体可分为包过滤防火墙、代理防火墙和复合型防火墙三类。

入侵检测就是通过监测并分析计算机系统的某些信息来检测入侵行为，并做出反应。入侵检测系统所检测的系统信息包括系统记录、网络流量、应用程序日志等。入侵检测系统根据数据来源不同，可分为基于网络的入侵检测系统和基于主机的入侵检测系统。

对称密码体制是一种传统密码体制，也称为私钥密码体制。在对称加密系统中，加密和解密采用相同的密钥。因为加解密密钥相同，需要通信的双方必须选择和保存他们共同的密钥，各方必须信任对方不会将密钥泄密出去，才能实现数据的机密性和

完整性。而公钥密码体制采用两个不同的密钥，用公钥加密，私钥解密，这对密钥在公开的网络上进行保密通信、密钥分配、数字签名，对身份认证有着深远的影响。

计算机网络世界中的信息包括用户的身份信息都是用一组特定的数据来表示的，计算机只能识别用户的数字身份，所有对用户的授权也是针对用户数字身份的授权。如何保证以数字身份进行操作的操作者就是这个数字身份的合法拥有者，也就是说保证操作者的物理身份与数字身份相对应，这个问题正是身份认证技术要解决的。常用的方法有静态密码、动态口令和短信密码等。

网络安全问题值得我们重视，网络安全的维护需要我们共同努力。

练　习　题

一、选择题

1. (　　)是位于内部网和外部网之间的屏障，它按照系统管理员预先定义好的规则来控制数据包的进出，它是系统的第一道防线，其作用是防止非法用户的进入。

A. 路由器　　B. 交换机
C. 防火墙　　D. 网关

2. 防火墙指的是一个由(　　)和(　　)设备组合而成。

A. 软件 硬件　　B. 软件 软件
C. 硬件 硬件　　D. 软件 网络

3. 通用的系统防护措施有(　　)。

A. 杀毒软件　　B. 防火墙
C. 升级系统补丁　　D. 以上都是

4. 公钥是密钥对中(　　)的部分，私钥则是(　　)的部分。

A. 非公开　公开　　B. 公开　非公开
C. 公开　部分公开　　D. 非公开　部分公开

5. 常见的网络攻击类型有(　　)和(　　)。

A. 被动攻击　　B. 协议攻击
C. 主动攻击　　D. 物理攻击

6. 下面关于防火墙说法正确的是(　　)。

A. 防火墙必须由软件以及支持该软件运行的硬件系统构成
B. 防火墙的主要功能是防止把外网未经授权的信息发送到内网
C. 任何防火墙都能准确地检测出攻击来自哪台计算机
D. 防火墙的主要技术支撑是加密技术

7. 入侵检测系统，是一种对网络传输进行(　　)，在发现可疑传输时发出警报或者采取主动反应措施的网络安全设备。

A. 全程监视　　B. 即时监视
C. 绝对监视　　D. 安全监视

8. 身份认证的目的是(　　)。

A. 确保通信实体就是它所声称的那个实体

B. 保护网络安全

C. 防止间谍窃取信息

D. 以上都是

二、填空题

1. 在 Internet 与 Intranet 之间，由______负责对网络服务请求的合法性进行检查。

2. 对称加密算法需要_____个密钥，非对称加密算法需要______个密钥。

3. 网络攻击的主要方式有______、_______、_______、_______、_______、______、数据库入侵攻击和跨站攻击。

4. 常见的网络安全防护措施有______、______、______、______、______、______。

5. 入侵检测系统的四个组件是______、_______、_______、_______。

6. 入侵检测系统根据入侵检测的行为分为_________和_________两种模式。

三、简答题

1. 防火墙的主要作用是什么？

2. 身份认证的作用和方式有哪些？

3. 安全协议有哪些性质？

项目九　网络盛宴里的新生代

本项目概述

网络中的新技术如雨后春笋般随着时代的发展层出不穷。在学习完计算机网络之后，我们有必要去了解一下网络盛宴里的新生代，从而更好地去建设属于未来的网络。

学习目标

1. 了解云计算技术的产生及概念；
2. 熟悉 SDN 网络的起源和作用；
3. 熟悉下一代网络技术概念及关键技术。

任务 9.1　认识云计算技术

云计算(Cloud Computing)是一种基于互联网的计算新方式，它通过互联网上异构、自治的服务为个人和企业用户提供按需即取的服务模式。云计算是新一代 IT 模式，它能在后端庞大的云计算中心的支撑下为用户提供更方便的体验和更低廉的成本。用户只需要接入互联网，就能非常方便地访问各种基于云的应用和信息，并免去了安装和维护等繁琐操作。同时，企业和个人也能以低廉的价格来使用这些由云计算中心提供的服务或者在云端直接搭建所需要的信息服务。

9.1.1　云计算的产生

2006 年 8 月 9 日，Google 首席执行官埃里克 · 施密特在搜索引擎大会(SES San Jose 2006)上首次提出“云计算”的概念。Google 的“云端计算”源于 Google 工程师克里斯托弗 · 比希利亚所做的“Google 101”项目。2007 年 10 月，Google 与 IBM 开始在美国大学校园，包括卡内基梅隆大学、麻省理工学院、斯坦福大学、加州大学伯克利分校及马里兰大学等，推广云计算的计划。这项计划希望能降低分布式计算技术在学术研究方面的成本，并为这些大学提供相关的软硬件设备及技术支持，包括数百台个人电脑及 Blade Center 与 System x 服务器，这些计算平台将提供 1600 个处理器，支持包括 Linux、Xen、Hadoop 等开放源代码平台。而学生则可以通过网络开发各项以大规模计算为基础的研究计划。

2008 年 2 月 1 日，IBM 宣布将在中国无锡太湖新城科教产业园为中国的软件公司建立全球第一个云计算中心(Cloud Computing Center)。2008 年 7 月 29 日，雅虎、惠普和英特尔宣布了一项涵盖美国、德国和新加坡的联合研究计划，推出云计算研究测试床，推进云计算发展。该计划要与合作伙伴创建 6 个数据中心作为研究试验平台，每个数据中心配置 1400 至 4000 个处理器。这些合作伙伴包括新加坡资讯通信发展管理局、德国卡尔斯鲁厄大学 Steinbuch 计算中心、美国伊利诺伊大学香槟分校、英特尔研究院、惠普实验室和雅虎。

2008 年 8 月 3 日，美国专利商标局网站信息显示，戴尔正在申请“云计算”(Cloud Computing)商标，此举旨在加强对这一未来可能重塑技术架构术语的控制权。2010 年 3 月 5 日，Novell 与云安全联盟(Cloud Secunity Alliance，CSA)共同宣布了一项供应商中立计划，名为“可信任云计算计划(Trusted Cloud Initiative)”。2010 年 7 月，美国国家航空航天局和包括 Rackspace、AMD、Intel、戴尔等支持厂商共同宣布了“OpenStack”开放源代码计划，微软在 2010 年 10 月表示支持 OpenStack 与 Windows Server 2008 R2 的集成，而 Ubuntu 已把 OpenStack 加至 11.04 版本中。2011 年 2 月，思科系统正式加入 OpenStack，重点研制 OpenStack 的网络服务。

9.1.2　云计算的概念及服务模式

1. 云计算的概念

目前，对于什么是云计算有很多说法，至今都没有一个统一的定义。现阶段广为接受的是美国国家标准与技术研究院的(National Institute of Standards and Technology，NIST)的定义：云计算是一种按使用量付费的模式，这种模式提供可用的、便捷的、按需的网络访问，进入可配置的计算资源共享池(资源包括网络、服务器、存储、应用软件、服务)后这些资源能够被快速提供，只需投入很少的管理工作，或与服务供应商进行很少的交互。

云计算常与网格计算、效用计算、自主计算相混淆。

(1) 网格计算：分布式计算的一种，是由一群松散耦合的计算机组成的一个超级虚拟计算机，常用来执行一些大型任务。

(2) 效用计算是 IT 资源的一种打包和计费方式，比如按照计算、存储分别计量费用，像传统的电力等公共设施一样。

(3) 自主计算是具有自我管理功能的计算机系统。

事实上，许多云计算部署都依赖于计算机集群(但与网格的组成、体系结构、目的、工作方式大相径庭)，同时也吸收了自主计算和效用计算的特点。

2. 云计算的服务模式

云计算包括基础设施即服务(IaaS)、平台即服务(PaaS)和软件即服务(SaaS)三个层次的服务。

1) 基础设施即服务

基础设施即服务 IaaS(Infrastructure-as-a- Service)：消费者通过 Internet 可以从完善

的计算机基础设施获得服务，如硬件服务器租用。

2) 平台即服务

平台即服务 PaaS(Platform-as-a- Service)：PaaS 实际上是指将软件研发的平台作为一种服务，以 SaaS 的模式提交给用户。因此，PaaS 也是 SaaS 模式的一种应用。但是 PaaS 的出现可以加快 SaaS 的发展，尤其是加快 SaaS 应用的开发速度。如软件的个性化定制开发。

3) 软件即服务

软件即服务 SaaS(Software-as-a- Service)是一种通过 Internet 提供软件的模式，用户无需购买软件，而是向提供商租用基于 Web 的软件，来管理企业经营活动，如阳光云服务器。

任务 9.2　熟悉 SDN 网络

SDN(Software-defined Networking)是由 McKeown 教授团队提出的软件定义化网络，即由软件实现网络功能。

9.2.1　为什么需要 SDN

1. SDN 的产生背景

众所周知，相比发展迅速的计算机产业，网络产业的创新十分缓慢。每一个创新都需要等待数年才能完成技术标准化。为了解决这个问题，SDN 创始人 Nick McKeown 教授对计算机产业和网络产业的创新模式进行了研究和对比。在分析了计算机产业的创新模式之后，他总结出支撑计算机产业快速创新的三个因素，如图 9-1 所示。

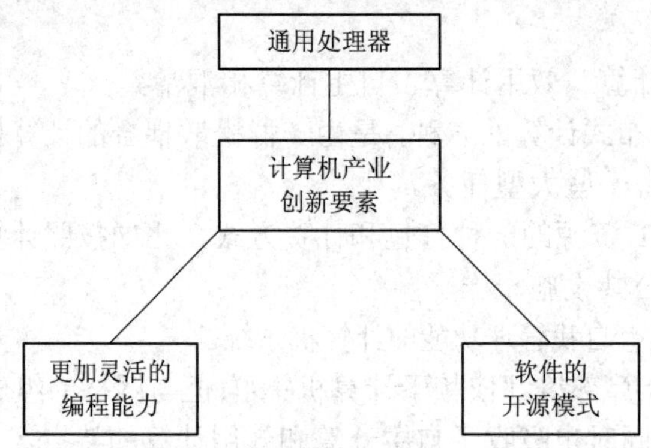

图 9-1　计算机产业创新要素

相比之下，传统的网络设备与 20 世纪 60 年代的 IBM 大型机类似，网络设备硬件、操作系统和网络应用三部分紧耦合在一起组成一个封闭的系统。这三部分相互依赖，通常隶属于同一家网络设备厂商，每一部分的创新和演进都要求其余部分做出同样的升级。这样的架构严重阻碍了网络创新进程的开展。如果网络产业能像当今计算机产

业一样也具备通用硬件底层、软件定义功能和开源模式三要素，一定能获得更快的创新速度，最终像计算机产业一样取得空前的发展。

2.“系统功能重构”视角下的 SDN

为了打破传统网络架构的限制，实现网络产业的创新和发展，McKeown 教授团队提出了一个新的网络体系结构——Software-defined Networking (SDN)。在 SDN 架构中，网络的控制平面与数据平面相分离，数据平面将更加通用化，变得与计算机通用硬件底层类似，不再需要具体实现各种网络协议的控制逻辑，而只需要接收控制平面的操作指令并执行即可。网络设备的控制逻辑转而由软件实现的 SDN 控制器和 SDN 应用来定义，从而实现网络功能的软件定义化。随着开源 SDN 控制器和开源 SDN 开放接口的出现，网络体系结构也拥有了通用底层硬件、支持软件定义和开源模式三个要素。从传统网络体系结构到 SDN 网络体系结构的演进关系如图 9-2 所示。

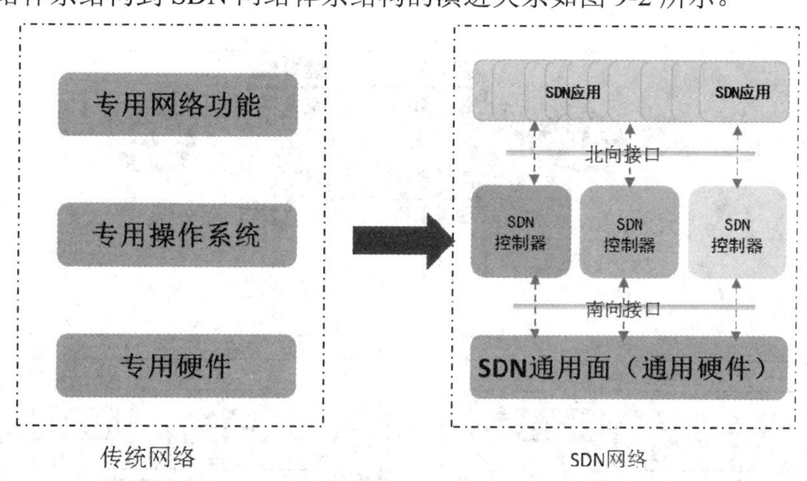

图 9-2　传统网络架构向 SDN 架构演进示意图

所以可以看出，Nick McKeown 教授在分析计算机产业创新模式的基础上，对传统网络系统的三部分功能模块进行了重新划分，在每层之间建立统一的开放接口，从而形成类似计算机架构的 SDN 体系结构。

3. “重新定义抽象”视角下的 SDN

除了从 Nick McKeown 教授的思路去理解为什么 SDN 会出现以外，还可以从另外一位 SDN 创始者 Scott Shenker 教授的观点中顺藤摸瓜，进一步了解为什么 SDN 会出现。

“为了让系统更好地工作，早期需要管理复杂性而后期需要提取简单性”是由美国学者唐·诺曼提出的系统设计理念。在这个理念的启发下，Shenker 教授对现阶段的网络系统进行了分析，并得出了结论：网络发展了这么多年，仍然处于“管理复杂性”阶段，越来越多的网络新协议和新算法使得网络控制平面变得越来越复杂。但是现在的网络用户却对网络的易用性有更高的要求，希望网络具有更多的可编程能力，从而使网络的管理更加智能化。所以对于当下的网络而言，当务之急是如何解决从“管理

复杂性”阶段转变到“提取简单性”阶段的问题。

Shenker 教授以计算机软件编程为例进行分析。在编程语言发展初期，程序员必须处理所有底层硬件细节，整个编程方式处于“管理复杂性”阶段；后来出现的高级编程语言对底层硬件细节进行了抽象，提出了操作系统、文件系统和面向对象等抽象概念，使得编程变得更加容易。从计算机软件编程的发展中可以看出，“抽象”是完成这个转变的关键。

而对于网络而言，现有的分层协议可以看作一种数据平面抽象模型，但是控制平面依然只是网络功能和网络协议的堆砌，缺少合适的抽象模型。所以，网络需要建立控制平面的抽象模型。

而在 SDN 架构中，SDN 控制平面、数据平面通用抽象模型和全局网络状态视图三种抽象模型实现了包括控制平面抽象在内的网络抽象架构，图 9-3 为控制平面和数据平面结构。

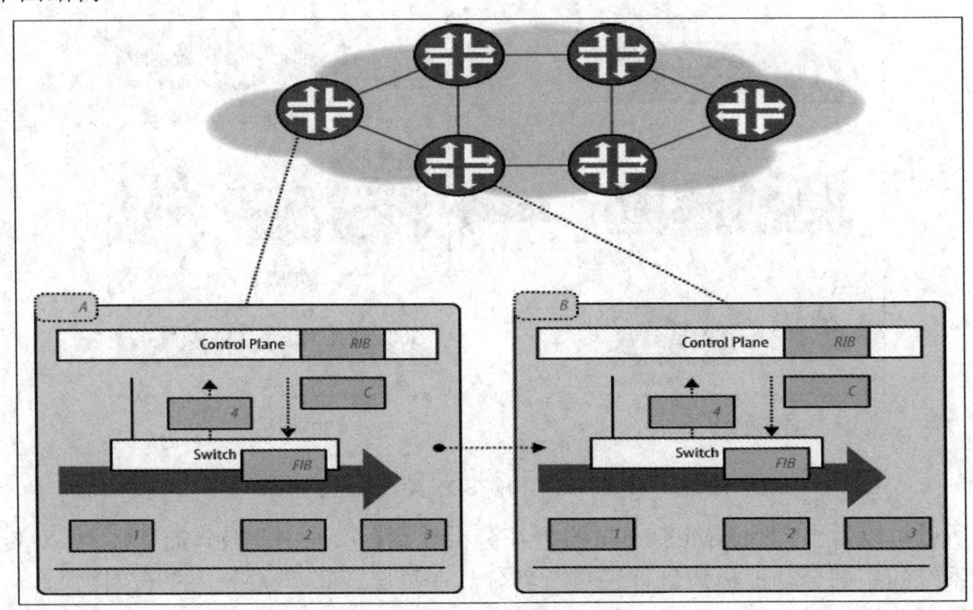

图 9-3　控制平面和数据平面结构

SDN 控制平面抽象模型支持用户在控制平面上进行编程从而控制网络，而无须关心数据平面的实现细节；SDN 数据平面通用抽象模型将不同协议的匹配表整合起来，形成多字段匹配表，解决了网络协议堆砌问题；集中式的 SDN 控制平面也可以统计网络状态信息，提供描述网络状态的抽象模型。因此，通过进一步的抽象，SDN 可以使网络从“管理复杂性”转变为“提取简单性”，满足网络用户对易用性的需求，使网络管理更加简单，更加自动化和智能化。这也是为什么需要 SDN 的原因之一。

9.2.2　SDN 的主要解决方案

在传统网络中，报文的转发行为是逐条独立控制和配置的，有自己特定的处理能力和配置方式，控制是完全分布式的。SDN 则把每台设备的控制面从设备里剥离，放

到统一的外部服务器中，由该服务器上的统一指令来管理转发路径上的所有设备。

SDN 模型将网络分为应用层、控制层、基础设施层三层，如图 9-4 所示。应用层即用户的一些业务需求。控制层由多个 SDN 控制器组成，SDN 控制器是一个中心式的管控设备，它将应用层的需求转换成数据路径，使用网络的抽象视图来为 SDN 应用服务。基础设施层是一些逻辑上的网络设备，为控制器网络视图的可视性提供数据，响应控制器指定的消息转发和数据处理能力。SDN 数据通路的主要功能是处理网络中的流量。网络元素是单独的一个管理单元，可以包含一个以上的数据通路。一个 SDN 数据通路可能也会通过多个物理网络元素进行定义，这个逻辑定义没有指明详细的实现细节，例如逻辑层到物理层的映射、对共享物理资源如何进行管理、SDN 路径的划分、SDN 网络与非 SDN 网络进行互操作。

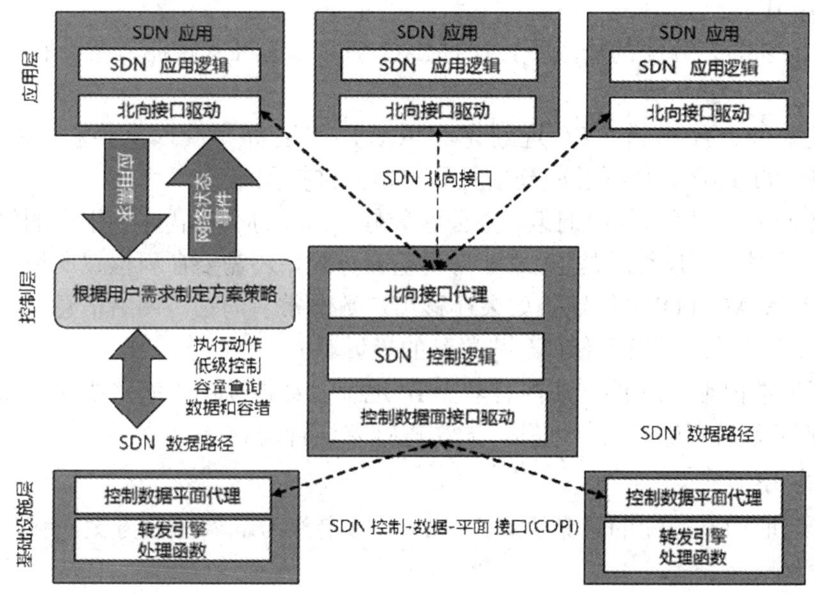

图 9-4　SDN 架构模型

SDN 将控制平面从网络交换机和路由器中的数据平面分离出来。SDN 控制器实现网络拓扑的收集，路由的计算、流表的生成和下发、网络的管理和控制等功能。网络层设备仅仅负责流量的转发即策略的执行。转发与控制的分离带来了控制逻辑集中，SDN 控制器拥有网络的全局静态拓扑、全网的动态转发信息、全网的资源利用率、故障状态等，从而也开放了网络能力。通过集中的 SDN 控制器实现网络资源的统一管理、整合以及虚拟化后，采用规范化的北向接口为上层应用提供按需的网络资源及服务，实现网络开放，按需提供。

长期以来，通过命令行接口进行人工配置一直在阻碍网络向虚拟化迈进，并且还导致了运营成本高昂、网络升级时间较长无法满足业务需求、容易发生错误等问题。而 SDN 则能使一般编程人员在通用服务器的通用操作系统上，利用通用的软件就能定义网络功能，让网络可编程。SDN 带来了巨大的市场机遇，因为它可以满足不同客户需求，提供高度定制化的解决方案。这就使网络运营建立在开放软件的基础上，不需要依靠设备提供商的特定硬件和软件才能增设新功能。

9.2.3 SDN 网络与传统网络的对比

1. 传统网络连接准入控制现状

IP 地址分配分为静态 IP 和动态 IP 两种方式。基于安全考虑，通常会进行终端的准入控制，合法的终端才允许接入网络。而通常的准入控制方案一般使用准入认证(802.1X/WEB 等)，但准入认证会带来网络稳定性差及维护麻烦等问题 (认证服务器故障可能导致终端无法入网从而导致业务中断)，因此部分客户会在接入设备上进行 IP+MAC 绑定替代准入认证，对于要求高的场景，或者涉密终端，需要再加上 PORT 绑定。但这样会产生一系列问题，下面具体加以讲述。

1) 静态 IP

在 IP 地址静态分配的场景下，IP+MAC 绑定作为准入控制方案，存在的问题主要有：

(1) 效率低，易出错。IP 规划完毕以后，需逐台在接入交换机 IP 进行手工 IP+MAC+PORT 绑定，执行过程繁琐且易出错，维护困难。

(2) 灵活性差。因为部门调整、办公区装修、移动办公等需求，用户的终端位置会发生变化。此时，不仅终端的 IP 地址需要重新分配，还需要在新位置所属的交换机上重新进行 IP+MAC+PORT 绑定。如果迁移用户数非常多的话，网络信息部门可就非常尴尬了，加班不说，可能还会有一些莫名的投诉。

(3) 管理维护难。IP 地址池内有多少 IP 地址已经被使用？有多少是空闲的？有多少该被释放了？没有好的工具辅助，无法进行宏观管理。

2) 动态 IP

在 IP 地址动态分配的场景下，IP+MAC 绑定作为准入控制方案，存在的问题主要有：

(1) 灵活性差。DHCP 无法基于合法用户进行 IP 地址分配(对应的 MAC 固定分配相应的 IP 地址，实现类似静态 IP 的效果)。

(2) 可靠性低。一旦 DHCP Servicer 出现问题，则全网受影响。

(3) 配置繁琐。地址分配完成后如果要进行 IP+MAC 绑定，则需要在接入交换机上配置 DHCP Snooping + IP Source Guard。

2. 集中控制的 SDN 网络结构

在软件定义网络概念提出后，Open Networking Foundation(ONF，开放网络基金会)组织致力于软件定义网络协议的发展，并将 OpenFlow 协议作为第一个软件定义网络的标准协议。OpenFlow 协议与 SDN 架构思想完全吻合，通过 OpenFlow 交换机对全网视图进行实时监控，使网络和数据流量管理变得简单方便。

OpenFlow 协议主要用来指导控制器和交换机的通信过程以及交换机中的流表规则的存储和处理，让交换机能够按照预定义的规则对数据包进行操作。同时允许管理员进行远程管理，通过增加、修改和删除数据包来匹配流表规则或动作。控制器可以周期性地制定路由规则，并制定规则的有限期限。当一个数据包到达时，交换机按照图 9-5 所示的流程处理数据包。

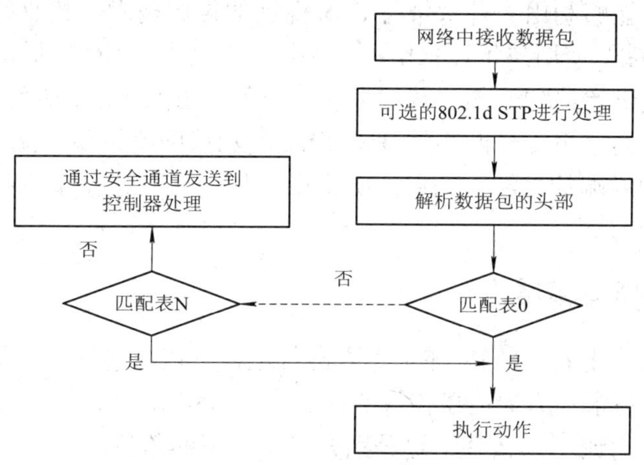

图 9-5　交换机处理数据包流程

SDN 网络通过 OpenFlow 技术实现了网络的可编程功能，它将传统网络中各设备控制平面和转发平面进行分离，把所有设备的控制平面集中到一起，组成整个网络的控制器。控制器通过收集整个网络的拓扑、流量等信息，计算流量转发路径，通过 OpenFlow 协议将转发表项下发给转发器，转发器按照表项执行转发动作。SDN 架构具有以下一些特点：直接编程、敏捷高效、中心式的管控、编程式的配置方式、基于开放的标准和独立的运营商。SDN 网络简化了网络的设计和操作，相当于一个中间件的作用，管理员只用关心下发的指令作用，不用关心设备之间的差异，大量减少了网络中路由协议的部署，从而简化了网络架构，提高了网络的效率。

由于 SDN 控制器的使用，使原先在传统网络中大量使用的分布式控制协议将不再需要。随着 P4 诞生，用户不仅可以控制转发行为，还能按需定义报文封装格式，不再局限于 mac、ip、port 等。目前控制器软件很多，如 ONOS、Ryu 等。这些软件的实现方式和控制原理都不相同，工程师要面对这些软件的挑战。传统网络中，懂得协议就懂得网络。在 SDN 网络中，控制器才是网络的核心，懂得控制器原理才能懂得网络。

任务 9.3　了解下一代网络技术

9.3.1　下一代网络技术的概念

下一代网络(Next Generation Network)又称为次世代网络，主要思想是在一个统一的网络平台上以统一管理的方式提供多媒体业务，在整合现有的市内固定电话、移动电话的基础上(统称 FMC)，增加多媒体数据服务及其他增值型服务。在下一代网络中，话音的交换将采用软交换技术，而平台的主要实现方式为 IP 技术。为了强调 IP 技术的重要性，业界的主要公司之一思科公司(Cisco Systems)主张称其为 IP-NGN。下一代

网络将通过一些关键技术逐步实现统一通信，其中 voip 将是下一代网络中的一个重点。

ITU 关于 NGN 最新的定义是：NGN 是基于分组的网络，能够提供包括电信业务在内的所有业务；能够利用多种宽带且 QoS 保证的传送技术；其业务相关功能与其传送技术相独立；NGN 使用户可以自由接入到不同的业务；NGN 提供商支持通用移动性，允许为用户提供始终如一的、普遍存在的业务。虽然 NGN 涵盖的内容比较宽泛，但是网络和业务分离是下一代网络的基本特征，其承载网络以现在流行的 IP 网为核心。抛开平台的不同和终端的差异，为用户提供始终如一、普遍存在的业务是下一代网络发展的终极目标。

9.3.2　下一代网络体系结构

从网络功能层次上看，NGN 在垂直方向从上往下依次包括业务层、控制层、媒体传输层和接入层，在水平方向应覆盖核心网、接入网和用户驻地网。如果将 NGN 层次结构和人体结构作对比，那么各个层分别充当了如下的角色：

1) 业务层

业务层主要为网络提供各种应用和服务。提供面向客户的综合智能业务，提供业务的客户化定制。业务层相当于人的脸，是用户最能直接感受到的部分。

2) 控制层

控制层负责完成各种呼叫控制和相应业务处理信息的传送。这一层有一个重要的设备即软交换设备，它能完成呼叫的处理控制、接入协议适配、互连互通等综合控制处理功能，提供全网应用支持平台。该层相当于人的大脑，指挥着整个身体的运作。

3) 媒体传输层

媒体传输层主要指由 IP 路由器等骨干传输设备组成的包交换网络，是软交换网络的承载基础。媒体传输层就好比人体的血管，媒体包相当于血液。正是有了血管作为承载，才能将血液传送到身体各个部位。

4) 接入层

接入层主要指与现有网络相关的各种接入网关和新型接入终端设备，完成与现有各种类型的通信网络的互通并提供各类通信终端(如模拟话机、SIP Phone、PC Phone、可视终端、智能终端等)到 IP 核心层的接入。接入层就好比人的四肢，做的任何一个动作都会将信号发送给大脑。

我们可以将 NGN 的网络架构总结为一句话：NGN 不仅实现了业务提供与呼叫控制的分离，而且还实现了呼叫控制与承载传输的分离。

9.3.3　下一代网络关键技术

1. IPv6

NGN 使用基于 IPv6 的网络协议。IPv6 相对于 IPv4 的主要优势是：扩大了地址空间，提高了网络整体吞吐量，服务质量得到很大改善，安全性有了更好地保证，支持即插即用和移动性，更好地实现了多播功能。

2. 光纤高速传输

NGN 需要更高的速率、更大的容量，但到目前为止我们能够看到的、并能实现的最理想传送媒介仍然是光。只有光谱，才能带给我们充裕的带宽。光纤高速传输技术正沿着扩大单一波长传输容量、超长距离传输和密集波分复用(Dense Wave Length Division MultipLexing，DWDM)系统三个方向发展。单一光纤的传输容量在 1980 至 2000 年这 20 年里增加了大约 1 万倍，目前已达到 40 Gb/s，预计几年后还会再增加 16 倍，达到 6.4 Tb/s；超长距离传输实现了 1.28T(128x10G)无再生传送 8000 Km，波分复用实验室的最高水平已做到 273 个波长，每个波长 40 Gb(日本 NEC)。

3. 光交换与智能光网

仅有高速传输是不够的，NGN 需要更加灵活、更加有效的光传送网。组网技术现正从具有分插复用和交叉连接功能的光联网向利用光交换机构成的智能光网发展，从环形网向网状网发展，从光-电-光交换向全光交换发展。智能光网在容量灵活性、成本有效性、网络可扩展性、业务灵活性、用户自助性、覆盖性和可靠性等方面比点到点传输系统和光联网有更多的优势。

4. 宽带接入

NGN 必须要有宽带接入技术的支持，因为只有接入网的带宽瓶颈被打开，各种宽带服务与应用才能开展起来，网络容量的潜力才能真正发挥。这方面的技术五花八门，主要有以下四种技术：一是甚高速数字用户线(VDSL)，二是基于以太网无源光网(Ethernet Passive Optical Network，EPON)的光纤到家(FTTH)；三是自由空间光系统(Free Space Optics，FSO)；四是无线局域网(WLAN)。

5. 城域网

城域网也是 NGN 中不可忽视的一部分。城域网的解决方案十分广泛，有基于 SONET/SDH 的，基于 ATM 的，基于以太网或(Wavelength Division Multiple，波分多路复用)WDM 的，以及(Multiple Protocol Lable Switching，多协议标签交换)MPLS 和 RPR(Resilient Packet Ring，弹性分组环技术)等的解决方案。

6. 软交换

为了把控制功能(包括服务控制功能和网络资源控制功能)与传送功能完全分开，NGN 需要使用软交换技术。软交换是基于新的网络分层模型(接入与传送层、媒体层、控制层与网络服务层四层)提出的，通过对各种功能作不同程度的集成，把它们分离开来，基于各种接口协议使业务提供者可以非常灵活地将业务传送协议和控制协议结合起来，实现业务融合和业务转移，非常适用于不同网络并存互通的需要，也适用于从话音网向多业务多媒体网的演进。

7. 5G 移动通信系统

第五代移动通信网络(简称 5G 网络或 5G)是为构建网络型社会并实现万物互联的宏伟目标而提出的下一代移动网络。随着 LTE 等第四代移动通信网络进入规模化商用阶段，5G 网络的研究已成为世界各国的关注焦点。5G 网络的实现需要依赖于系统架

构和核心技术的变革与创新，将成为下一代网络建设的关键技术。

8. IP 终端

随着政府上网、企业上网、个人上网、汽车上网、设备上网、家电上网等的普及，必须要开发相应的 IP 终端来与之适配。许多公司现正在从固定电话机开始开发基于 IP 的用户设备，包括汽车的仪表板、建筑物的空调系统以及家用电器，从音响设备和电冰箱到调光开关和电咖啡壶。所有这些设备都将挂在网上，可以通过家庭 LAN 或个人网(PAN)接入或从远端 PC 机接入。

9. 网络安全

网络安全与信息安全是休戚相关的，网络不安全，就谈不上信息安全。除了常用的防火墙、代理服务器、安全过滤、用户证书、授权、访问控制、数据加密、安全审计和故障恢复等安全技术外，今后还要采取更多的措施来加强网络的安全，例如针对现有路由器、交换机、边界网关协议(Border Gateway Protocol，BGP)、域名系统(DNS)所存在的安全弱点提出解决办法；采用强安全性的网络协议(特别是 IPv6)；对关键的网元、网站、数据中心设置真正的冗余、分集和保护；实时全面地观察监控整个网络的情况；对传送的信息内容负责，不盲目传递病毒或攻击；严格控制新技术和新系统，在找到和克服安全弱点之前不允许把它们匆忙推向市场。

本项目小结

云计算将数据、应用和服务都存储在云端，充分利用数据中心强大的计算能力，实现用户业务系统的自适应性，从而为用户带来很多的方便。云计算自提出以来迅速成为产业界和学术界研究的重点，目前已在互联网中得到了广泛的应用。

Nick McKeown 教授和 Scott Shenker 教授分别从“系统功能重构(Refactoring Functionality)”和“重新定义抽象(Redefining Abstractions)”两个角度提出了软件定义网络出现的必要性。软件定义网络打破传统的架构，分离了数据的控制平面和转发平面，从而简化了网络结构，提高了效率。

下一代网络是一个建立在 IP 技术基础上的新型公共网络，能够容纳各种形式的信息，在统一的管理平台下，实现音频、视频、数据信号的传输和管理，提供各种宽带应用和传统电信业务，是一个真正实现宽带窄带一体化、有线无线一体化、有源无源一体化、传输接入一体化的综合业务网络。

云计算技术、SDN 网络以及下一代网络技术，作为未来计算机网络的发展趋势，对于我们更好地了解和建设网络有很大的启发作用。

练　习　题

一、选择题

1. SDN 是(　　)网络。

A. 智能化　　B. 人工化　　C. 创新性　　D. 集中式

2. 云计算的服务模式不包括(　　)。

A. SaaS　　B. PaaS　　C. Iaas　　D. Baas

3. SDN 通常不能搭建在(　　)操作系统上。

A. Linux　　B. UNIX　　C. Windows　　D. Ubuntu

二、填空题

1. ________________是使具备 PortFast 特性的端口在接收到 BPDU 时进入 err-disable 状态来，避免桥接环路。

2. 云计算的服务模式有______________、______________、______________。

三、简答题

1. 谈谈你对 SDN 的理解。

2. 谈谈你对云计算的理解。

参 考 文 献

[1] 胡远萍，文林彬，陈雪蓉，等. 计算机网络技术及应用[M]. 2 版. 北京：高等教育出版社，2014.

[2] 温涛，姜波，李柏青，等. 计算机网络技术基础与应用(修订版)[M]. 大连：东软电子出版社，2013.

[3] 梅创社，李爱国. 计算机网络技术[M]. 2 版. 北京：北京理工大学出版社，2015.

[4] 竹下隆史，村山公保. 图解 TCP/IP[M]. 北京：人民邮电出版社，2013.

[5] 周鸿旋，李剑勇. 计算机网络技术项目化教程[M]. 大连：大连理工出版社，2014.

[6] 靳海轶，何宗刚. Windows Server 2008 R2 管理与应用教程[M]. 大连：东软电子出版社，2015.

[7] 龚娟，王欢燕. 计算机网络基础[M]. 3 版. 北京：人民邮电出版社，2017.